Sichler/Häfke-Schönthaler (Hrsg)

Beratung in der Wirtschaft

Beratung in der Wirtschaft

Grundlagen und Beratungsfelder

herausgegeben von

Univ. Doz. Dr. Ralph Sichler
Fachhochschule Wiener Neustadt

Mag. Dr. Johanna Häfke-Schönthaler
Fachhochschule Wiener Neustadt

Linde
international

Zitiervorschlag: *Autor* in *Sichler/Häfke-Schönthaler* (Hrsg), Beratung in der Wirtschaft (2018) Seite

Bibliografische Information der Deutschen Nationalbibliothek

Die Deutsche Nationalbibliothek verzeichnet diese Publikation in der Deutschen Nationalbibliografie; detaillierte bibliografische Daten sind im Internet über http://dnb.d-nb.de abrufbar.

Hinweis: Aus Gründen der leichteren Lesbarkeit wird auf eine geschlechtsspezifische Differenzierung verzichtet. Entsprechende Begriffe gelten im Sinne der Gleichbehandlung für beide Geschlechter.

ISBN 978-3-7143-0323-0 (Print)
ISBN 978-3-7094-0891-9 (E-Book-PDF)
ISBN 978-3-7094-0890-2 (E-Book-ePub)

1210 Wien, Scheydgasse 24, Tel.: 01/24 630
www.lindeverlag.at

Druck: Hans Jentzsch & Co GmbH
1210 Wien, Scheydgasse 31
Dieses Buch wurde in Österreich hergestellt.

PFEC PEFC/06-39-15

PEFC zertifiziert
Dieses Produkt stammt aus nachhaltig bewirtschafteten Wäldern und kontrollierten Quellen
www.pefc.at

Gedruckt nach der Richtlinie „Druckerzeugnisse" des Österreichischen Umweltzeichens, Druckerei Hans Jentzsch & Co GmbH, UW Nr. 790

mit biologischen Druckfarben Jentzsch

Vorwort

„Guter Rat ist teuer“, so lautet eine verbreitete deutsche Redensart. Sie macht deutlich, dass hilfreiche und brauchbare Unterstützung in Worten und Taten nicht nur einen hohen Geldwert besitzt, sondern der etymologischen Bedeutung von „teuer“ entsprechend auch ein rares, hervorragendes Gut von generell hohem Wert darstellt. In diesem Buch soll dieses Verständnis von Beratung mit dem Fokus auf das Handlungsfeld Wirtschaft einführend und vertiefend zum Thema gemacht werden. Das Buch folgt damit der in den vergangenen Jahren geführten Diskussion um eine Professionalisierung von Beratungsleistungen und will dazu einen wesentlichen Beitrag leisten. Externe Beratung stellt meist eine freie berufliche Tätigkeit dar und ist von einigen Ausnahmen (Lebensberatung, Steuerberatung, Psychotherapie) abgesehen kaum durch Ausbildungsvorschriften geregelt. Was im Bereich der Wirtschaft als professionelle und erfolgreiche Beratung gelten kann, wird damit in erster Linie durch den Markt geregelt. Das hat Vor- und Nachteile. Auf der einen Seite ist es verhältnismäßig leicht, das Beratungsangebot auf dem Markt durch neue innovative Beratungszugänge anzureichern. Auf der anderen Seite tummeln sich in diesem Feld auch einige fragwürdige Angebote, bei denen es sich oft erst nach Inanspruchnahme der Beratungsleistung herausstellt, dass dieser Rat zwar teuer, aber nicht gut war.

Mit diesem Buch bewegen wir uns im skizzierten Spannungsfeld zwischen einerseits freier Tätigkeit und andererseits professioneller Beratungsleistung. Beide Aspekte müssen auch nicht im Widerspruch zueinander stehen. Beratung kann sowohl originell und innovativ sein als auch kompetent und erfolgsorientiert umgesetzt werden. Dazu werden in den folgenden Kapiteln von ausgewiesenen Expertinnen und Experten auf der einen Seite wesentliche theoretische Grundlagen und das vielfältige Kompetenzprofil in der gegenwärtigen Beratung entwickelt, auf der einen Seite werden wichtige Praxis- und Handlungsfelder der Beratung im Kontext der Wirtschaft detailliert beleuchtet. Wir sprechen damit Studierende, Hochschullehrende, Führungskräfte sowie Praktikerinnen und Praktiker im Bereich der Wirtschaftsberatung an.

Die Herausgebenden danken dem Linde Verlag für die Möglichkeit, dieses Buch zu veröffentlichen, sowie für die großzügige und hilfreiche Unterstützung im gesamten Entstehungsprozess. Es mussten wie bei Buchprojekten üblich einige Klippen umschifft werden, doch fühlten wir uns von den Kolleginnen und Kollegen des Verlags stets gut beraten.

Wiener Neustadt, 29. Juni 2018

Ralph Sichler
Johanna Häfke-Schönthaler

Autorinnen und Autoren

Ferstl, Eric, Mag. (FH), Wirtschaftswissenschaftler und wissenschaftlicher Mitarbeiter im Fachbereich Finance an der Fachhochschule Wiener Neustadt (A). Arbeitsschwerpunkte: österreichischer Mikrokreditmarkt, europarechtliche Vorgaben, Finanzberatung in Österreich.

Häfke-Schönthaler, Johanna, Dr., Mag., war von 2006 bis 2016 Mitglied des Lehr- und Forschungspersonals der Fachhochschule Wiener Neustadt (A) und langjährige Leiterin des Bachelorstudiengangs Wirtschaftsberatung. Arbeitsschwerpunkte: innovative Methoden des Lehrens und Lernens, Qualitätsmanagement an Hochschulen.

Hofer, Elfie, Dr., Prof. (FH), Leiterin des Instituts für persönliche Kompetenzentwicklung an der Fachhochschule Wiener Neustadt (A). Arbeitsschwerpunkte: Kompetenzentwicklung an Hochschulen, soziale Kompetenzen in technischen Berufen, Führungs- und Beratungskompetenzen.

Krendelsberger, Rafael, Dr. MMag., Chemiker und Wirtschaftswissenschafter, Mitarbeiter in einer Wirtschaftstreuhandgesellschaft, war von 2005 bis 2014 wissenschaftlicher Mitarbeiter im Fachbereich Unternehmensrechnung und Controlling der Fachhochschule Wiener Neustadt (A). Arbeitsschwerpunkt: Prüfung von EU-geförderten Projekten (u.a. FP7, H2020, EFRE).

Seitl, Julia, Mag., war von 2014 bis 2016 wissenschaftliche Mitarbeiterin im Fachbereich Marktkommunikation und Vertrieb der Fachhochschule Wiener Neustadt (A). Arbeitsschwerpunkte: Empirische Sozialforschung, Marketing- und Vertriebsberatung.

Sichler, Ralph, Univ. Doz., Dr., Dipl.-Psych., Leiter des Instituts für Management und Leadership Development an der Fachhochschule Wiener Neustadt (A) und Dozent an Hochschulen im In- und Ausland. Arbeitsschwerpunkte: Organisationspsychologie, Personalmanagement, Beratung, Führung.

Steinkellner, Peter, PD, Dr., Mag., BSc., Unternehmensberater und Dozent an Hochschulen und Universitäten, zuvor u.a. CFO, Personalchef und Universitätsprofessor für Beratungs- und Managementwissenschaften. Arbeitsschwerpunkte: Management, Strategie, Organisation, Personal.

Studnitzka, Döne, geborene *Akçay*, Mag. (FH), MA, Wirtschaftswissenschafterin, Managerin in der IFRS-Fachabteilung einer „Big-Four"-Wirtschaftstreuhandgesellschaft, war von 2003 bis 2014 wissenschaftliche Mitarbeiterin im Fachbereich Unternehmensrechnung und Controlling der Fachhochschule Wiener Neustadt (A). Arbeitsschwerpunkt: IFRS.

Trofer, Birgit, Mag., Dr., MSc., war von 2008 bis 2014 Leiterin des Fachbereichs Immobilienmanagement an der Fachhochschule Wiener Neustadt (A). Arbeitsschwerpunkte: akademische Aus- und Weiterbildung im Bereich Immobilienmanagement, Personalmanagement.

Zierlinger, *Yvonne*, Mag. (FH), Certified Advanced Controllerin und wissenschaftliche Mitarbeiterin im Fachbereich Unternehmensrechnung und Controlling an der Fachhochschule Wiener Neustadt (A). Arbeitsschwerpunkte: Finanzcontrolling, Rechnungslegung nach UGB und IFRS, Unternehmensanalyse und -bewertung, Steuerrecht.

Inhaltsverzeichnis

Einleitung

Ralph Sichler/Johanna Häfke-Schönthaler

Beratung stellt eine der bedeutendsten personen- oder organisationsbezogenen Dienstleistungen unserer Zeit dar. Sie wird in unterschiedlichen gesellschaftlichen Feldern von Individuen, natürlichen und künstlichen Gruppen (z.B. Familien, Projektgruppen) und größeren Sozialsystemen wie Unternehmen oder Behörden vor allem dann in Anspruch genommen, wenn die Bearbeitung von Problemstellungen unter Rückgriff auf das jeweils intern verfügbare Repertoire an Wissen und Kompetenzen nicht mehr gelingt. Die Aufgabe der Berater besteht dann darin, der ratsuchenden Person oder Organisation in irgendeiner Weise Unterstützung bei der Suche nach Auswegen oder neuen Wegen zu geben. Beratungsangebote existieren in nahezu allen Bereichen des individuellen und sozialen Lebens. Dies ist als wesentliches Charakteristikum der modernen Zeit zu werten. Nicht selten wird deshalb von unserer Gesellschaft unter anderem von einer Beratungsgesellschaft gesprochen.

Das skizzierte Bedürfnis nach Beratung findet sich auch in der Wirtschaft. Die Komplexität vielfältiger Herausforderungen sowie der in allen Bereichen und auf allen Ebenen steigende Entscheidungs- und Veränderungsdruck bringen es mit sich, dass zunehmend auf die Professionalität und das Know-how externer Berater zurückgegriffen wird. Dies trifft vor allem dann zu, wenn Unternehmen oder dort verantwortlich handelnde Personen nicht selbst (oder aus dem unternehmensinternen Umfeld) das Wissen und die Kompetenzen zur Problembewältigung generieren können oder (etwa aus Kostenüberlegungen) wollen. Der steigenden Nachfrage an Beratung gerade auch im Kontext der Wirtschaft steht das entsprechende Angebot nicht nach[1]. Der Beratermarkt hat sich in den letzten Jahrzehnten sogar noch weiter ausgedehnt und ausdifferenziert. Dabei findet sich neben professionellen und seriösen Beratungsdienstleistungen manches exotische, mitunter sogar fragwürdige Angebot.

Um den erreichten Standard an Professionalität und Kompetenz in der Beratung[2] mindestens zu halten, besser noch zu erhöhen, sind in den vergangenen Jahren verstärkt Initiativen ergriffen worden, Qualitätsanforderungen für professionelle Beratung festzulegen[3]. Damit einher ging die Neu- und Weiterentwicklung entsprechender Bildungsangebote von freien Trägern, aber auch im tertiären Bildungssektor in Form von Studiengängen oder akademischen Lehrgängen[4]. In diesem Zusammenhang ist auch das vorliegende Lehrbuch entstanden. Die Fachhochschule Wiener Neustadt bietet seit gut zwanzig Jahren Bachelor- und Master-Studiengänge im Bereich der Wirtschaft an, in denen neben Betriebswirtschaft und Management auch die Beratung in unterschiedlichen wirtschaftlichen Kontexten behandelt wird. Dabei

---

1 Vgl. *Egger* et al., 2004; *Egger* et al., 2008.
2 Vgl. *Seel*, 2014; *Herking*, 2015.
3 Vgl. *Ennsfelder/Bodenstein/Herget*, 2014.
4 Vgl. *Nissen/Klauk*, 2012.

steht neben der Vermittlung von sozial- und wirtschaftswissenschaftlichen Grundlagen der praxisnahe Kompetenzerwerb im Zentrum der Ausbildung.

Das vorliegende Lehrbuch fühlt sich den skizzierten Bestrebungen nach Professionalisierung der Beratung verpflichtet und möchte eine Einführung in die Beratung im Bereich der Wirtschaft geben. Solche Einführungen – gerade auch mit dem Fokus Wirtschaft – bietet der Buchmarkt in großer Zahl an. Allerdings lassen sie in aller Regel die Breite vermissen, die man sich für ein Lehrbuch wünscht. Generell zeichnet sich die Beratungsliteratur durch eine hohe Spezifität aus. Das betrifft die allgemeinen Grundlagen, aber ebenso die praktischen Anwendungsfelder der Beratung. So finden sich zahlreiche einführende Darstellungen etwa zur Unternehmensberatung, zur Organisationsentwicklung, zur systemischen Beratung und zum Coaching. Auch einführende Darstellungen zur Steuerberatung oder zur Finanzberatung lassen sich leicht ausfindig machen. Einführungen und Lehrbücher, welche die Vielfalt sowohl der theoretischen Grundlagen als auch der relevanten Praxisfelder einschließlich der gebotenen Tiefe im Überblick behandeln und diskutieren, sind jedenfalls rar.

Mit dem hier vorliegenden einführenden Lehrbuch soll deshalb ein bislang kaum beschrittener Weg eingeschlagen werden. Es wird der Versuch unternommen, die Beratung in Handlungskontexten der Wirtschaft grundlegend und praxisbezogen zu thematisieren. Zugrunde gelegt wird dabei ein Beratungsverständnis, welches die mit dem Beratungsgeschehen verbundene komplexe Struktur des Handelns der betroffenen Akteure sowohl auf fachlicher als auch auf interaktiver Ebene zu analysieren versucht. Denn Beratung setzt im Idealfall einen Prozess der Problembewältigung und Kompetenzentwicklung sowohl in sachlicher als auch in sozialer Hinsicht frei. Dieser Komplexität gilt es hier Rechnung zu tragen.

Dabei sind einige Unschärfen in Kauf zu nehmen, wenn es darum geht, den Bereich der Beratung in der Wirtschaft genau abzugrenzen. In einer ersten Annäherung kann auf der Grundlage der Theorie sozialer Systeme Beratung im gesellschaftlichen Subsystem Wirtschaft als eine auf Unterstützung, Problembearbeitung und Weiterentwicklung zielende Form der Kommunikation charakterisiert werden, die über den Code der monetären Vergütung von Dienstleistungen abgewickelt wird. Auf diese Weise intendiert Beratung in der Wirtschaft, das ökonomische Erfolgspotential von Organisationen (und relevanter Teile) zu steigern. Allerdings zeigt sich bei näherer Betrachtung, dass diese Begriffsbestimmung unscharfe Ränder aufweist. Einerseits würden wir auch den Fall, dass eine Non-Profit-Organisation Beratung einkauft, die ihr beispielsweise hilft, ihre Ziele besser zu erreichen und Prozesse schlanker zu gestalten, als Beratung in der Wirtschaft charakterisieren. Andererseits klammern wir etwa die Schuldnerberatung für Privathaushalte aus, obgleich es dabei auch um wirtschaftliche (finanzielle) Problemstellungen geht. Meist wird jedoch diese Form der Beratung der sozialen Arbeit zugerechnet[5].

5 Vgl. *Schruth* et al., 2011.

Das Buch umfasst zwei Hauptteile. Im ersten Teil werden Grundlagen der Beratung im Handlungskontext der Wirtschaft erörtert, im zweiten Teil mehrere relevante Praxisfelder genauer betrachtet. Die dort versammelten Beiträge folgen im Großen und Ganzen einer einheitlichen Struktur. Zunächst wird eine genauere Bestimmung der jeweils im Fokus stehenden Beratungsleistungen vorgenommen. Im Anschluss daran werden zentrale Fragestellungen und typische Aufgabenfelder behandelt. In einem weiteren Schritt werden das Rollenverständnis und besondere Merkmale der jeweiligen Beratungssituation unter die Lupe genommen. Nach einer Erörterung des jeweils relevanten Kompetenzprofils stehen Stärken und Risiken sowie die Marktstruktur und mögliche Entwicklungstendenzen in diesem Beratungsfeld im Zentrum der Betrachtung. Nicht immer werden – je nach Praxisfeld – alle genannten Punkte in den Beiträgen berücksichtigt.

Im ersten Hauptteil stehen zunächst *(Ralph Sichler)* Struktur und Prozessmerkmale der Beratung im Zentrum der Betrachtung. Mit Fokus auf wirtschaftliche Handlungsfelder wird auf wichtige Beratungsmodelle, auf Rollenverständnisse, auf die Bedeutung von Diagnose und Intervention sowie auf die Bedeutung der Ethik zur Professionalisierung der Beratung eingegangen. Im sich anschließenden Beitrag *(Elfie Hofer)* werden auf der Grundlage etablierter Kompetenzmodelle Überlegungen zum Kompetenzprofil und zur Kompetenzentwicklung von Beratern vorgestellt.

Im zweiten Hauptteil wird zunächst von *Eric Ferstl* die Finanzberatung in der Wirtschaft vorgestellt. Nach einer Abgrenzung des Leistungsspektrums werden wichtige Fragestellungen und Aufgaben sowie das Rollenverständnis und Kompetenzprofil thematisiert. Eine Übersicht über die Angebots- und Nachfragestruktur im Markt beschließt den Beitrag. *Döne Studnitzka*, *Rafael Krendelsberger* und *Martina Padalikova* behandeln in ihrem Beitrag die klassischen Wirtschaftstreuhandberufe Steuerberatung und Wirtschaftsprüfung. Nach einem historischen Überblick werden die gesetzlichen Aufgabenstellungen und die damit verbundenen Rollenmodelle und Kompetenzanforderungen zum Thema gemacht. Eine Analyse der Marktstruktur, die Darstellung der Performance von Beraterinnen und Beratern im Wirtschaftstreuhandwesen und eine Betrachtung aktueller Entwicklungstendenzen beschließen diesen Teil. *Birgit Trofer* wendet sich im anschließenden Beitrag der Beratung in der Immobilienwirtschaft zu. Zunächst werden besondere Merkmale des Immobilienmarktes erörtert. Daran anschließend werden wichtige Beratungsdienstleistungen in diesem Feld vorgestellt und anhand von Fallvignetten veranschaulicht. Rollenmodelle und Beratungskompetenzen sowie berufsethische Normen werden diskutiert. Aktuelle Entwicklungstendenzen schließen diesen Teil ab. *Julia Seitl* befasst sich daran anschließend mit der Marketing- und Vertriebsberatung. Nach einem historischen Überblick werden die genannten Beratungsfelder abgegrenzt und die Kernaufgaben benannt. Mit der Beschreibung einzelner Beratungstätigkeiten werden auch zentrale Kompetenzanforderungen zur Sprache gebracht. *Peter Steinkellner* schließlich wendet sich der Management-, Organisations- und Personalberatung zu. Im Unterschied zu den zuvor genannten Beiträgen, bei denen meist die Fachberatung im Zentrum des Beratungshandelns steht, wird in diesen Beratungsfeldern in der Regel Prozessberatung praktiziert. Im Beitrag werden die zwei Grundformen der Organisationsberatung dargestellt, die klassische Organisationsentwicklung und die systemische Organisationsberatung. Daran anschließend werden die Strategieberatung und die Personalberatung thematisiert. Eine Darstellung der Kompetenzanforderungen in der Organisationsberatung sowie ein Ausblick schließen diesen Beitrag ab.

Die Hauptzielgruppe potentieller Leserinnen und Leser dieses Buches umfasst Studierende der Wirtschaft in Bachelor- und Masterprogrammen. Aber auch Lehrende, Berater sowie Fach- und Führungskräfte können Gewinn aus diesem Buch ziehen, wenn sie den aktuellen Stand der Entwicklung professioneller Beratung in der Wirtschaft kennenlernen oder ihr diesbezügliches Wissen vertiefen möchten.

Das vorliegende Buch entstand in mehrjähriger enger und erfreulich konstruktiver Zusammenarbeit zwischen Kolleginnen und Kollegen sowie Lektorinnen und Lektoren der Fachhochschule Wiener Neustadt. Eine sich aus diesem Kreis herausbildende Projektgruppe, die neben dem Herausgeberteam Lehrende der Hochschule in wechselnder Zusammensetzung einbezog, kümmerte sich um das Peer Review und Lektorat der hier versammelten Beiträge. Herzlichst zu danken ist in diesem Zusammenhang den Kolleginnen und Kollegen *Walter Egger*, *Eric Ferstl*, *Elfie Hofer*, *Peter Höflechner*, *Rafael Krendelsberger*, *Iris Landgraf*, *Martina Padalikova*, *Anja Peschel*, *Karl Pinczolits*, *Felix Schilling*, *Johannes Schmied*, *Julia Seitl*, *Peter Steinkellner*, *Döne Studnitzka*, *Birgit Trofer* und *Michael Weintögl*.

In den einzelnen Kapiteln haben sich die Autorinnen und Autoren dieses Buches um eine geschlechtergerechte Schreibweise bemüht. Wie leicht zu erkennen ist, konnte dies nicht immer mit dem gewünschten Erfolg umgesetzt werden. Von Seiten der Herausgeberin und des Herausgebers sei jedoch an dieser Stelle hervorgehoben, dass in den Fällen, in denen meist aufgrund der besseren Lesbarkeit die Geschlechter durch die gewählte Formulierung nicht direkt erkennbar werden, stets alle Menschen in ihrer geschlechtlichen Vielfalt angesprochen sind.

Literatur

Egger, Walter/Häfke-Schönthaler, Johanna/Hasenzagl, Rupert/Stocker, Ferry (Hrsg.) (2008): Wirtschaftsberatung in Österreich. Markt und Branche, Struktur und Entwicklungen 2007/2008. Wien: Facultas.

Egger, Walter/Hasenzagl, Rupert/Stocker, Ferry/Wagner, Christian (Hrsg.) (2004): Wirtschaftsberatung in Österreich: Struktur und Entwicklungen. Wien: Neuer Wissenschaftlicher Verlag.

Ennsfelder, Ilse/Bodenstein, Robert/Herget, Josef (2014): Exzellenz in der Unternehmensberatung: Qualitätsstandards für die Praxis Inklusive der EN 16114. Wiesbaden: Springer Gabler.

Herking, Tanja-Vera (2015): Der kompetente und professionelle Unternehmensberater. Strukturmodelle, Entwicklungsprozesse und Ansätze zur Meta-Beratung. Wiesbaden: Springer VS.

Nissen, Volker/Klauk, Bruno (Hrsg.) (2012): Studienführer Consulting. Studienangebote in Deutschland, Österreich und der Schweiz. Wiesbaden: Springer Gabler.

Schruth, Peter/Schlabs, Susanne/Müller, Klaus/Stammler, Claudia/Westerath, Jürgen/Wolkowski, Boris (2011): Schuldnerberatung in der Sozialen Arbeit: Sozialpädagogische, juristische und gesellschaftspolitische Grundkenntnisse für Theorie und Praxis. Weinheim: Beltz Juventa.

Seel, Hans-Jürgen (2014): Beratung: Reflexivität als Profession. Göttingen: Vandenhoeck & Ruprecht.

Teil 1:
Grundlagen der Wirtschaftsberatung

Teil 1:
1.1. Allgemeine Struktur- und Prozessmerkmale

Ralph Sichler

Ziel dieses einführenden und grundlegenden Kapitels ist es, wesentliche und charakteristische Struktur- und Prozessmerkmale von Beratungssettings im Kontext der Wirtschaft darzustellen. Dabei werden ausgehend von einem allgemeinen sozialwissenschaftlichen Verständnis von Beratung die Besonderheiten der Beratungssituation und des Beratungsprozesses in Handlungsfeldern der Wirtschaft aufgezeigt. Nach einem Überblick über die Geschichte der Beratung, zunächst allgemein, dann mit Fokus auf wirtschaftliche Handlungsfelder, wird auf wichtige Beratungsmodelle, auf Rollenverständnisse und auf die Bedeutung von Diagnose und Intervention in der Beratung eingegangen. Abschließend werden ethische Rahmenüberlegungen zur Professionalisierung der Beratung in der Wirtschaft vorgestellt.

1. Allgemeines Rahmenverständnis von Beratung

Wenn man zunächst ein sehr allgemeines Verständnis von Beratung zugrunde legt, bezeichnet Beratung jegliches sprachliche und soziale Handeln, das der Lösung von praktischen Problemstellungen und damit der Entwicklung der Handlungsfähigkeit einer Person, Gruppe oder Organisation dient. Ohne späteren Überlegungen zum Problembegriff vorzugreifen, soll an dieser Stelle festgehalten werden, dass praktische Probleme dann auftreten, wenn sich bei der Bearbeitung von Aufgaben, in Entscheidungssituationen, bei der Erreichung von Zielen, bei der Wahl von Mitteln oder bei der Abstimmung des Handelns zwischen Personen Schwierigkeiten ergeben. Beratung im skizzierten allgemeinen Sinn dient dann der Ermittlung von Lösungs- und Entwicklungsmöglichkeiten sowie der Abschätzung von bereitstehenden Ressourcen.

Wenn man unter Berücksichtigung des deutschen Wörterbuchs DUDEN zu klären versucht, was „Beratung“ oder „beraten“ bedeutet, so kommt man auf die folgenden drei bzw. vier Bedeutungskerne:

1. jemandem einen Rat geben,
2. etwas oder sich miteinander beraten und
3. mit sich zu Rate gehen.

Im Rahmen etymologischer Betrachtungen ergibt sich ein etwas differenzierteres, aber vergleichbares Bild[1]. *Seel* (1998) hat auf der Grundlage dieses Bedeutungsspek-

1 *Pesendorfer*, 2006.

trums verschiedene Grundformen der Beratung beschrieben. Dabei grenzt er entsprechend der grammatikalischen Unterscheidung zwischen transitiven und reflexiven Verben zunächst die *transitive* von der *reflexiven* Beratung ab: Im ersten Fall wird jemand oder etwas beraten, im zweiten Fall beraten sich Personen untereinander oder eine Person sich selbst. Aus diesen beiden Grundformen „transitiv" bzw. „reflexiv" lassen sich wiederum jeweils zwei Arten der Beratung unterscheiden. So ergeben sich in Summe vier Grundformen der Beratung (vgl. Tab. 1).

	Transitive Beratung: jemanden beraten	**Transitive Beratung: etwas miteinander beraten**	**Reflexive Beratung: sich miteinander beraten**	**Reflexive Beratung: mit sich zu Rate gehen**
Aufgabe des Beraters	fachlichen Rat geben	Moderation	Moderation	Unterstützung der Reflexion
Lokalisierung des Problems im zu beratenden System	Ein Subjekt (Person, Gruppe, Organisation) hat ein Problem mit			
	der Welt der Dinge.	der Welt der Dinge.	anderen Personen.	sich selbst.

Tab. 1: Grundformen der Beratung (nach *Seel*, 1998, S. 48)

Betrachtet man zunächst die erste Form der transitiven Beratung („jemandem einen Rat geben"), so erkennt man, dass in diesem Fall ein Subjekt (Person, Gruppe, Organisation) aufgrund eines vorliegenden Problems mit der Welt der Dinge Beratung in Anspruch nimmt. Es sucht einen fachlichen Rat zur Lösung des Problems, so zum Beispiel ein junger Mann, der sich verschuldet hat und nun mittels Schuldnerberatung einen Ausweg sucht, oder eine Familie, in deren Haus die Energiekosten dramatisch gestiegen sind und die einen Energieberater aufsucht. Wichtig ist dabei der Unterschied zwischen der fachlichen Expertise des Beraters und dem mangelhaften Wissen beim beratungssuchenden Subjekt. Die zweite Form der transitiven Beratung richtet sich ebenfalls auf die gegenständliche Welt. Allerdings herrscht hier bei den Personen, die das Beratungsgespräch führen, kein nennenswerter Wissens- oder Kompetenzunterschied. Das trifft etwa dann zu, wenn Kinder auf einem Abenteuerspielplatz gemeinsam überlegen, wie am besten ein Baum erklettert werden kann, oder dann, wenn Ingenieure in einem Team miteinander erörtern, auf welche Weise ein Fehler bei der Entwicklung eines Produkts behoben werden könnte.

Reflexive Beratung als zweite Form der Beratung bezieht sich auf die sich beratende Gruppe von Personen oder eine Einzelperson selbst. In der ersten Form von reflexiver Beratung wird das Miteinander der Gruppenmitglieder reflektiert. Einen typischen Fall stellt eine Familie dar, in der Familienmitglieder untereinander besprechen, wie sie miteinander kommunizieren (wollen) und Konflikte in der Familie handhaben (wollen). Auch das Ingenieurteam kann diese Form der Beratung praktizieren. Dann allerdings richtet sich das Interesse der Teammitglieder nicht mehr auf die gegenständliche Welt, sondern auf die Art und Weise, wie sie miteinander umgehen und kommunizieren. So könnte es in der Vergangenheit immer wieder zu unterschiedlichen Informationsständen bei den Teammitgliedern gekommen sein. Indem die betreffenden Personen sich untereinander verständigen, wie sie in Zukunft den gleichen Informationsstand für alle sicherstellen wollen, praktizieren sie miteinander reflexive Beratung. Diese Form der Beratung kann auch eine Person alleine (mit sich selbst) durchführen. Alltagssprachlich wird das als „mit sich selbst zu Rate gehen" bezeichnet. Dies tritt beispielsweise dann ein, wenn eine Person nach einer enttäuschenden Liebesbeziehung sich selbst fragt, worauf sie in Zukunft achten soll, wenn sie sich wieder auf eine solche Beziehung einlässt. Ein anderes Beispiel wäre ein Student, der sich überlegt, ob er das richtige Studium gewählt hat, und die Vor- und Nachteile einer vorzeitigen Beendigung seines gegenwärtigen Studiums abwägt.

Zur Unterscheidung von transitiver und reflexiver Beratung ist noch klärend hinzuzufügen, dass der Objektbezug im Fall der transitiven Beratung auch andere Personen betreffen kann. Wenn beispielsweise ein Fußballteam untereinander berät, wie es die nächste gegnerische Mannschaft schlagen kann, so handelt es sich um eine Form der transitiven Beratung. Interessanterweise steht diese nur an der Sprache getroffene Aufschlüsselung von Grundformen der Beratung in direktem Zusammenhang mit geläufigen Unterscheidungen der Beratungsforschung, etwa mit der Differenzierung zwischen Experten- und Prozessberatung (vgl. Kap. 9.). Darüber hinaus kann man leicht feststellen, dass nahezu in allen Beratungsprozessen die beschriebenen Grundformen vorkommen, sicherlich mit unterschiedlichem Gewicht. Wenn beispielsweise das eben erwähnte Fußballteam berät, wie es untereinander die Kommunikation auf dem Platz verbessern kann, so hat diese Beratung reflexiven Charakter. Fließen Ratschläge des Trainers als Experten ein, so handelt es sich dabei um transitive Beratung. Direkt vor dem Spiel wird möglicherweise der eine oder andere Spieler mit sich selbst beraten (reflexive Beratung), was er dazu beitragen kann, dass die Mannschaft heute als Sieger vom Platz geht.

2. Geschichte der Beratung

In diesem Abschnitt wird ein Überblick über die Geschichte der Beratung gegeben. Dabei wird der Fokus zunehmend auf den wirtschaftlichen Kontext gerichtet. Ein solcher Überblick kann im hier zur Verfügung stehenden Rahmen nicht vollständig sein. Es werden nur einige wesentliche Stationen und Phasen der historischen Entwicklung der Beratung beleuchtet.

Das eingangs skizzierte, in unsere Sprache und in unser Alltagshandeln eingegossene Verständnis von Beratung legt nahe, dass es die Praxis des Ratgebens und des Beratschlagens so lange wie die Menschheit selbst gibt. Dies hängt damit zusammen, dass Menschen zu allen Zeiten und in allen Kulturen immer vor mehr oder weniger gravierenden Problemen standen, die sich oft nicht leicht und nur mit bestimmten Formen der Unterstützung oder Hilfestellung bewältigen ließen. Dazu gehören beispielsweise Krankheiten, Nahrungsmittelknappheit, widrige klimatische Bedingungen, Katastrophen und kriegerische Auseinandersetzungen.

In frühen traditionalen Gesellschaften ging man meist davon aus, dass man nur durch die gezielte Einflussnahme auf höhere Mächte dieser Probleme Herr werden kann. Solche Mächte galten nach damaligen kollektiven Deutungsmustern als Verursacher von essentiellen und existentiellen Problemlagen. Dabei hat sich schon sehr früh im Lauf der Menschheitsgeschichte eine Form von Expertentum herauskristallisiert, welche in der ethnologischen Forschung unter dem Sammelbegriff des *Schamanismus* zu fassen versucht wird. Darin verbirgt sich wahrscheinlich die früheste kulturhistorisch nachweisbare Form von Beratung. Schamanismus fällt in verschiedenen Teilen des Erdkreises sehr unterschiedlich aus. Gleichwohl gibt es einige charakteristische gemeinsame Merkmale[2]:

1. Schamanen haben durch Bewährungsproben, die sie erfolgreich durchlaufen mussten, durch besondere Fähigkeiten und Kenntnisse sowie durch ihre außergewöhnliche Persönlichkeit eine bestimmte Form der *Expertise* erworben. Sie genießen in ihrem Kulturkreis im besten Fall einen hervorragenden Ruf.
2. Stämme in Notlagen wenden sich an einen Schamanen in der Hoffnung, dass er durch seine besonderen Fähigkeiten *Unterstützung* bei der Problembewältigung (etwa bei der Abwendung von Krankheiten, eines Unwetters, einer schlechten Ernte) bieten kann.
3. Schamanen übernehmen eine *Vermittlerfunktion* zwischen einem jenseitigen Reich und dem Diesseits. Im jenseitigen Reich (Reich der Geister) wird die Ursache für die bestehenden Probleme vermutet. Nach den vorherrschenden Deutungsmustern traditionaler Kulturen können sich Schamanen durch ihre besonderen Begabungen und Fähigkeiten einen wie auch immer beschaffenen privilegierten Zugang (etwa durch Trance oder Ekstase) zur jenseitigen Welt verschaffen.
4. Im jenseitigen Reich werden die Wirkmächte für Notlagen, aber auch für die Wendung zum Besseren vermutet. Durch bestimmte *Rituale*, welche Schamanen häufig gemeinsam mit dem betroffenen Stamm vollziehen, wird der Versuch unternommen, Einfluss auf diese Mächte zu gewinnen (z.B. Stärkung der guten, Schwächung der bösen Geister).
5. Schamanen werden in ihren Kulturen besondere außergewöhnliche Fähigkeiten zugeschrieben. Sie beziehen ihre *Kompetenz* aus Gaben wie Hellsichtigkeit, außersinnliche Wahrnehmung oder Zauberei. Sie bedienen sich auch bestimmter Inszenierungen (Séancen, Kostümierung, Requisiten etc.), um ihrer Performance hohe Überzeugungskraft zu verleihen.

Betrachtet man diese Charakteristika als Strukturmerkmale und sieht man davon ab, dass unsere moderne, durch Rationalität und Objektivität gekennzeichnete Weltauffassung nur wenig mit der Kosmologie des Schamanismus verbindet, so überraschen doch die strukturellen Gemeinsamkeiten zwischen dieser frühen und der gegenwärtigen Form der Beratung. Berater unserer Zeit besitzen meist ebenfalls einen mehr

2 Vgl. *Müller*, 1997.

oder minder privilegierten Zugang zu Theorien und Methoden, die ihre Beratungstätigkeit und ihre Beratungskompetenz tragen. Sie vermitteln zwischen Erkenntnissen aus dem „Reich" der Theorie und den praktischen Erfordernissen des Beratungsauftrags. Sie bedienen sich bestimmter Rituale, nicht selten versuchen sie ihre Kompetenz aus Einsichten und Methoden zu begründen, die nicht jedermann verständlich und zugänglich sind. Diese Ähnlichkeiten sind wie erwähnt struktureller Natur. Im Hinblick auf das zugrunde liegende Welt- und Menschenbild beruht die moderne Beratung – zumindest in ihren professionellen Formen – auf anderen Voraussetzungen als der Schamanismus.

Schamanen wurden manchmal auch mit der Aufgabe betraut, Voraussagen und Zukunftsprognosen abzugeben. Diese Praxis, auch Mantik (Kunst der Zukunftsdeutung) genannt[3], hat sich in vielen Regionen der Erde weiterentwickelt, etwa in Israel mit seinen Propheten[4]. Im antiken Griechenland sind etliche Formen der Vorhersage entstanden. Am bekanntesten ist das Orakelwesen, welches seinen Höhepunkt vom 7. bis zum 4. Jahrhundert v. Chr. erlebte[5]. Orakel sind an einen bestimmten Ort gebunden und erteilen Rat im Hinblick auf Zukunfts- und Entscheidungsfragen. Sie folgen ortsabhängig bestimmten Riten. Die einflussreichste Stätte war das Orakel von Delphi[6]. Dort vermittelten Priester den Ratsuchenden den Orakelspruch ihrer obersten Priesterin, der Pythia. Wer Rat suchte, musste dafür ein Opfer darbringen. Je kostbarer der entrichtete Zoll war, desto direkter war der Kontakt mit dem Heiligtum. Oft war der Kern des Ratschlags jedoch nur schwer zu entziffern. Die Menschen, die nach Delphi und zu den anderen Orakelstätten im antiken Griechenland pilgerten, waren bedeutende Persönlichkeiten, Könige, Staatsmänner, Adelige, reiche Wirtschaftstreibende, aber auch einfache Menschen, welche sich allerdings meist mit einem Losorakel begnügen mussten. Dabei wurde aus einem Krug mit schwarzen und weißen Bohnen eine Bohne gezogen. Die Frage an das Orakel musste als Alternativfrage formuliert sein. Die weiße Bohne deutete auf die eine Entscheidungsalternative hin, die schwarze Bohne auf die andere. Orakelsprüche wurden als Verlautbarungen des Gottes Apollon, der für Einsicht, Weisheit und Mäßigung stand, aufgefasst. Sie dienten oft als Legitimationsgrundlage für politische Entscheidungen zur Kriegsführung, zur Bündnisbildung und zu öffentlichen Ausgaben. Orakel sind eine frühe institutionalisierte Form der Beratung. Sie genossen hohes Ansehen und hatten sehr großen Einfluss . Dies trifft insbesondere auf das Orakel von Delphi zu, dessen Macht und Geltung sogar über die griechische Welt hinausreichte.

Im antiken Griechenland entwickelt sich ab dem 5. Jh. v. Chr. mit den sogenannten *Sophisten* eine weitere Form der Beratung. Unter Sophisten wird eine Gruppe von Philosophen verstanden, die gegen zum Teil sehr hohes Entgelt Unterricht und Beratung anboten[7]. Es handelte sich bei ihnen um reisende Lehrer, der Schwerpunkt ihrer

3 Vgl. *Hogrebe*, 2005.
4 Vgl. *Kratz*, 2003.
5 Vgl. *Rosenberger*, 2001.
6 Vgl. *Maaß*, 2007.
7 Vgl. *Kerferd/Flashar*, 1998.

Tätigkeit war jedoch in Athen angesiedelt. Die Inhalte, mit denen sie sich beschäftigten und die sie an andere weitergaben, sowie die eingenommenen philosophischen Positionen waren breit gestreut. Die meisten von ihnen vertraten einen auf Vernunft und Verstand basierenden, aufklärerischen Standpunkt. Sie wandten sich gegen Aberglauben und Irrlehren, wie sie aus Sicht der Sophisten etwa in den antiken Mythen und Religionen zum Ausdruck kamen. Sie rückten den Menschen in das Zentrum ihrer geistigen Auseinandersetzung. Vor diesem Hintergrund ist der berühmte Ausspruch eines der berühmtesten Sophisten, *Protagoras*, zu verstehen: *„Der Mensch ist das Maß aller Dinge."* Im Kern ihrer praktischen, lehrend-beratenden Tätigkeit ging es meist darum, junge Angehörige der führenden Schichten auf eine politische Karriere und die erfolgreiche Ausübung von Staatsämtern vorzubereiten. Auf diesem Wege wurden mehrere Felder und Inhalte abgedeckt. Die Aspiranten für die Politik setzten sich im Zuge der Beratung durch die Sophisten vor allem mit – wie man heute sagen würde – juristischen und rhetorischen Fragen auseinander. Zusätzlich wurde Allgemeinbildung vermittelt und eine Art Argumentationstraining durchgeführt. Dabei sollten die jungen Männer lernen, einen Standpunkt, aber ebenso den entgegengesetzten Standpunkt erfolgreich durch Einsatz argumentativer und rhetorischer Mittel zu vertreten.

Die Sophisten genossen beim einfachen Volk nur wenig Ansehen, sie galten als Wortverdreher. Im Zuge der Überlieferung ihrer Philosophie durch *Platon* hat sich ihr Ruf bis auf den heutigen Tag nicht wesentlich verbessert. *Platon* hat allerdings im Zuge seiner meist in Dialogform verfassten Schriften eine Person ins Zentrum seiner Philosophie gerückt: *Sokrates*. Es ist heute nicht mehr vollends rekonstruierbar, inwieweit diese vom Schüler für den Lehrer geschaffene Bühne die reale Person oder ein selbst geschaffenes Idealbild zeigt. Im Endeffekt ist diese Frage jedoch nicht entscheidend. So wie *Platon* mit *Sokrates* einen neuen Typ des Menschen (vgl. *Böhme*, 1988) einführt und vorstellt, ist er nicht nur von herausragender Bedeutung für die Philosophie bis zum heutigen Tag. Sokrates kann auch als eine wichtige Gründungsfigur für die Beratung angesehen werden.

Sokrates hat zwar einiges mit den eben genannten Sophisten gemein, eines aber unterscheidet ihn von ihnen grundsätzlich: Auch wenn es einen schweren Weg darstellt, war *Sokrates* davon überzeugt, dass es durch begriffliche Überlegungen und darauf aufbauende Argumente möglich sein muss, so etwas wie wahre Erkenntnis zu einer Problemstellung zu gewinnen. Dies war allerdings nicht Selbstzweck, vielmehr sollte die Erkenntnis des Wahren und Guten (oder Richtigen) dem Menschen eine Orientierung für seine Lebensführung geben.

Bei der Erkenntnisgewinnung beschritt *Sokrates* gänzlich neue Wege: Er ging davon aus, dass die entsprechende Einsicht nicht durch eine Art von Unterricht zustande kommt, sondern durch eine bestimmte Form der Dialogführung (sokratische Methode,[8]). Er nannte dies in Anlehnung an den Beruf seiner Mutter (Hebamme) auch

8 Vgl. *Horster*, 1994.

maieutische Technik oder *Maieutik*. Damit kommt zum Ausdruck, dass die für den jeweiligen Gesprächspartner zuträgliche Erkenntnis durch die Tätigkeit des dialogischen Philosophierens zwischen ihm und *Sokrates* wie bei einem Geburtsakt gewonnen wird. Die Autorität des Ratgebers entsteht nicht durch bestimmte Inhalte, sie gründet eher in einer bestimmten philosophischen Haltung, welche durch den Dialog die Reflexion der eigenen Lebensführung ermöglicht. Dabei spielen die Frage- und Argumentationstechniken eine größere Rolle als das (vermeintliche) Wissen über den Gegenstand des Gesprächs. Vor allem aber sollte das jeweilige Gegenüber zum Selbstdenken angeregt werden. Schritt für Schritt versuchte *Sokrates* die im Gesprächspartner verborgenen Einsichten und Gedanken hervorzulocken und sie für den weiteren Fortgang des Dialogs kritisch zu hinterfragen, aber auch konstruktiv weiterzuführen. Am Ende konnte dies bedeuten: Die ratsuchende Person kann im Prinzip das Problem selbst lösen. Sie benötigt dazu nur die methodische, im Dialog eingesetzte Unterstützung des Ratenden.

Wenn man die von *Platon* überlieferten Dialoge mit *Sokrates* als Hauptakteur liest, wird man sogar feststellen, dass *Sokrates* nur selten zu einer wirklichen Lösung des jeweils gestellten Problems (z.B.: Worin besteht Tapferkeit? Was bedeutet Gelassenheit? Wie kann das Gute erkannt werden?) mit seinen Gesprächspartnern kommt. Seine Leistung besteht auch weniger in einer positiven Antwort auf diese Fragen als vielmehr in der Bestimmung und Ausübung des methodischen Zugangs zu ihnen. Genau darin ist auch seine Bedeutung für die historische Entwicklung der Beratung zu sehen. Im Grundansatz wird in den sokratischen Gesprächen jener Zugang der Beratung vorgeführt, den man heute Prozessberatung nennt (vgl. Kap. 9.). Das bedeutet: Der von den betroffenen Personen gewählte Weg (im altgriechischen Wort „methodos" steckt das Wort „Weg") ist für die Lösung des Problems zielführend, nicht das schon vorhandene Wissen.

Diese Erkenntnis brachte es mit sich, dass in der Folgezeit die griechische Philosophie sich mit verschiedenen Formen des Wissens auseinandersetzte. *Aristoteles*, der wohl wichtigste Schüler *Platons*, hat eine Reihe von Wissensformen unterschieden[9]. Darunter findet sich auch eine, die mit der Beratung in direktem Zusammenhang steht: die *phronesis*. Dieses Wort ist nicht leicht zu übersetzen, am ehesten könnte man es mit Einsicht, Besinnung oder auch praktischer Klugheit wiedergeben[10]. *Aristoteles* wies darauf hin, dass im Unterschied etwa zur wissenschaftlichen Erkenntnis (*episteme*), aber auch zum technischen Sachverstand (*techne*) die Einsicht in das lebenspraktisch Nützliche und Förderliche in erster Linie durch Beratung zustande kommt. Wissenschaftliche Erkenntnis entstand nach damaliger Auffassung aus den richtigen Schlussfolgerungen im Zusammenhang mit theoretischem Wissen. Sie ist in erster Linie eine Denkleistung und folgt den Regeln der Beweisführung. Technischer Sachverstand ergibt sich durch die Anwendung und Umsetzung instrumentell-praktischer Kunstfertigkeiten. Er resultiert aus der Erfahrung bei der Herstel-

9 Vgl. *Capurro*, 2003.
10 Vgl. *Aubenque*, 2007.

lung von Gebrauchsgegenständen. Die Klugheit beruht auf der durch Beratung gewonnenen praktischen Einsicht. Sie ist das Ergebnis gemeinsamer, im Gespräch und sozialen Austausch erzielter Abstimmung über individuelle und kollektive lebenspraktische Fragen. Sie lässt sich weder auf wissenschaftliche Erkenntnis noch auf technischen Sachverstand reduzieren. Ihr kommt ein eigenes Erkenntnispotential zu, das durch die Prozesse des gemeinsamen Beratschlagens und individuellen Mit-sich-zu-Rate-Gehens gespeist wird.

Auf diesem in der griechischen Antike errichteten Fundament erlangte die Beratung vor allem in der Seelsorge (individuelle Beratung) und in der Politikberatung (kollektive Beratung) für viele Jahrhunderte ihre Bedeutung. Es würde den hier vorgegebenen Rahmen sprengen, auf Einzelheiten, vor allem auch auf Verfremdungen etwa in der Seelsorge, die sich zunehmend vom Beratungsideal der Selbstsorge in der griechischen Antike entfernte, näher einzugehen[11]. In der Politikberatung entwickelte sich in der sogenannten Fürstenspiegelliteratur[12] vor dem Hintergrund antiker und christlicher Moralvorstellungen ein eigenes Genre, welches die Beratung von Fürsten- und Königshäusern des Mittelalters und der frühen Neuzeit am Bild des guten und gerechten Herrschers ausrichtete. Jeder Monarch sollte diesem Bild entsprechen. Noch zum Ende der Renaissance übte diese Form der Beratung in der Politik großen Einfluss aus und fand im 1528 erstmals gedruckten *Il Libro del Cortegiano* (Das Buch des Hofmanns) von *Baldassare Castiglione* ein spätes Meisterwerk. Dort wird in dialogischer Form das Idealbild des Herrschers, seiner kultivierten Umgangs- und Konversationsformen, seiner universellen Bildung und seines ausgeglichenen Charakters sowie seiner vorbildlichen Gesinnung und Lebenshaltung gezeichnet (vgl. *Burke*, 1996).

Doch die Zeit für dieses Bild von Herrschaft war vorbei. Nur wenige Jahre später (1532) erschien die Schrift *Il Principe* (Der Fürst) von *Niccolò Machiavelli* (1469–1527). Dieser ebenfalls in Italien beheimatete Diplomat und Politikberater hatte darin einen neuen, zukunftsweisenden Zugang für die Beratung entwickelt. Dabei wurde ein radikaler Bruch mit der Politikberatung des Mittelalters vollzogen (*Steiner*, 2009, 25). In seinen Augen bemisst sich gute oder besser erfolgreiche Politik nicht an der Moral oder an den Tugenden eines politischen Führers, sondern an dessen Taten zum Erhalt der Macht. In der richtungsweisenden Schrift *Il Principe* führt *Machiavelli* aus, dass es einem Herrscher gleichgültig sein muss, ob er gut oder böse – moralisch oder unmoralisch – handelt. Was letztendlich zählt, ist, ob er mit seinen Handlungen Erfolg hat oder nicht, ob er seine Macht verteidigen (bzw. erweitern) kann oder nicht (*Reinhardt*, 2012). Beratung nach *Machiavelli* dient somit in erster Linie dem Machterhalt oder der Machtsteigerung des herrschenden Fürsten. Dazu kann es auch geboten sein, politische Herrschaft mit grausamen und unmenschlichen Methoden zu verteidigen.

Machiavelli wollte die Machthaber seiner Zeit dazu bewegen, sich in ihrem Handeln weniger durch moralisierende Betrachtungen leiten zu lassen als durch ihre pla-

11 Vgl. *Foucault*, 1985.
12 Vgl. *Anton*, 2006.

nende und strategische Vernunft. Mit dieser Haltung geht auch die Maxime des Jesuitenordens konform: Der Zweck heiligt die Mittel. *Machiavelli* kann somit als Begründer des strategischen Denkens in der Beratung betrachtet werden, auch wenn es zu seiner Zeit (Ende des 15./Beginn des 16. Jahrhunderts) den Terminus der Strategieberatung noch nicht gab. *Machiavellis* Konzeption der Beratung zeichnete sich zudem durch einen neuen methodischen Ansatz aus. Im Unterschied zum christlich-theologischen Zugang, welcher vor allem durch moralische Lehrsätze gespeist wird, nutzt *Machiavelli* bei der Entwicklung seiner Vorstellungen in erster Linie empirisches Material, insbesondere historische Beispiele, als Beweismittel für die Auswirkungen menschlichen Handelns. Gleichzeitig zielt seine Methode auf praktische Wirkung. Zugrunde gelegt wird die folgende Aneinanderreihung von im Wesentlichen drei Methodenschritten[13]): Auf Basis von historischen Fallanalysen zum Verlust oder Erhalt von Herrschaft in der Vergangenheit werden allgemeine Grundsätze zum menschlichen Handeln abgeleitet. Bei Entsprechung der analysierten historischen Situation mit der gegenwärtigen politischen Lage werden in einem zweiten Schritt Maximen für erfolgreiches politisches Handeln entwickelt. Im dritten Schritt werden diese Grundsätze in Empfehlungen überführt. Machthaber sollten sie sich zu eigen machen, wenn sie ihre Macht erhalten oder weiter ausbauen wollen.

Das von *Machiavelli* begründete Paradigma der Beratung hat bis auf den heutigen Tag große Wirkung entfaltet. Dabei darf nicht übersehen werden, dass aufgrund der Fokussierung auf das Erfolgsprinzip anstatt auf das Moralprinzip sein Ansatz nicht ohne Kritik geblieben ist. Für viele ist *Machiavelli* der Inbegriff skrupelloser Machtpolitik. Dafür hat sich später auch der Begriff *Machiavellismus* herauskristallisiert. Er wird bis in die Gegenwart zur Beschreibung einer manipulativen Persönlichkeit oder Führungsperson genutzt[14]. Allerdings besteht *Machiavellis* Leistung eben genau darin, machtpolitische Vorgänge und das damit verknüpfte menschliche Verhalten strikt analytisch-strategisch und nicht allein moralisch zu betrachten. Das hat auf viele beratende Persönlichkeiten der folgenden Jahrhunderte großen Einfluss ausgeübt, man denke beispielsweise an Kardinal *Richelieu* als Berater von *Ludwig XIII.* oder an *Otto von Bismarck*, der als rechte Hand des Königs von Preußen sowie späteren Kaisers des Deutschen Reiches *Wilhelm I.* in hohem Maße beratend tätig war.

Mit der im 19. Jahrhundert einsetzenden Industrialisierung in Europa und den USA etablierte sich ein neuer Markt für die Beratung: die Wirtschaft. Vor allem in der Industrie entstand Anfang des 20. Jahrhunderts zusammen mit der Einführung neuer Managementansätze auch ein neuer Bedarf an Beratung, den sogenannte Unternehmensberater durch Beratungsangebote im Bereich der Unternehmensorganisation und Betriebswirtschaft zu befriedigen versuchten. Die Entwicklung der Beratungsbranche im 20. Jahrhundert kann in verschiedene Etappen unterteilt werden[15] (vgl. Abb. 1): Auf eine Phase der Initialisierung (Gründung von Beratungsunternehmen)

13 Vgl. *Kersting*, 2006, S. 50.
14 Vgl. *Jones/Paulhus*, 2009.
15 *Fink*, 2009, S. 14 ff.

folgte die Phase der Professionalisierung. Ab der Mitte des 20. Jahrhunderts verbreitete sich die zunächst in den USA entstandene Branche der Unternehmensberatung in allen Industrieländern (Phase der Internationalisierung). Damit einhergehend differenzierte sich das Beratungsangebot in der Wirtschaft immer weiter aus. Im Zuge der Globalisierung und Technologieentwicklung in den letzten Jahrzehnten des 20. Jahrhunderts verschärfte sich der Wettbewerb in nahezu allen Wirtschaftsbereichen – auch in der Unternehmensberatung. Seit dieser Zeit hat sich der Beratungsmarkt konsolidiert, auch wenn im Zuge von Moden und Mythen des Organisierens[16] immer wieder Versuche von Beratungsunternehmengestartet werden, neue oder neu erscheinende Managementansätze und damit verbundene Angebote auf dem Markt zu lancieren.

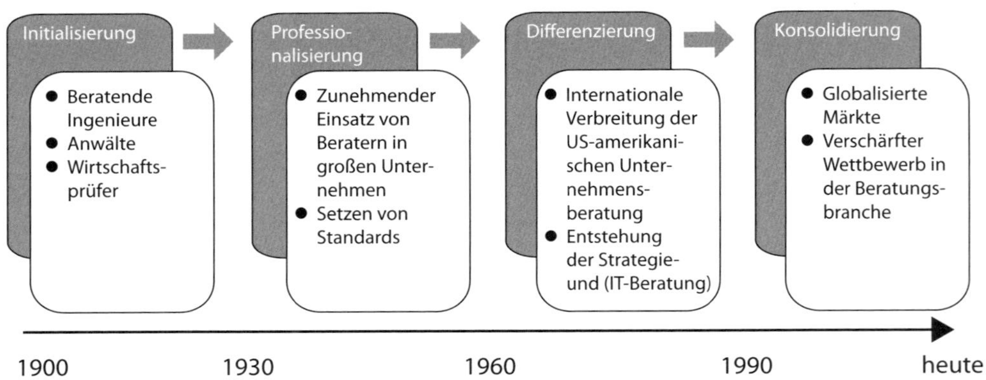

Abb. 1: Historische Entwicklung der Unternehmensberatung (nach *Fink*, 2009, S. 16)

Das US-amerikanische Unternehmen *Arthur D. Little*, das 1886 gegründet wurde und für sich in Anspruch nimmt, die älteste Unternehmensberatung der Welt zu sein, war ursprünglich auf die Prüfung der Reinheit von Produkten aus der chemischen Industrie spezialisiert. Im Laufe der Zeit bot dieses Unternehmen neben diesen technischen auch betriebswirtschaftliche Beratungsleistungen an. Es entstand ein neuer Markt für Beratung, der u.a. auch von der 1914 in Chicago gegründeten Firma Booz & Company mit bedient wurde. Ab den 1920er Jahren wuchs in den USA das Angebot von Beratungsdienstleistungen vor allem im Sektor der Unternehmensführung deutlich an. Die Berater zu dieser Zeit waren Ingenieure, die sich „Management Engineers" nannten, Anwälte, Bankiers und Wirtschaftsprüfer[17].

1930 erschien in einem US-amerikanischen Wirtschaftsmagazin ein Artikel eines Wirtschaftsprofessors der Universität von Chicago, *James O. McKinsey*. Der Wissenschaftler, der selbst eines der großen und namhaften Beratungsunternehmen gegründet hatte, wies darauf hin, dass im Bereich des Managements ein neuer Typ der beratenden Unterstützung entstanden ist: der Management Consultant (Unterneh-

16 Vgl. *Kieser*, 1996.
17 Vgl. *Fink*, 2009, S. 15.

mensberater). Tatsächlich griffen ab der Mitte der 1930er Jahre immer mehr große Unternehmen auf die Expertise externer Berater zurück. Dabei wurden neben der operativen Steuerung und Reorganisierung auch Verbesserungen im Bereich der Unternehmensführung und der Finanzierung immer mehr in den Beratungsprozess einbezogen. Ab dieser Zeit setzte die Professionalisierung der Beratungsbranche ein. Dies hatte zur Folge, dass die Unternehmensberater ab den 1930er Jahren die Verantwortlichen in der Unternehmensführung nicht nur bei Fragen der Effizienzsteigerung in der Produktion begleiteten, sondern auch grundsätzliche und für den Unternehmenserfolg entscheidende Fragen mit auf die Agenda setzten – beispielsweise Strategien, an Umsatzerwartungen geknüpfte Marktanalysen oder effiziente Managementstrukturen. Einen weiteren Boom in der Beratungsbranche der USA löste der Glass-Steagall Act im Jahre 1933 aus. Er untersagte den Geschäftsbanken, ihre bislang praktizierten Beratungs- und Reorganisationsaktivitäten in Unternehmen weiterzuführen. Die Folge war, dass viele junge Beratungsunternehmen zahlreiche neue Aufträge lukrieren konnten und enorm wuchsen[18].

Während des Zweiten Weltkriegs übernahmen Beratungsunternehmen auch Aufträge der US-amerikanischen Regierung. Auch dort ging es in der Regel um neue effizientere Strukturen, so etwa bei der US-amerikanischen Marine. In den 1950er Jahren wurde der Beratungsmarkt in den USA vor allem von drei Unternehmen beherrscht: *McKinsey & Company*, *Booz, Allen & Hamilton* sowie *Cresap, McCormick & Paget*. In den darauffolgenden Jahren dominierten US-amerikanische Firmen auch weltweit den Markt für Beratungsleistungen. Dies führte dazu, dass sich US-amerikanische Managementpraktiken in der gesamten Welt verbreiteten – eine Tendenz, die bis heute anhält. Ab den 1960er Jahren wurde die internationale Entwicklung des Beratungsmarktes vor allem von einem 1963 gegründeten Unternehmen beeinflusst – der *Boston Consulting Group* (BCG). Etwa zur gleichen Zeit hatte der US-amerikanische Professor für Unternehmensführung, *Igor Ansoff*, den Begriff der Strategie, welcher zuvor in erster Linie im militärischen und politischen Bereich Verwendung gefunden hatte, für Fragestellungen des Managements fruchtbar gemacht[19]. Im Rahmen seines Zugangs werden Strategien im Bereich der Unternehmensführung aus den Zielen der Organisation abgeleitet. Sie sollen der Steigerung des langfristigen Erfolgs eines Unternehmens dienen und treffen Aussagen über dessen mittel- bis langfristige Positionierung im Markt[20]).

Die skizzierte Konzeption des strategischen Managements hatte einen nachhaltigen Einfluss auf die weitere Entwicklung der Unternehmensberatung. Während bis etwa 1960 die Gestaltung der Finanzierung des Unternehmens im Fokus der Betrachtung stand, wurde danach immer mehr die Planung im Sinne einer vorausschauendeb und weitsichtigen Prüfung von Handlungsoptionen des Managements durch die Beratungsunternehmen fokussiert. Mithilfe quantitativer Fortschreibungen vergange-

18 Vgl. *Fink*, 2009, S. 18.
19 Vgl. *Ansoff*, 1965.
20 Vgl. *Fink*, 2009, S. 23.

ner Entwicklungen konnten zukünftige Trends als Planungsgrundlagen formuliert werden. Durch zunehmende Diskontinuitäten in der Umwelt von Unternehmen – als Beispiel kann die Ölkrise im Jahr 1973 genannt werden – wurden jedoch rein quantitative Planungs- und Extrapolationsverfahren zunehmend in Frage gestellt. An ihre Stelle rückten systematische Analysen von zukünftigen Chancen und Risiken bei der Ausrichtung von Unternehmen auf dem Markt. Durch den Abgleich der daraus gewonnenen Erkenntnisse mit den Stärken und Schwächen im Unternehmen konnten Aussagen zur Optimierung des Erfolgs- und Wachstumspotenzials generiert werden. Damit hielt die strategische Planung Einzug in die Unternehmensberatung, in vielen Fällen entwickelte sich die Strategieberatung sogar zur eigentlichen Domäne der Berater. Sie bescherte insbesondere solchen Anbietern (allen voran der BCG), die für strategische Analysen das Know-how und auch aussagekräftige Instrumente (etwa die Portfolio-Matrix der BCG) bereithielten, große Nachfrage und hohe Renditen[21].

Etwa zur gleichen Zeit entwickelte sich ein weiterer neuer Zweig in der Unternehmensberatung: die *IT-Beratung*, die sich im Schnittfeld der vorwiegend technischen Dienstleistung IT-Services und der Unternehmensberatung etablierte[22]. In vielen US-amerikanischen Unternehmen (etwa *General Electric*) wurden schon in den 1950er Jahren die elektronische Datenverarbeitung (etwa bei der Gehaltsabrechnung) und im Anschluss daran weitere neue Informationstechnologien eingeführt. Dieser sich weltweit ausbreitende Trend führte zu neuen Problemstellungen, die zunächst in erster Linie von Ingenieuren in beratender Funktion bearbeitet wurden. Es zeigte sich aber, dass die rein technische Wartung und Weiterentwicklung solcher Systeme in vielen Fällen nicht zum erwünschten Ergebnis führte. Oft steckten hinter technischen Problemen auch organisatorische Fragestellungen. Aus diesem Grund wurden die Ansätze der Ingenieure zur Optimierung der technischen Systeme immer mehr mit Fragestellungen zur Rationalisierung von Managementprozessen und Organisationstrukturen verknüpft – auch dies ist eine Tendenz, welche bis zum heutigen Tag anhält.

1982 erschien ein für die weitere Entwicklung der Beratungsbranche eminent wichtiger Bestseller: *In Search of Excellence* von *Tom Peters* und *Robert H. Watermann*. Beide Autoren waren zu dieser Zeit als Berater bei McKinsey tätig und beschäftigten sich mit der Frage, was die Leistungsfähigkeit von Organisationen ausmacht[23]. Auf der Basis von Interviews mit Führungspersönlichkeiten aus der gesamten Welt kamen sie zu der Erkenntnis, dass die Handlungsfähigkeit von erfolgreichen Unternehmen nicht allein auf ausgeklügelten Strategien und effizienten Organisationsstrukturen beruht. Vielmehr müsse man den menschlichen Faktor mit einbeziehen, vor allem das Stammpersonal, den gelebten Führungsstil und das von den Organisationsmitgliedern geteilte Wertesystem. Damit war als neuer wesentlicher Faktor für den Unternehmenserfolg die sogenannte *Unternehmenskultur* geboren. Neben den

21 Vgl. *Fink*, 2009, S. 24.
22 Vgl. *Torggler*, 2008, S. 48 f.
23 Vgl. *Neubauer*, 2003, S. 50 ff.

sogenannten *harten* Faktoren (Strategie, Struktur, Systeme), welche die Unternehmensberatung bis in die 1980er Jahre beherrschten, gewannen in den Beratungsansätzen immer stärker die *weichen*, psychologischen Faktoren, welche sich in der Organisationskultur manifestieren, an Bedeutung. Fortan wurden in der Unternehmensberatung auch die Zusammenarbeit und die Kommunikation, die Führung und Motivation sowie Normen und Wertvorstellungen zum Thema gemacht und weiterentwickelt. Dies führte nicht nur zu einer weiteren Ausdifferenzierung der Berater-Portfolios, es ermöglichte auch neuen Disziplinen, vor allem der Organisationspsychologie sowie weiteren anderen Sozial- und Kulturwissenschaften, den Zugang zur Beratung in Unternehmen.

Die zunehmende Globalisierung sowie Expansionen und Fusionen vieler Unternehmen haben vor allem in den 1980er und 1990er Jahren den Unternehmensberatungen beträchtliche Geschäftserfolge beschert[24]. Dies trifft vor allem auf die großen Anbieter wie *McKinsey* und die *Boston Consulting Group* zu. Durch zunehmende Konkurrenz im Beratungsmarkt, in erster Linie aber im Zuge der Wirtschaftskrisen, kam es dann zu einem Einbruch des Beratungsmarktes. Er brachte vor allem kleinere und spezialisierte Beratungsunternehmen in Schwierigkeiten. Die wirtschaftliche Entwicklung der letzten Jahre führte allerdings wieder zu einer gewissen Revitalisierung der Beratungsbranche. Allerdings wird der Markt von wenigen Topanbietern dominiert. Das macht es kleinen Beratungsfirmen und Neueinsteigern schwer, mit Erfolg ins Beratungsgeschäft zu kommen. Nicht wenige versuchen in Bereichen Fuß zu fassen, die bislang nicht Teil ihres Kerngeschäfts waren, beispielsweise IT-Berater in der Strategie- und Organisationsberatung oder Wirtschaftsprüfer im Bereich der Finanzberatung. Durch diese und weitere Entwicklungen wird die Beratungsbranche ein sehr dynamischer Markt bleiben. Als Reaktion auf mögliche Ursachen der Wirtschaftskrisen der vergangenen Jahrzehnte könnten sich neue Felder im Bereich der *Ethikberatung* oder der *Corporate Governance* (im Sinne der Entwicklung einer verantwortungsvollen Unternehmensführung, vgl. *Welge/Eulerich*, 2014) entwickeln. Ob dies neuen Anbietern im Markt auch neue Chancen eröffnet oder ob die Topanbieter solche Angebote in ihr Portfolio integrieren, wird die Zukunft zeigen.

3. Der Bedarf an Beratung

In den modernen Industrienationen wird etwa seit Mitte des zwanzigsten Jahrhunderts ein deutlich ansteigender Bedarf an Beratung nicht nur im Wirtschaftssektor, sondern in den unterschiedlichsten Bereichen des öffentlichen und privaten Lebens verzeichnet. Im Jargon der Soziologie ist zur Bezeichnung dieses Phänomens der Terminus „Beratungsgesellschaft" kreiert worden (vgl. *Fuchs/Pankoke*, 1994; *Schützeichel/Brüsemeister*, 2004). Dieser Ausdruck verdeutlicht, dass in einer aufgrund von Arbeitsteilung immer stärker ausdifferenzierten Gesellschaft vermehrt Fragen

24 Vgl. *Fink*, 2009, S. 26.

und Probleme in Erscheinung treten, die das Individuum, die Familie sowie Gruppen und Organisationen in den verschiedenen Bereichen des sozialen Lebens nicht mehr alleine bewältigen können. Die im Alltag und in allgemein zugänglichen Bildungsinstitutionen wie etwa der Schule erworbene Kompetenz reicht zur Lebensbewältigung nicht mehr aus, es bedarf der zusätzlichen Expertise durch Berater unterschiedlichster Provenienz (vgl. Übersicht 1).

Die moderne Beratungsgesellschaft: Beispiele von Beratung	
Familienberatung	Stil- und Farbberatung
Partnerschaftsberatung	Feng-Shui-Beratung
Erziehungsberatung	Mieterberatung
Schulberatung	Rechtsberatung
Jugendberatung	Studienberatung
Seelsorge	Berufsberatung
Psychologische Beratung	Schuldnerberatung
(Psychotherapie)	Energieberatung
Supervision	Politikberatung
Kollegiale Fallberatung	Lebensberatung
Drogenberatung	Philosophische Beratung
Gesundheitsberatung	(Philosophische Praxis)
Genetische Beratung	…
Ernährungsberatung	

Übersicht 1: Die moderne Beratungsgesellschaft: Beispiele von Beratung

Neben der schon erwähnten Arbeitsteilung und der damit einhergehenden Diversifikation und Spezialisierung des Wissens in unterschiedliche Bereiche haben aus sozialwissenschaftlicher Sicht vor allem die folgenden unsere moderne Gesellschaft kennzeichnenden Phänomene zur Entwicklung einer Beratungsgesellschaft beigetragen[25]:

1. **Individualisierung**. Schon *Georg Simmel* (1900) wies mit dem Begriff der Individualisierung darauf hin, dass der Prozess der Industrialisierung und die damit voranschreitende Arbeitsteilung zur Auflösung traditionaler gesellschaftlicher Formen und Bindungen (Zerfall der Großfamilie, Auflösung dörflicher Strukturen etc.) und zu einer Aufwertung des Individuums und dessen Selbstbestimmung führen. Im Anschluss an diese Analyse machte vor allem der Soziologe *Ulrich Beck* (1986) den Begriff in unserer Zeit populär. Er wies darauf hin, dass mit der Erosion obsolet gewordener gesellschaftlicher Zuordnungen wie Stand und Klasse die Notwendigkeit der reflexiven Gestaltung und Führung des eigenen Lebens auf den Plan tritt[26]. Identitäts- und Sinnfindung wird zunehmend unabhängig von tradierten Deutungshorizonten vollzogen und wird zur individuellen Leistung.

25 Vgl. auch *Heltzel/Weigand*, 2012, S. 15 ff.
26 Vgl. *Beck/Vossenkuhl/Ziegler*, 1995.

2. **Neue Unübersichtlichkeit**. Die zunehmende Unüberschaubarkeit moderner Gesellschaftsstrukturen hat *Jürgen Habermas* (1985) mit dem Ausdruck der „neuen Unübersichtlichkeit" belegt. Heute wird mit diesem Begriff nicht nur die zunehmende Komplexität des sozialen Lebens einzufangen versucht, er bezeichnet darüber hinaus auch das Phänomen, dass der oder die Einzelne mit den Anforderungen des modernen gesellschaftlichen Lebens oft überfordert zu sein scheint. Sich einen auch nur annähernd adäquaten Überblick über die verschiedenen Optionen vor einer privaten oder beruflichen Entscheidung zu verschaffen, gilt heute als eine der größten Herausforderungen in unübersichtlich gewordenen Lebenssituationen.
3. **Beschleunigung**. Zu den beschriebenen Herausforderungen, nach denen das Individuum heute hauptverantwortlicher Gestalter des eigenen, immer weniger durchschaubaren Lebens geworden ist, tritt als drittes Phänomen die Beschleunigung hinzu: Es muss alles noch schneller gehen. Der Soziologe *Hartmut Rosa* (2005) beschreibt die permanente Erhöhung der Anzahl der Handlungsepisoden pro Zeiteinheit als ein Charakteristikum der modernen Gesellschaft. Dabei kommt es aber zu einer paradoxen Entwicklung: Der durch moderne Technologien hervorgerufene Zeitgewinn führt in der Regel zu noch höherer Zeitnot – ein Phänomen, das sich an der modernen Kommunikation per E-Mail zeigt.

Zieht man die drei skizzierten Momente zusammen, ergibt sich folgendes Bild: Der steigende Bedarf an Beratung erwächst aus der Notwendigkeit der Gestaltung des eigenen Lebens in einer zunehmend komplexer werdenden und sich immer schneller verändernden Gesellschaft. Dies betrifft nicht nur die individuelle Lebensführung, sondern ebenso Institutionen und Organisationen unterschiedlicher sozialer Systeme (z.B. Bildungseinrichtungen, Unternehmen). Auch in der Wirtschaft trifft man auf die beschriebenen Phänomene:

1. Im Hinblick auf die Führung eines Unternehmens steht heute das Management vor besonderen Herausforderungen. Traditionelle Vorbilder und Vorgaben reichen bei weitem nicht mehr für die strategische Steuerung eines Unternehmens aus. Strategische Unternehmensführung bedeutet heute, dass die Führung des Unternehmens auf die jeweils besonderen, möglichst einzigartigen und nicht imitierbaren Kernkompetenzen und Kernprozesse aufbaut. Individualisierung in der Wirtschaft bezieht sich somit auf die Unternehmen und deren unverwechselbares Leistungsprofil, auf Manager, die Unternehmen nach diesem Bild zu führen haben, sowie auf Mitarbeiter, welche die jeweils individuellen Anforderungen im Beruf und Privatleben auszubalancieren haben (Work-Life-Balance[27]).
2. Gleichzeitig steigen auf allen Ebenen kontinuierlich die Anforderungen. Strategisches Management beruht auf der Berücksichtigung von internen und externen Faktoren der Unternehmensentwicklung. Diese Faktoren sind heute sehr vielfältig und immer schwieriger vorausberechenbar. Die Mitglieder der Unterneh-

27 Vgl. *Collatz/Gudat*, 2011.

mensführung, aber auch alle Mitarbeiter, die Verantwortung im Unternehmen tragen, stehen oft vor sehr schwierigen Entscheidungen. Sie sehen sich sehr unübersichtlichen Situationen gegenüber.

3. Die Zeiträume der Entwicklung und Vermarktung von neuen Produkten werden immer enger. Um sich Wettbewerbsvorteile zu sichern, müssen die Unternehmen heute einen Vorsprung vor den Mitbewerbern haben. Moderne Entwicklungs- und Kommunikationstechnologien leisten dabei wertvolle Hilfe. Dies führt allerdings zu einer rasanten Beschleunigung aller Prozesse in den Märkten und in den Unternehmen. Die Wahrscheinlichkeit, neue Trends zu verpassen, steigt. Man denke an das Beispiel des einstigen Weltmarktführers *Nokia* im Mobiltelefonmarkt, der in die Entwicklung von Smartphones viel zu spät eingestiegen ist.

Die skizzierten Trends in Gesellschaft und Wirtschaft werden durch zusätzliche Momente oft weiter verstärkt. Zunehmende Individualisierung und Unübersichtlichkeit steigern nicht nur die Komplexität[28], sie führen auch generell zu mehr Ungewissheit und Unsicherheit in der Lebens- und Unternehmensführung. Ungewissheit bei Entscheidungen, prekäre Arbeitsverhältnisse (etwa bei befristeter Beschäftigung) und das Gefühl, den Anforderungen des modernen Lebens immer mehr ausgesetzt zu sein, tragen zu weiterer Verunsicherung auf Individuums- und Organisationsebene bei[29]. Damit in Zusammenhang sehen sich immer mehr Menschen zunehmend mit Ambivalenzen (zwiespältige Situationen) und Paradoxien (widersprüchliche Situationen) konfrontiert[30]. Nicht selten wird Personen nach Entscheidungen vorgehalten, warum sie nicht anders entschieden haben – ohne die Gewissheit zu haben, dass sie nach Wahl der anderen Entscheidungsoption nicht wiederum Kritik erfahren würden. Immer häufiger handeln Menschen in sogenannten entgrenzten Lebens- und Arbeitszusammenhängen, was die Desintegration und Fragmentierung des sozialen und persönlichen Lebens in Arbeit und Freizeit weiter verstärkt[31].

Die skizzierten Entwicklungsmomente Gesellschaft und Wirtschaft tragen nachhaltig zu einem steigenden Bedarf an Beratung bei. Im Bereich der Wirtschaft und der Unternehmen sieht sich das verantwortliche Management in immer höheren Ausmaß mit der kaum lösbaren Aufgabe konfrontiert, die komplexe Situation in ihren verschiedenen Teilbereichen (Entwicklung, Einkauf, Produktion, Vertrieb, Personal etc.) zu überschauen und zielführend zu steuern. All dies trägt dazu bei, dass der Bedarf an Beratung in der Wirtschaft nicht nur ansteigt, sondern auch vielfältiger wird. Das führt zu sehr unterschiedlichen Frage- und Problemstellungen von Unternehmen in der Wirtschaft. Diese gehen wiederum mit verschiedenen Arten der Beratung in der Wirtschaft einher (vgl. Übersicht 2).

---

28 *Heltzel/Weigand*, 2014, S. 32 ff.
29 Vgl. *Heltzel/Weigand*, 2014, S. 22 ff.
30 Vgl. *Heltzel/Weigand*, 2014, S. 28 ff.
31 Vgl. *Heltzel/Weigand*, 2014, S. 30 f.

Nach Schätzungen des Bundesverbandes Deutscher Unternehmensberater (BDU) belief sich das Marktvolumen von etwa 18,9 Milliarden Euro auf folgende Beratungsbereiche[32]:

Organisations-/Prozessberatung	43,2 %
Strategieberatung	23,9 %
IT-Beratung	22,3 %
Human-Resources-Beratung	10,6 %

Im deutschen Markt bewegen sich nach BDU-Schätzungen etwa 13.850 Gesellschaften mit ca. 87.000 Beratern (sonstige Beschäftigte wie z.B. in der Administration nicht mitgerechnet). In Österreich sind im Fachverband UBIT der Wirtschaftskammer Österreich, welcher die Berufsgruppen Unternehmensberatung (UB), Informationstechnologie (IT) und Buchhaltung (BH) vertritt, laut Mitgliederstatistik von 2015 über 17.000 derzeit aktive Unternehmensberater erfasst. Die Tendenz war auch in den letzten Jahren weiter steigend.

Beispiele für Beratungsformen in der Wirtschaft	
Unternehmensberatung Finanz- und Anlageberatung Immobilienberatung Steuerberatung IT-Beratung Managementberatung Personalberatung	Strategieberatung Vertriebsberatung Marketingberatung Coaching (Systemische) Organisationsberatung Mediation (Konfliktberatung)

Übersicht 2: Beispiele für Beratungsformen in der Wirtschaft

Der hohe und weiterhin zunehmende Bedarf an Beratung ist mit den bereits beschriebenen Spezialisierungen und Differenzierungen in der Gesellschaft eng verflochten. Wenn Beratungsleistungen im sozialen Subsystem Wirtschaft erfolgen, so können sie auch mit anderen Teilsystemen in Verbindung stehen. Dies ist nicht selten von hoher Relevanz für die jeweilige Beratungstätigkeit. Erfolgt etwa eine Steuerberatung im Rahmen einer Wirtschaftsprüfung, so unterliegt dies gesetzlichen Vorgaben. Wer für die Auswahl einer Betriebsärztin ein Personalberatungsinstitut beauftragt, tut dies aufgrund einer freien wirtschaftlichen Entscheidung, direkte gesetzliche Vorgaben existieren dazu nicht. Das Gleiche gilt für eine IT-Beratung oder eine Beratung im Zuge einer Organisationsentwicklung.

32 Vgl. *Kies*, 2011, S. 15, die Prozentangaben beziehen sich auf die Anteile am Gesamtumsatz.

4. Beratung: Allgemeine Charakterisierung

Bevor die Besonderheiten der Beratung im Kontext der Wirtschaft weiter vertieft werden, soll zunächst eine allgemeine Bestimmung dessen, was Beratung in unserer modernen Gesellschaft bedeutet, welche Ziele und möglichen Leistungen sie umfasst und auf welche generellen Bedarfe sie zu reagieren bestrebt ist, versucht werden. Dabei wird auf die Bestimmung von Beratung der Deutschen Gesellschaft für Beratung (DGfB) Bezug genommen (vgl. Übersicht 3). Bei dieser Gesellschaft handelt es sich um einen Dachverband, der unterschiedliche Arten von Beratung in verschiedenen Bereichen unter einem gemeinsamen Begriff von professioneller Beratung zusammenzuführen versucht. Die Entwicklung eines gemeinsamen Beratungsverständnisses dient dem Ziel der fachlichen Fundierung und Qualitätssicherung von Beratung[33].

> Beratung kann sich sowohl auf Personen als auch auf Gruppen in ihren lebens- und arbeitsweltlichen Bezügen als auch auf Organisationen beziehen.
> Sie befasst sich auf einer theoriegeleiteten Grundlage mit unterschiedlichen Entwicklungsaufgaben und multifaktoriell bestimmten Problem- und Konfliktsituationen. Sie stellt sich Anforderungen aus den Bereichen von Erziehung und Bildung, Sozial- und Gemeinwesen, Arbeit und Beruf, Wohnen und Freizeit, Gesundheit und Wohlbefinden, Ökologie und Technik, Pflege und Rehabilitation, Ökonomie und Politik sowie des Rechts (...).
> Beratung ist subjekt-, aufgaben- und kontextbezogen. Sie ist eingebettet in institutionelle, rechtliche, ökonomische sowie berufsprofessionelle und ethische Rahmenbedingungen, innerhalb derer die anstehenden Aufgaben, Probleme und Konflikte dialogisch bearbeitet und geklärt werden. Ein Ergebnis im Beratungsprozess ist nur kooperativ erreichbar.
> Beratung ist eine personen- und strukturbezogene soziale Dienstleistung. Sie setzt gemeinsame Anstrengungen und Leistungen aller Beteiligten und klare Zielvereinbarungen voraus.

Übersicht 3: Beratungsverständnis der Deutschen Gesellschaft für Beratung (DGfB) (http://dachverband-beratung.de/dokumente/DGfB_Beratungsverstaendnis.pdf, Zugriff am 10.7.2017)

Bei dieser Bestimmung fällt auf, dass Beratung auf Problemsituationen oder Entwicklungsaufgaben von Personen, Gruppen oder Organisationen reagiert. Das breite Verständnis von Beratung umfasst unterschiedlichste Professionen, Bereiche, Tätigkeitsfelder, Konzepte und Interventionsformen. Der Prozess der Weiterentwicklung oder die Art und Weise der Problembearbeitung wird offengehalten, allerdings beruht professionelle und verantwortbare Beratung auf einer theoriegeleiteten Grundlage. In dieser Weise befasst sich Beratung mit den im Prozess der Weiterentwicklung oder

33 Grundlegend dazu *Seel*, 2014.

Problembearbeitung entstehenden Aufgaben. Sie berücksichtigt die im Beratungsprozess eingebundenen Personen sowie den relevanten Kontext. Dabei sind in der Regel vielfältige Rahmenbedingungen unterschiedlichster Natur zu beachten, ein Umstand, der die ohnehin schon herausfordernde Ausübung von Beratung meist noch weiter erschwert. Schließlich ist noch hervorzuheben, dass Beratung eine soziale Dienstleistung darstellt, bei der alle beteiligten Personen aufgaben- und zielbezogen, in jedem Fall kooperativ, zusammenarbeiten. Ohne gemeinsam getragene Anstrengungen und Leistungen wird es zu keinem Beratungsergebnis kommen.

4.1. Merkmale der Beratungssituation

Wenn man vor dem Hintergrund der eben umrissenen allgemeinen Bestimmung die Beratungssituation zu charakterisieren versucht, kommt man in Anlehnung an *Jonas*, *Frey* und *Klendauer* (2005) zu folgenden Ergebnissen:

- Berater können als Personen beschrieben werden, die anderen Personen, die vor einem Problem oder einer Entwicklungsaufgabe stehen, einen Rat geben (ratgebendes System).
- Die Empfänger solcher Ratschläge werden als Klienten (als Klientel oder ratsuchendes System) bezeichnet.
- Beratungsprozesse sind Interaktionsprozesse zwischen Beratern und Klienten. Im Zentrum steht die Bearbeitung der Probleme oder Entwicklungsaufgaben, es wird eine Problemlösung oder Entwicklung angestrebt.
- Die Beziehung zwischen beiden Parteien ist zeitlich befristet. Nach Beendigung des Beratungsauftrags erlischt die durch die Beratung konstituierte Kooperation.
- Die Berater sind in der Regel nicht Teil des Systems der Klienten. Im Fall der internen Beratung, bei der ein Mitglied der zu beratenden Organisation eine Beratungsfunktion wahrnimmt, trifft das freilich nicht zu.
- Diejenigen Personen, die sich beraten lassen, treffen letztendlich die Entscheidung zur Bewältigung des Problems oder zur Bearbeitung der Entwicklungsaufgabe alleine.

Auf ähnliche Weise charakterisiert *Titscher*[34] die Beratungssituation als komplexes Beziehungsgeflecht (vgl. Abb. 2). Im Zentrum steht das Dreieck von Berater, Klient und Problem. Zu berücksichtigen ist ferner die Umwelt oder der Kontext, in dem die Klientel mit dem Problem steht. Eine weitere zentrale Größe in diesem Geflecht ist der Auftraggeber. Dabei ist für die professionelle Handhabung der Beratung die für das Kundensystem meist nicht selbstverständliche Trennung von auftraggebender Partei und Klientel essentiell. Es gibt einige Fälle in der Beratung, in denen beide Größen zusammenfallen (etwa wenn jemand aus eigenem Antrieb und auf eigene Kosten Coaching in Anspruch nimmt), in den weitaus meisten Situationen sind jedoch die Seite, die den Auftrag zu einer Beratung erteilt (und meist auch finanziert), und diejenigen Personen, mit denen der Beratungsauftrag bearbeitet wird, nicht identisch

34 2001, S. 18.

(etwa im Fall einer Organisationsberatung, bei der die Geschäftsführung den Auftrag erteilt und die Belegschaft mit den Beratern das Problem zu lösen versucht). Dass dies ein nicht geringes Konfliktpotential in sich birgt, ist offenkundig. Es ist ein Merkmal hoher Beratungskompetenz, die Unterschiede von Zielvorstellungen und Interessen bei der auftragserteilenden Seite und der Klientel nicht eskalieren zu lassen, sondern als Potential für konstruktive Lösungen des Problems zu nutzen.

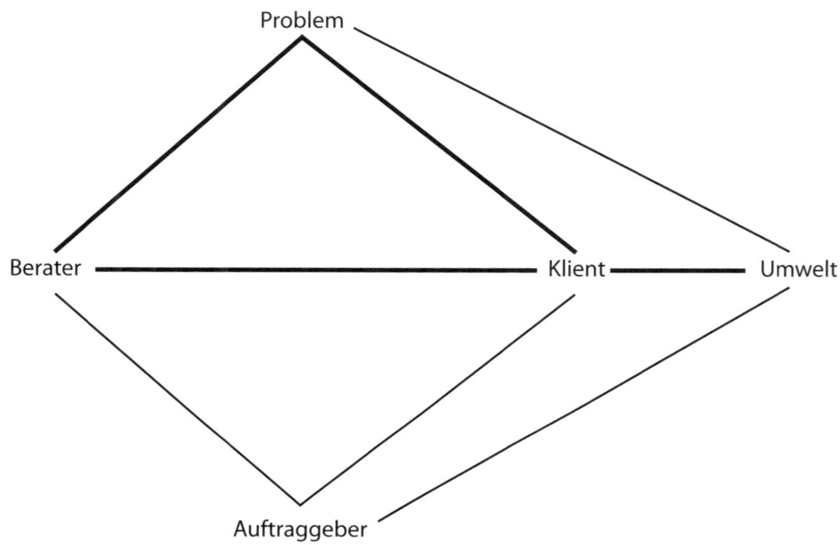

Abb. 2: Die Beratungssituation als Beziehungsgeflecht (*Titscher*, 2001, S. 18)

4.2. Das Beratungssystem

Durch Beratung soll mittels bestimmter Formen der Intervention das ratsuchende System zu einer Veränderung oder Entwicklung motiviert oder veranlasst werden. Berater, die ihrer Arbeit ein systemtheoretisches Verständnis der sozialen Interaktionsprozesse im Beziehungsgeflecht der Beratungssituation zugrunde legen, betrachten freilich dieses naive Interventionsmodell mit Skepsis. Wie ist es eigentlich möglich und vorstellbar, dass Berater in die meist fest eingefahrenen Prozesse der Selbstorganisation von Unternehmen intervenieren? Lassen sich Strukturen und Prozesse von Organisationen überhaupt von außen verändern? Die Sichtweise auf dieses Problem verändert sich, wenn man fragt, wo eigentlich Beratung stattfindet. Dabei hat es sich eingebürgert, für das Beratungsgeschehen ein neues System einzuführen, welches weder mit dem ratsuchenden noch mit dem ratgebenden (noch mit dem auftragserteilenden) System identisch ist. Man spricht deshalb vom Beratungssystem als eigenem emergentem System, welches aus dem Zusammenwirken der drei eben genannten Systeme entsteht[35].

35 Vgl. Abb. 3 sowie *Rappe-Giesecke*, 2009, S. 81 f.

Der Begriff der Emergenz bezieht sich auf den Umstand, dass das neue System Eigenschaften aufweist, die nicht ausschließlich auf Merkmale jener Systeme zurückgeführt werden können, aus denen sich das neue System bildet. So kann etwa Leben als emergentes Resultat physikalischer und biochemischer Prozesse beschrieben werden. Auch in einer Beratungssituation entsteht ein System, das nicht allein aus Strukturen und Prozesse eines seiner konstituierenden Systeme erklärt werden kann. „*Es entsteht hier ein neues System mit eigenen Regeln, Zugangsbedingungen, Rollendefinitionen, Zielen, System-Umwelt-Beziehungen und einer eigenen Identität. Dieses System ist das Ergebnis eines Aushandlungsprozesses, in den die Erwartungen der drei beteiligten Umweltsysteme eingehen. Die Gestalt eines solchen Beratungssystems wird in den Sondierungsgesprächen verhandelt.*"[36]

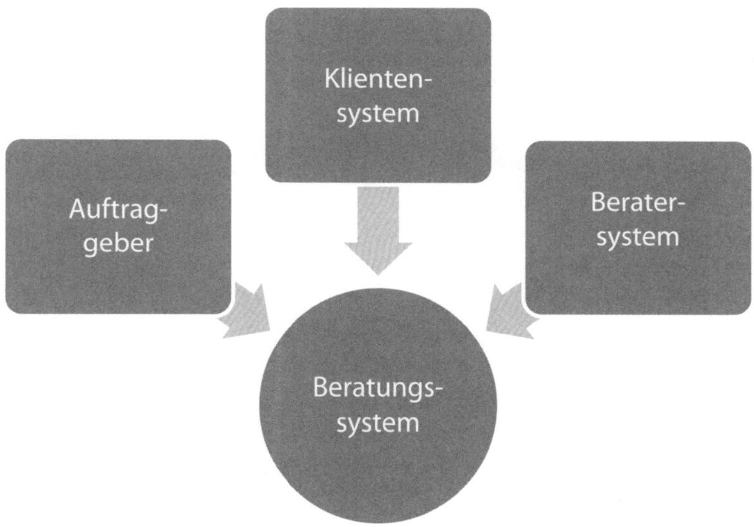

Abb. 3: Das Beratungssystem (nach *Rappe-Giesecke*, 2009, S. 82)

Solche Sondierungsgespräche werden vor allem im Rahmen der Auftragsklärung geführt. Sie können aber auch im weiteren Verlauf des Beratungsprozesses auftauchen, wenn es entsprechenden Klärungsbedarf gibt. Das Beratungssystem trägt den gesamten Prozess der Beratung – von der Auftragsklärung bis zum Abschluss des Beratungsauftrags. Es umfasst Teile der Kommunikation aus den drei konstituierenden Systemen, aber vor allem die Kommunikation zwischen Angehörigen aus diesen Systemen, also zwischen Beratern und dem auftraggebenden System, beispielsweise der Geschäftsführung oder zwischen Beratern und den Mitgliedern einer Abteilung, die gerade einen Strukturwandel durchläuft. Mit dem Ende des Beratungsauftrags löst sich das Beratungssystem auf. An dieser Stelle stellt sich vielfach die Frage, wie Vereinbarungen, die im Rahmen des Beratungsprozesses im Beratungssystem getroffen werden, und Ergebnisse der Beratung dem ratsuchenden

36 *Rappe-Giesecke*, 2009, S. 81.

System und dem Auftraggeber vermittelt werden können. Diese Frage lässt sich nicht allgemein beantworten, sondern bedarf jeweils einer besonderen Behandlung in Abhängigkeit vom Beratungsauftrag, der Beratungssituation und nicht zuletzt dem Beratungskontext.

4.3. Der Beratungsprozess

Es ist nicht einfach, für alle existierenden und denkbaren Formen von Beratung ein Modell zu entwickeln, welches die wesentlichen Prozessschritte umfasst. Natürlich ist dies mehrfach versucht worden, doch die entwickelten Ablaufmodelle folgen oft dem Verständnis von Beratung, welches mit dem Modell beschrieben wird. Wenn man trotz dieser Schwierigkeiten versucht, ein Basismodell des Beratungsprozesses zu entwerfen, so lassen sich vereinfacht vier Phasen voneinander unterscheiden:

a. Kontakt- und Kontraktphase
b. Diagnosephase
c. Interventionsphase
d. Auswertungs- und Abschlussphase

Dieses wie auch andere Modelle beruhen natürlich auf gewissen Vereinfachungen. Zum einen wird davon ausgegangen, dass diese Phasen mehr oder weniger für alle Beratungsabläufe gelten. Es kann jedoch nicht immer davon ausgegangen werden, dass das vorliegende Problem oder die anstehende Entwicklungsaufgabe in einem Unternehmen im Rahmen einer Beratung diagnostiziert oder analysiert wird. Nicht selten wird dieser Schritt übersprungen oder er wird gar nicht als wichtig erachtet. Dies kann wiederum mit dem zugrundeliegenden Verständnis von Beratung zusammenhängen. Zum anderen lassen sich die genannten Schritte nicht so strikt voneinander trennen, wie es auf den ersten Blick möglicherweise den Anschein hat. Schon in der ersten Phase kann es zu bewusst gesetzten oder implizit sich einstellenden Interventionen kommen. Auch die mit einer Analyse oder Diagnose eines Unternehmensproblems einhergehenden Schritte (Erhebung von Daten, Bekanntgabe des Ergebnisses etc.) werden häufig bereits als Interventionen betrachtet.

Ein auf diesem Basismodell beruhendes, elaborierteres Ablaufschema des Beratungsprozesses umfasst neun Schritte[37] (vgl. Abb. 4). Dort konstituiert sich innerhalb der ersten drei Phasen das Beratungssystem. Im Erstkontakt wird das Beratungsanliegen formuliert und diskutiert, gegebenenfalls auch modifiziert. Kommt es darüber zu keiner Einigung (in der Praxis durchaus nicht selten anzutreffen), ist schon an dieser Stelle der Beratungsprozess beendet. Werden weitere Vorgespräche (meist zwischen Auftraggeber und Beratern) geführt, werden meist Ziele der Beratung, Methoden, Settings, Kosten und andere relevante Dinge verhandelt. Auch an diesem Punkt ist noch nicht endgültig entschieden, ob ein Beratungsauftrag zustande kommt. Erst im dritten Schritt bildet sich durch einen Kontrakt das Bera-

37 Vgl. *Rappe-Giesecke*, 2009, S. 80 f.

tungssystem. Dabei werden Rollen und Interessen geklärt, Spielregeln vereinbart, Ziele einschließlich der Erfolgskriterien und der Beratungsprozess festgesetzt, eine Zeitplanung vorgenommen, Honorare (Tagessätze) ausgehandelt und anderes mehr. Idealerweise sind durch den Kontrakt Vereinbarungen zwischen den drei konstituierenden Systemen (Berater, Klienten, Auftraggeber) getroffen.

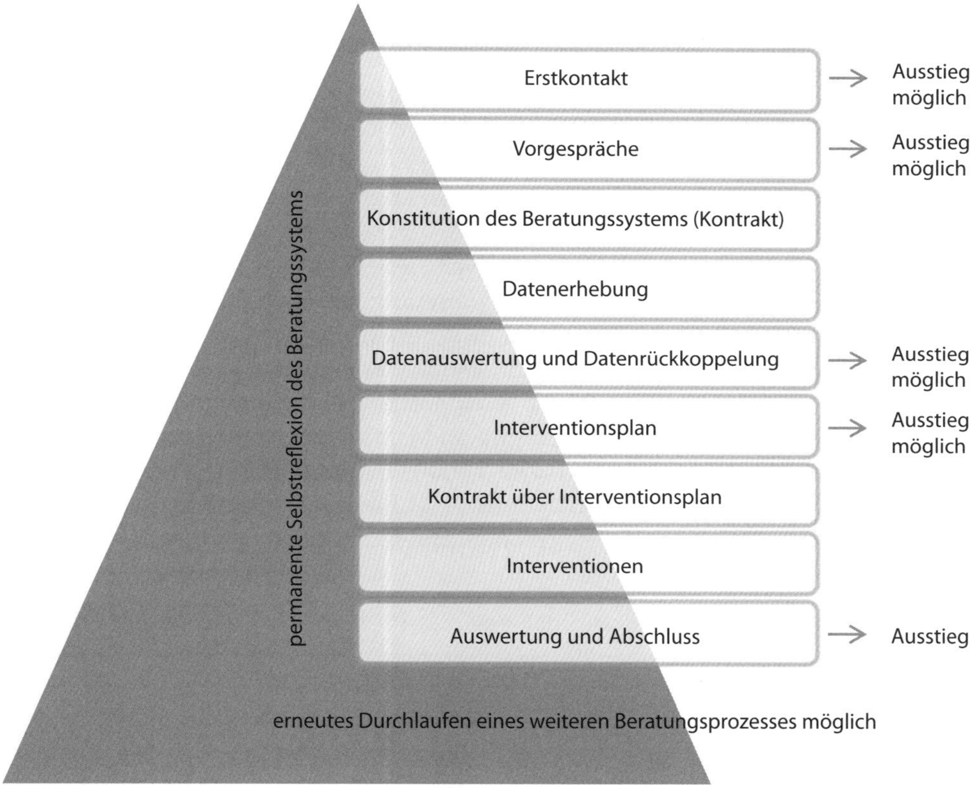

Abb. 4: Ablauf des Beratungsprozesses (in Anlehnung an *Rappe-Giesecke*, 2009, S. 80)

Falls für den Beratungsauftrag passend ist es ratsam, in der Vorphase, in der sich das Beratungssystem konstituiert, in erster Linie eine Problemanalyse oder Diagnosephase zu kontraktieren. Dies hat zwei Vorteile: Zum einen kann nach der Erstellung und Rückkopplung der Diagnose der Prozess abgeschlossen werden, ohne dass dies als Abbruch gewertet werden muss. Zum anderen führt die Kontraktierung einer Diagnosephase dazu, dass vor dem Setzen von Interventionen das vorliegende Problem bzw. die zu lösenden Entwicklungsaufgaben genau betrachtet und analysiert werden. Dies hat meist auch einen besser durchdachten Interventionsplan zur Folge.

Im Diagnoseteil des Beratungsprozesses ist zu entscheiden, auf welche Weise (mit welchen Methoden) die Analyse vorgenommen werden soll. Außerdem muss festgelegt werden, wer befragt werden soll. Nach der Auswertung der Daten ist zu vereinbaren, an wen in welcher Form die Ergebnisse (oder welche Teile der Ergebnisse) zurückgespiegelt werden. Es ist ratsam, für die Phase der Diagnose im Beratungssystem ein Design zu entwickeln, das sich an den folgenden Leitfragen orientiert[38]:

- Welche Informationen werden für den Beratungsauftrag von wem benötigt?
- Welche Methode und welches Setting eignen sich für die Erhebung der Daten? (Interview, Fragebogen, Dokumentenanalyse, Beobachtung, Workshop, kreative Verfahren etc.)
- Wie umfangreich sollte die Datenerhebung angesetzt werden (inkl. Budgetierung von Kosten)?
- Wie sollen die Daten dokumentiert und ausgewertet werden?
- Wem und in welcher Form sollen die Ergebnisse zurückgekoppelt werden?

Bei der Interventionsplanung geht es darum, Erkenntnisse aus der Diagnosephase in einzelne Interventionsschritte zu überführen. Dabei sind auch mögliche Konsequenzen einschließlich nicht erwünschter Nebenfolgen mit zu reflektieren. Der entwickelte Maßnahmenplan ist dann vom Beratungssystem zu autorisieren. Sollte keine Einigung erzielt werden, würde an dieser Stelle die Beratung nicht fortgesetzt bzw. nicht wieder aufgenommen werden. Kommt es zu einem Kontrakt zum Maßnahmenplan, steht der Umsetzung der vereinbarten Interventionen nichts mehr im Wege. Natürlich ist gerade bei der Planung und Umsetzung von Interventionen immer wieder zu prüfen, ob und wie damit verfolgte Ziele auch erreicht werden. Der Verlauf des Beratungsprozesses sollte durch das Beratungssystem fortwährend geprüft und ausgewertet werden, gegebenenfalls sind Interventionen nochmals zu überdenken oder zu modifizieren.

Zum Abschluss der Beratung sind der gesamte Prozess und die erreichten Ergebnisse zu evaluieren. In welchem Umfang und mit welcher Genauigkeit dies erfolgt, hängen von der Reichweite und der Bedeutung des Beratungsprozesses ab. Auch hierzu bedarf es entsprechender Vereinbarungen. Generell stehen unterschiedliche Settings und Methoden zur Verfügung, welche von einer einfachen Blitzlichtabfrage bis zur fachgemäßen Befragung der Klienten reichen. In jedem Fall sollte aber auf eine Evaluation der Beratung nicht verzichtet werden. Gerade dann, wenn die Beratung nur mäßige oder gar keine Erfolge nach sich zieht, ist es sinnvoll, wenn die beteiligten Akteure des Beratungssystems gemeinsam überlegen, was die Ursachen für den unbefriedigenden Ausgang oder Misserfolg sein könnten. Im Anschluss daran sollte im Sinne eines angemessen beendeten Prozesses die Beratung tatsächlich abgeschlossen werden. Man könnte entsprechend der Gestaltpsychologie[39] auch von *Gestaltschließung* sprechen. Natürlich besteht die Option, einen sich anschließenden, in jedem Fall aber neuen Beratungsauftrag mit möglicherweise veränderter Stoßrichtung anzusetzen. Auch dies hat aber zur Voraussetzung, dass der vorangegangene Beratungsprozess in welcher Form auch immer abgeschlossen wird.

---

38 Nach *Rappe-Giesecke*, 2009, S. 86.
39 Vgl. *Fitzek*, 2014.

5. Professionelle Beratung in der Wirtschaft

Die bisherigen Überlegungen zu Struktur- und Prozessmerkmalen in der Beratung waren allgemeiner Natur. In diesem Buch soll der Fokus auf Beratung in der Wirtschaft gelegt werden. Dabei stellt sich die Frage, welche charakteristischen Merkmale für Beratung in der Wirtschaft zu benennen sind. Versucht man Beratung im Kontext der Wirtschaft zu definieren, ergibt sich eine Reihe von Problemen. In gewisser Weise beinhaltet nahezu jede Form von Beratung immer auch ökonomische Aspekte. Beispielsweise wird eine Ernährungsberatung die wirtschaftliche Situation der Ratsuchenden nicht unberücksichtigt lassen können. Ferner stellt professionelle Beratung in der Regel eine Dienstleistung dar, die zu bezahlen ist. Doch das ist nicht gemeint, wenn hier von Beratung im Kontext der Wirtschaft die Rede ist. Vielmehr sollen solche Beratungsfelder und Beratungsleistungen in den Blick genommen werden, bei denen das wirtschaftliche Handeln der Ratsuchenden im Zentrum der Aufmerksamkeit steht.

Es geht jedoch nicht allein um wirtschaftliches Handeln. Die Schuldnerberatung, welche Hilfestellung für Privathaushalte mit erheblichen finanziellen Schwierigkeiten erteilt, ist zwar eine Form von Beratung im wirtschaftlichen Kontext, gewöhnlich wird sie jedoch als Teil der Sozialberatung oder Sozialen Arbeit betrachtet[40]. Beratung in der Wirtschaft richtet demgegenüber die Aufmerksamkeit in erster Linie auf solche Klienten, welche durch wirtschaftliches Handeln Erfolg erzielen wollen. Dies trifft in besonderer Weise auf Unternehmen zu. Wenn man allerdings bedenkt, dass gerade auch Unternehmen, die in Konkurs gegangen sind, im Zuge ihrer Abwicklung oft hohen Beratungsbedarf haben, so ergibt sich zur Schuldnerberatung sogar eine gewisse Überschneidung.

Gleichwohl soll in diesem Buch Beratung in der Wirtschaft nicht mit Unternehmensberatung gleichgesetzt werden. Zu diesem Terminus gibt es eine Reihe von Definitionsvorschlägen[41], welche zu einer brauchbaren Bestimmung von Unternehmensberatung verdichtet werden können. Demnach handelt es sich bei der Unternehmensberatung um eine bestimmte Form von Dienstleistung. Sie erfolgt gegen Entgelt und wird von externen, unabhängigen, rechtlich selbständigen Personen (Einzelberatern oder Beratungsteams) durchgeführt (ratgebendes System). Im Rahmen eines interaktiven Prozesses mit dem Klienten (ratsuchendes System) werden Lösungen für Probleme im Unternehmen gesucht [42] oder es wird versucht, das Erfolgspotential des Klientensystems zu optimieren[43].

Diese Form von Beratung deckt einen großen Teil der Beratung in der Wirtschaft ab. Gleichwohl sind die Ränder oft nicht so scharf, wie es auf den ersten Blick zu sein scheint. Beispielsweise wird die Organisationsberatung häufig als Teil der Unterneh-

40 *Schruth* et al., 2011.
41 Vgl. *Wagner*, 2004.
42 Nach *Wagner*, 2004, S. 28.
43 Vgl. *Wohlgemuth*, 1995, S. 15.

mensberatung begriffen[44]. Nicht alle Organisationen sind jedoch Unternehmen. Ferner ist es mittlerweile gängige Praxis, dass Non-Profit-Organisationen sich ein Leitbild geben und sich dabei oft beraten lassen. Die Leitbildentwicklung wiederum ist ein Teil der Strategieberatung, welche der Unternehmensberatung zugerechnet wird[45]. Streng genommen ist aber die Beratung von Non-Profit-Organisationen keine Unternehmensberatung. Ähnliche Abgrenzungsprobleme ergeben sich bei der Finanzberatung von Familienunternehmen. Im Rahmen einer solchen Beratung wird in der Regel das Familienvermögen mitberücksichtigt. Strenggenommen wäre aber auch das keine Unternehmensberatung. Ein vergleichbares Szenario wäre auch im Rahmen einer Immobilienberatung vorstellbar.

Die beschriebenen Schwierigkeiten deuten darauf hin, dass mit der Kennzeichnung „Beratung in der Wirtschaft" mehrere Beratungsfelder und Beratungstätigkeiten mit teilweise unscharfen Rändern angesprochen sind. In Anlehnung an unsere allgemeine Charakterisierung von Beratung (vgl. Kap. 4) interagieren auch in wirtschaftlichen Kontexten ein ratsuchendes und ein ratgebendes System miteinander. In der Regel stellt das ratsuchende System ein Unternehmen dar. Aber auch jede Beratung für Non-Profit-Organisationen, bei der Aspekte der betriebswirtschaftlichen Führung oder des Managements der Organisation im Fokus stehen, kann als eine Form von Beratung im wirtschaftlichen Kontext betrachtet werden. Ins Zentrum von Beratungsleistungen in der Wirtschaft rückt somit das mit dem wirtschaftlichen Handeln des ratsuchenden Systems in Zusammenhang stehende *Erfolgspotenzial*. Beratung in der Wirtschaft sucht nach Ansatzpunkten und Wegen, damit Organisationen ihre meist selbst gesetzten Ziele erreichen. Oft wird dabei auch das Verhältnis von Aufwand und Ertrag, von Kosten und Nutzen mit ins Kalkül gezogen. In letzter Konsequenz geht es um das Lösen von Managementproblemen, aber auch um das Aufzeigen und Finden von neuen Handlungsoptionen in der Organisationsführung. Nicht selten sind damit bestimmte Lern- und Veränderungsprozesse für die Organisation und das Management verbunden.

Beratung im Kontext der Wirtschaft widmet sich der Bearbeitung von Entwicklungsaufgaben oder Bewältigung von Problemen in Organisationen. Zu ihrer professionellen und erfolgreichen Umsetzung bedarf es bestimmter Voraussetzungen oder Basisanforderungen[46]:

a. Berater üben ihre Tätigkeit auf Grund von eigens hierfür erworbenen Kenntnissen und Fähigkeiten aus. In der Regel verfügen sie über eine spezielle Zusatzausbildung, von noch größerer Bedeutung ist aber die im Lauf ihrer Berufstätigkeit erworbene Erfahrung. Dies macht es für Neueinsteiger schwer, im Beratungsmarkt Fuß zu fassen.
b. Vom auftraggebenden System sowie den Klienten wird erwartet, dass die Berater eine Leistung erbringen. Ihr Ausmaß und die angestrebte Qualität werden im

44 Z.B. *Kainz*, 2008, S. 13.
45 Vgl. *Fink*, 2009, S. 1 ff.
46 Nach *Titscher*, 2001, S. 33 ff.

Kontrakt festgehalten. Deshalb wird die Beratungsleistung auch Kontraktgut genannt. Sie wird auf der Grundlage eines schriftlich fixierten Vertragsverhältnisses gegen Honorar und unter Berücksichtigung professioneller Standards (einschließlich moralisch-ethischer Regeln) erbracht.

Wichtige Merkmale der Beratung als fachgerecht erbrachte Dienstleistung sind *Unabhängigkeit* und *Professionalität*. Unabhängigkeit bezieht sich auf den Umstand, dass Beratung in der Wirtschaft zwar auf der Grundlage eines Auftrags durch ein Unternehmen erfolgt, die Berater sich aber nicht einer bestimmten Interessengruppe in der Organisation verpflichtet fühlen. Vielmehr soll versucht werden, dass die Zielvorstellungen und Interessen aller Akteure im Beratungssystem, im ratsuchenden System und im System der Auftraggeber Beachtung finden. Das muss nicht immer bedeuten, dass alle Vorstellungen auch umgesetzt werden können bzw. die Berater für die Realisierung von Zielen Verantwortung tragen. Sie sollten aber darauf achten, dass keine Gruppe von Akteuren von vorneherein benachteiligt wird und deren Interessen übergangen werden.

Häufig wird als weiteres Merkmal professioneller Beratung die *Externalität* genannt[47]. Damit ist gemeint, dass zielführende Beratungsleistungen nur von Personen erbracht werden können, die nicht Teil des Unternehmens sind. Dem ist insofern zuzustimmen, als etwa dem bereits genannten Merkmal der Unabhängigkeit der Beratung leichter nachgekommen werden kann, wenn die Berater nicht Teil des Unternehmens – also des beauftragenden oder ratsuchenden Systems – sind. Demgegenüber gibt es den Fall der sogenannten internen Beratung, die vor allem durch Weisungen des Managements eingeleitet wird. Hier liegt streng genommen gar keine Beratungssituation vor. Allerdings sind nicht selten externe Berater finanziell vom auftraggebenden System abhängig. Auch dies kann die Unabhängigkeit und Professionalität der Beratung beeinträchtigen.

Durch die Einführung von Kunden-Lieferanten-Beziehungen innerhalb von Organisationen (etwa im Total Quality Management,[48]) haben sich allerdings die Beratungsanforderungen auch zwischen verschiedenen Mitarbeitern eines Unternehmens erhöht. So steht beispielsweise das Personalmanagement in einer Kunden-Lieferanten-Beziehung zu den anderen Beschäftigten, darunter auch den Führungskräften oder potentiellen Führungskräften. Im Kontakt zu ihnen kann es zu Beratungssituationen oder beratungsähnlichen Konstellationen kommen – etwa im Fall der Führungskräfteentwicklung, bei der Personalentwickler aus dem Personalmanagement eine beratende Funktion übernehmen. Von der Beratungssituation sind allerdings daraus abgeleitete konkrete Maßnahmen der Personalentwicklung wie beispielsweise Trainings abzugrenzen.

47 Vgl. etwa *Titscher*, 2001, S. 28.
48 Vgl. *Rothlauf*, 2012.

6. Grundmodelle von Beratung

Grundmodelle der Beratung beinhalten prinzipielle Annahmen darüber, wie Beratung abläuft und wirkt. Sie sind von großer Bedeutung für professionelles Vorgehen und beeinflussen nachhaltig den Beratungsprozess[49]. Nicht selten bestimmen solche Grundmodelle implizit den Charakter und die Entwicklung einer Beratung. Der Organisationspsychologe *Edgar Schein* (2000) hat versucht, die wesentlichen Kennzeichen solcher Basismodelle der Beratung zu benennen und zu beschreiben. Dabei unterscheidet er drei Grundmodelle, die wie folgt charakterisiert werden (zu den Details vgl. Tab. 2):

Grundmodell (was es ist)	Grundannahmen, Voraussetzungen (dass es funktioniert)
Beratung als Beschaffung von Information und Professionalität Der Klient weiß, • was das *Problem* ist, • welche *Lösung* benötigt wird, • *woher* die Lösung kommen kann. Der Berater beschafft die nötigen Informationen und erarbeitet die Lösungen.	a) Der Klient hat das Problem richtig *diagnostiziert.* b) Klient hat Professionalität bzw. Spezialistentum des *Beraters* richtig *beurteilt.* c) Klient hat ein Problem und hat richtig *kommuniziert*, welche Art der Lösung benötigt wird. d) Klient hat die *Konsequenzen* der Informationsbeschaffung bzw. der verlangten Hilfe durchgedacht und akzeptiert.
Beratung im Rahmen der Arzt-Patienten-Hypothese • Der *Klient* leidet unter bestimmten Unzulänglichkeiten oder Problemen, deren *Ursachen* sowie mögliche *Lösungsansätze* ihm aber bekannt sind. • Der Berater übernimmt die Verantwortung für eine richtige *Diagnose* des Problems und dessen angemessene *Lösung.* • Klient ist abhängig vom Beratungsprozess bis zur Lösungsfindung.	a) Der *Diagnoseprozess* selbst wird als nützlich und hilfreich gesehen. b) Der Klient hat die *Symptome* (Indikatoren) richtig interpretiert und den Bereich, in welchem das Problem auftritt, richtig lokalisiert. c) Der indizierte *Problembereich* (Person oder Gruppe) gibt die notwendigen Informationen für eine zutreffende Diagnose; er manipuliert nicht, sondern ist kooperativ. d) Klient *versteht* die Diagnose und den Lösungsvorschlag des Beraters richtig und ist bereit, ihn *anzuwenden.* e) Klient kann nach der Beraterintervention allein wunschgemäß weiter funktionieren.

49 Vgl. *Rappe-Giesecke*, 2009, S. 77.

Grundmodell (was es ist)	Grundannahmen, Voraussetzungen (dass es funktioniert)
Das Prozessberatungs-Modell (Process Consultation) • Der Klient hat das Problem und behält während des gesamten Beratungsprozesses die volle Verantwortung dafür. • Berater hilft dem Klienten, die prozesshaften Ereignisse seiner Umwelt wahrzunehmen, richtig zu interpretieren und zu verstehen und ihnen angemessen zu begegnen. • Stärkstes Involvement (Betroffen- und Beteiligtsein) des Klienten, sich selbst zu helfen, vermeidet, vom Klienten in eines der vorangehenden Modelle gebracht zu werden.	a) Klient spürt Wunsch nach Veränderung (Problembewusstsein), hat aber das Problem nicht im Griff (Ursache – Lösung). b) Klient kennt Möglichkeit der Lösung nicht oder nur unzureichend; dies auch bezüglich der Frage, wer ihm helfen könnte. c) Das Problem ist so beschaffen, dass der Klient nicht nur jemanden braucht, der Problemursachen und -lösungen herausfindet, sondern durch die aktive Teilnahme am Diagnoseprozess auch profitiert. d) Klient hat „konstruktive Absichten“; er ist durch Ziele und Werte motiviert, die der Berater akzeptieren kann, und ist in der Lage, eine sogenannte helfende Beziehung einzugehen. e) Der Klient ist letztlich der Einzige, der wirklich weiß, welche Interventionsform für ihn jetzt hilfreich ist. Er kontrolliert also die Situation. f) Der Klient ist fähig zu lernen, wie er seine Organisationsprobleme erkennen und lösen kann.

Tab. 2: Grundmodell der Beratung (nach *Schein*, 1987 sowie *Rappe-Giesecke*, 2009, S. 78)

A) Personen, Gruppen und Organisationen, welche lediglich die Umsetzung bestimmter Maßnahmen anfragen, folgen der Beratung nach dem Expertenmodell. Dabei kennt das ratsuchende System das Problem und auch die (aus dessen Sicht) tragfähigste Lösung. Beratung wird benötigt, um die Lösung einzukaufen und zu implementieren.

B) Bei Anfragen nach dem zweiten Modell wissen die betroffenen Personen, Gruppen und Organisationen, woran sie leiden (wo sie der Schuh drückt), aber sie lassen die Diagnose des Problems offen. Sie bieten den Beratern bestimmte Symptome an, von denen sie jedoch die Ursache nicht kennen. Auch eine Lösung ist noch nicht in Sicht. Gesucht wird hier jemand in einer beratenden Funktion vergleichbar einem Arzt. Er oder sie kann aufgrund des vorhandenen Fachwissens eine Diagnose für das

Problem liefern und entsprechende Maßnahmen empfehlen oder gar selbst einleiten. Dieses zweite Modell nach *Schein* entspricht der sogenannten Arzt-Patient-Hypothese.

C) Von diesen beiden sehr voraussetzungsvollen Modellen grenzt *Schein* das dritte Modell ab, dasjenige der Prozessberatung. Dabei wird der gesamte Vorgang der Beratung von der Formulierung des Problems und des Beratungsziels, der Erstellung einer Diagnose und das Setzen von Interventionen als interaktive Aufgabe aller am Beratungsgeschehen beteiligten Akteure verstanden. Dies bedeutet unter anderem, dass das ratsuchende System die Verantwortung für das Problem und dessen Lösung nicht an einen Experten abgibt, sondern selbst behält. Die Berater unterstützen die Klienten bei der Wahrnehmung, Interpretation und Bewältigung des Problems. Die Umsetzung der Lösung erfolgt aber durch das ratsuchende System selbst, was zur Erhöhung dessen allgemeiner Problembewältigungskompetenz beiträgt und vermeidet, sich in eine fortdauernde Abhängigkeit von Experten zu begeben.

In der Literatur wird heute die Gegenüberstellung zweier Beratungsmodelle oder Beratungsgrundformen bevorzugt. Dabei werden die ersten beiden Modelle nach *Schein* zu einem Ansatz zusammengefasst. Es wird dann zwischen Expertenberatung (oder auch Fachberatung) und Prozessberatung unterschieden. Die paradigmatischen und typologischen Unterschiede sind in Tab. 3 zusammenfassend gegenübergestellt.

	Expertenberatung	Prozessberatung
Paradigma	Mechanistisches Verständnis	Organismische oder systemische Perspektive
Beratungsverständnis	Co-Management	Kooperation
Beraterhandeln	stellvertretend	subsidiär
Interventionsform	direktive Anweisung von Veränderung	non-direktive Anregung zur Selbstveränderung
Beratungskompetenz	Fachkompetenz	Prozesskompetenz
Beratungsbeziehung	Experte–Laie	Experte–Experte
Beratungswissen	überlegenes Wissen	anderes Wissen
Beratungsziel	Festlegung und Umsetzung von Entscheidungen	Erweiterung des Problem- und Handlungshorizonts

Tab. 3: Expertenberatung und Prozessberatung (nach *Pohlmann*, 2002)

Expertenberatung folgt nach dieser Kontrastierung eher einem mechanistischen Verständnis von organisationalen Abläufen, die Prozessberatung folgt demgegenüber eher der Organismusmetapher, nach der Organisationen wie lebende und sich weiterentwickelnde Organismen im ständigen Austausch mit der Umwelt und im Wettbewerb mit anderen Lebewesen stehen. Oder sie folgt der systemischen Perspektive, der zufolge Organisationen funktional geschlossene und sich selbst steuernde soziale Aggregate darstellen. Das Beratungsverständnis der Experten- oder Fachberatung kommt idealtypisch betrachtet dem Co-Management sehr nahe. Das heißt, Berater kooperieren eng mit dem Management und unterstützen dieses mit fachlicher Expertise bei dessen Entscheidungen. In einigen Fällen nehmen sie sogar eine Position als Manager auf Zeit im ratsuchenden System ein, vor allem dann, wenn es um Entscheidungen geht, welche das Management aufgrund von fehlendem Fachwissen nicht selbst treffen kann. Die Prozessberatung folgt demgegenüber einem Verständnis, nach dem alle beteiligten Akteure und Systeme auf möglichst gleichberechtigter Ebene sich in den Prozess der Beratung integrieren. Sie folgt dem Prinzip der Subsidiarität, dem zufolge das ratsuchende System einschließlich der Klienten zu möglichst selbstbestimmtem und eigenverantwortlichem Handeln im Zuge der Beratung geführt werden soll. Demgemäß haben die vorherrschenden Interventionsformen non-direktiven Charakter und sollen in erster Linie zur Selbstveränderung anregen. In der Fachberatung wird demgegenüber meistens über direktive Interventionen (z.B. Empfehlung, Anweisung) eine Veränderung zu bewirken versucht.

Betrachtet man die Beziehung zwischen dem beratenden System und dem ratsuchenden System, so herrscht in der Fachberatung eine Experten-Laien-Beziehung vor. Dies ist auf den fachlichen Wissens- und Kompetenzunterschied zwischen dem ratsuchenden und dem ratgebenden System zurückzuführen. Berater verfügen über fachliche Kompetenz und überlegenes Wissen, Klienten wie auch Auftraggeber sehen sich in der Rolle des Laien. In der Prozessberatung begegnen sich ratsuchendes und ratgebendes System idealtypisch auf gleicher Augenhöhe. Beide Seiten bringen jeweils ihre Expertise in den Beratungsprozess ein: Berater in erster Linie ihre Erfahrung und Kompetenz zur Gestaltung der Beratung, Klienten sowie Auftraggeber ihr explizites oder implizites Wissen um Besonderheiten der Organisation. Experten- und Prozessberatung verfolgen schließlich auch unterschiedliche Ziele: Im ersten Fall geht es vor allem um die Festlegung und Umsetzung von Entscheidungen (mit meist fachlicher Ausrichtung), im zweiten Fall steht die Erweiterung des Problembewusstseins und der Handlungsmöglichkeiten des Unternehmens im Vordergrund.

7. Grundpfeiler der Beratung

Aus der Perspektive des ratgebenden Systems wird der Beratungsprozess von den folgenden drei Grundpfeilern getragen[50]: dem *theoretischen Wissen*, dem *methodischen Know-how* und dem *Rollenverständnis* des Beraters (vgl. Abb. 5). Von grundlegender Bedeutung ist dabei das Berater-Know-how. Dies stellt die Kernkompetenz eines Beraters dar und macht seine Professionalität aus.

50 Vgl. *Titscher*, 2001, S. 64 ff.

Unter *Professionalität* versteht man Wissen, Fähigkeiten und Kompetenzen, die zur Gestaltung und Steuerung von Beratungsprozessen benötigt werden, um den für die Problembearbeitung erforderlichen Freiraum zu schaffen. Sie speist sich zu einem sehr großen Teil aus der reflektierten Erfahrung des Beraters. Professionalität in der Beratung beinhaltet ferner[51]:

1. Grundverständnis von Beratungsprozessen
2. Wissen über die Besonderheit von Beratungsprojekten
3. Wissen über Organisations- und Veränderungstheorien
4. Wissen über wirtschaftliche Zusammenhänge und rechtliche Rahmenbedingungen
5. Branchenkenntnisse
6. Arsenal an Analyse- und Interventionsmethoden einschließlich handwerklicher Fertigkeiten (z.B. Moderations- und Präsentationstechniken)
7. Wissen aus Beratungs- und Management-Marktbeobachtung (Moden, Trends, Führungsansätze etc.)

Die eigene Person sowie die durch Ausbildung und Erfahrung erworbenen Fähigkeiten sind die zentralen Werkzeuge eines Beraters. Beratung ist eine Tätigkeit, die in hohem Maße personenbezogene, das heißt meist in früher Sozialisation erworbene und weiterentwickelte, professionalisierte Merkmale auf hohem Niveau miteinander verbindet.

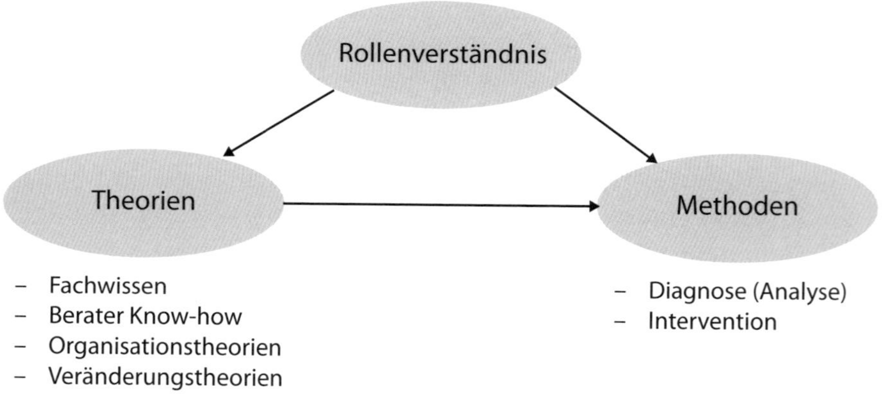

Abb. 5: Grundpfeiler der Beratung (*Titscher*, 2001)

7.1. Rollenverständnis in der Beratung

Von zentraler Bedeutung innerhalb des Professionalitätskerns eines Beraters ist das die Beratungstätigkeit tragende Rollenverständnis. Eine Rolle ist die Gesamtheit von Erwartungen in Verbindung mit Werten, Normen, Einstellungen und Verhaltensweisen, die an den Rollenträger (von anderen Personen, aber ebenso vom Rollenträger selbst) herangetragen werden. Rollen bestehen zum einen aus einem Set

51 Nach *Titscher*, 2001.

an mehr oder minder verpflichtend wahrgenommenen Erwartungen, ohne deren Erfüllung die Rolle gar nicht übernommen werden kann. Im Fall der Beratung ist dies beispielsweise die erkennbare Bereitschaft des Beraters, sich mit dem Problem, das die Organisation an das ratgebende System heranträgt, auseinandersetzen zu wollen – in welcher Form auch immer. Es ist schwer vorstellbar, dass es zu einem Beratungsauftrag kommt, wenn der Berater keinerlei Interesse an dem Problem zeigt.

Rollen bestehen aber ebenso zu einem großen Teil aus Haltungen und Erwartungen, die vom Rollenträger erst mit Leben erfüllt werden (*role-making* im Unterschied zum *role-taking*). So geht etwa mit der Elternrolle eine Reihe von verpflichtenden Rollenerwartungen einher (Fürsorge-, Aufsichtspflicht etc.). Gleichzeitig besteht jedoch für Eltern ein großer Handlungs- und Gestaltungsspielraum, der zur Umsetzung der Elternrolle genutzt werden kann. Analog gilt für die Beratung: Neben den obligatorischen Rollenmerkmalen, die im Kern durch die Basisanforderungen an professioneller Beratung in der Wirtschaft abgedeckt werden, existieren Rollenbestandteile, die der Berater mehr oder minder frei ausgestalten kann. Diese machen im Kern sein oder ihr Rollenverständnis aus. Nach *Titscher* [52]wird das Rollenverständnis eines Beraters vor allem durch zwei Aspekte bestimmt:

1. Wie sieht der Berater die eigene Arbeit?
   - Kann der Berater oder auf Grund von Fachkenntnissen Konzepte hinsichtlich des Sollzustandes entwickeln und kann er entsprechende Veränderungsprozesse auch unterstützend in die Wege leiten und umsetzen?
   - Oder bringt er andere Kompetenzen und Sichtweisen ein, um das Handlungsspektrum des ratsuchenden Systems zu erweitern?
2. Auffassungen zur Beziehung zum Kunden
   Dahinter stehen Haltungen, z.B. hinsichtlich Neutralität, aber auch Auffassungen und Einstellungen über den Kunden (Werthaltungen).

Analog zur eingeführten Unterscheidung zwischen Expertenberatung und Prozessberatung fällt auch das jeweilige Rollenverständnis des Beraters unterschiedlich aus[53]. Beide Orientierungen – Aufgaben- und Prozessorientierung – gehen mit unterschiedlichen Rollenmerkmalen einher[54]. Idealtypisch formuliert ist das Rollenverständnis in der Fach- oder Expertenberatung mit einer hohen Aufgabenorientierung verbunden. Der Berater tritt dabei als fachlich versierter Experte auf und gestaltet aus diesem Rollenverständnis heraus die Beratungssituation. In der Prozessberatung kennzeichnet den Berater oder die Beraterin eine hohe Prozessorientierung. Gemeinsam mit den Klienten wird die Beratung von Anfang bis Ende Schritt für Schritt nach bestimmten Regeln gestaltet. Berater mit diesem Rollenverständnis handeln als Prozessspezialisten.

---

52 2001, S. 65 ff.
53 Vgl. *Lippitt/Lippitt*, 2006, S. 79 ff.
54 Vgl. *Lippitt/Lippitt*, 2006, S. 82 sowie Übersicht 4.

Aufgabenorientierung: Rollenmerkmale
Problemdefinition: Expertenbeurteilung und Datensammlung.
Problemlösung: Forschungspläne zur Datensammlung, Entwicklung von Lösungen.
Feedback: Präsentation der Forschungsergebnisse mit Fachinterpretationen.
Anwendung der Ergebnisse: spezifische und konkrete Vorschläge unter Berücksichtigung der Untersuchungsergebnisse.
Beziehung zum Klienten: sachorientiert, objektiv, weniger engagiert, aufgabenorientiert, kurzfristig.
Engagement: Interesse an sachlicher Problemlösung.
Systemansatz: Bemühung, Auswirkungen für andere Organisationsteile zu erkennen.
Prozessorientierung: Rollenmerkmale
Problemdefinition: Klient spricht Problem aus, Berater unterstützt, auch Gefühle und Einstellungen sollen zur Sprache kommen.
Problemlösung: Verbesserung der Problemlösekapazität des Systems, prozessbezogene Unterstützung bei Problemlöseprozess.
Feedback: Bemühung um Akzeptanz von Ergebnissen, Klient interpretiert selbst.
Anwendung der Ergebnisse: Weiterentwicklung der Fähigkeiten des Klienten, Ergebnisse selbst zu interpretieren und Konsequenzen für das Handeln zu ziehen.
Beziehung zum Klienten: persönlich, engagiert, prozessorientiert, langfristig und am System orientierte Beziehung.
Engagement: Interesse an Gruppen und Menschen in der Organisation.
Systemansatz: Bemühung um gute Zusammenarbeit zwischen verschiedenen Teilen der Organisation.

Übersicht 4: Rollenmerkmale der Aufgaben- und Prozessorientierung in der Beratung (nach *Lippitt/Lippitt*, 2006, S. 82)

Beide Orientierungen lassen sich auch als Gegenpole eines Kontinuums von Beraterrollen verstehen. Auf diese Weise können noch weitere Rollenhaltungen im Beratungsprozess charakterisiert werden. Kennzeichnend für sie ist das jeweilige Ausmaß an direktiver bzw. non-direktiver Haltung des Beraters in der Beratungssituation[55]. Die Entwicklung einer non-direktiven Haltung in einem Beratungssetting geht auf den Psychotherapeuten und Berater *Carl Rogers* zurück[56]. Er war der Auffassung, dass Personen mit Problemen nicht durch das ratgebende System zu einer Lösung geführt werden sollten, sondern – ähnlich dem Grundgedanken der Prozessberatung – mit Unterstützung des Beraters durch Fragen und Feedback selbst den Schlüssel für eine Veränderung zum Guten finden sollten. Im Hinblick auf die zur

55 Vgl. *Lippitt/Lippitt*, 2006, S. 84 sowie Tab. 4.
56 *Rogers*, 1972.

Verfügung stehenden Beratungsrollen stehen hier die Charakterisierungen „direktiv“ bzw. „non-direktiv“ für das Ausmaß der aktiven Einflussnahme des Beraters.

Nach dieser wiederum idealtypisch zu verstehenden Unterscheidung von Rollen in der Beratung stellen der Experte und der Advokat die Rollen mit dem höchsten Ausmaß an Direktivität dar. Die Rolle des Advokaten umfasst nicht nur das Vorschlagen von Verfahrensweisen, sondern ebenso die gesamte Steuerung des Beratungsprozesses bis zur Problemlösung. Er greift auch inhaltlich bzw. fachlich sehr stark in das Geschehen ein. Ähnlich ist die Rolle des Experten zu verstehen, der Sachverhalte prüft und bei Anweisungen mitentscheidet. Lediglich bei der Steuerung des Gesamtprozesses handelt er etwas zurückhaltender.

	Rolle	Beschreibung
Non-direktiv	**Beobachter**	stellt Fragen, die überlegt werden sollen
⇑	**Prozessberater**	beobachtet Problemlöseprozesse und gibt Feedback
Ausmaß der	**Faktenermittler**	sammelt Daten und regt dazu an, darüber nachzudenken und sie zu interpretieren
aktiven Beratertätigkeit beim Problemlösen	**Erkenner von Alternativen**	sucht nach Alternativen und Hilfsmittel für das System; hilft, die Konsequenzen richtig einzuschätzen
⇓	**Mitarbeiter an Problemlösungen**	schlägt Handlungsmöglichkeiten vor und entscheidet mit
Direktiv	**Trainer (Erzieher)**	trainiert den Klienten
	Experte	prüft, überdenkt und liefert grundlegende Entscheidungen oder praktische Anweisungen
	Advokat	schlägt Verfahrensweisen vor, steuert den Prozess der Problemlösung auch inhaltlich

Tab. 4: Direktive und non-direktive Rollen in der Beratung (eigene Darstellung nach *Lippitt/Lippitt*, 2006, S. 84)

Am anderen Ende des Rollentableaus stehen der Beobachter und der Prozessberater. Beide intervenieren in das Beratungsgeschehen nur durch Fragen (Beobachter) oder Feedback (Prozessberater). Beide Rollen sind Musterbeispiele für non-direktives Verhalten. Einen Schritt weiter geht der Faktenermittler: Im Sinne des Survey-Feedback-Ansatzes von *Kurt Lewin* erhebt er relevante Daten, meldet sie dem ratsuchenden System zurück und regt an, die Ergebnisse zu interpretieren und über mögliche Lösungsansätze, die aus dem ratsuchenden, nicht aus dem ratgebenden System kommen, nachzudenken. Eine stärkere Unterstützung bei der Interpretationsarbeit ist mit der Rolle des Erkenners von Alternativen verbunden. Der Berater ist aktiv bei der Suche nach Alternativen und Hilfsmittel für das ratsuchende System beteiligt. Außerdem hilft er, mögliche Konsequenzen richtig einzuschätzen. Hier halten sich die non-direktive und direktive Haltung in etwa die Waage.

Dies gilt ähnlich für den Berater, der bei der Problemlösung aktiv mitarbeitet. Es werden Handlungsmöglichkeiten vorgeschlagen. Im Fall der Abwägung zwischen mehreren Optionen entscheidet der Berater mit. Eine Sonderstellung ist mit der Rolle des Trainers verbunden. Nach Ansicht einiger Autoren [57] ist Training mit der Rolle des Beraters überhaupt nicht zu vereinbaren. Im hier diskutierten Tableau ist die Trainerrolle so zu verstehen, dass Berater den Klienten durch Trainings helfen, im Beratungsprozess erarbeitete Ziele durch das Einüben hierfür relevanten Verhaltens zu erreichen. Diese Rolle weist bereits ein hohes Ausmaß an Direktivität auf und steht den zuerst beschriebenen Rollen des Advokaten und Experten nahe.

7.2. Die Bedeutung von Beratungstheorien

Die zweite Säule der Grundpfeiler in der Beratung wird durch die Theorie repräsentiert. Dabei ist zunächst einmal zu klären, welchen Stellenwert Theorie in der Beratung überhaupt einnimmt. Wie steht die theoretische Auseinandersetzung mit Beratung zur Beratung selbst? Was sind Beratungstheorien? In Anlehnung an *Argyris* (1995) unterscheidet *Titscher* (2001, S. 74) zwischen *Vorstellungs-* und *Gebrauchstheorien*. Vorstellungstheorien sind explizit formulierte Begriffssysteme, welche beschreiben und erklären, wie Beratung funktioniert. Man könnte sie auch Theorien *über* Beratung nennen. Gebrauchstheorien werden von Beratern angewendet (theory-in-use), nicht selten gar nicht bewusst. Sie können als Theorien *für* Beratung bezeichnet werden. Es kann sich dabei auch um unterstützende Theorien zur professionellen Bewältigung der fachlichen Beratungsaufgabe (Kenntnisse) und ihrer wirksamen Umsetzung (Kompetenzen) handeln. Dazu gehören beispielsweise Management- und Organisationstheorien, verhaltens- und sozialwissenschaftliche Grundlagen (Psychologie, Soziologie), betriebswirtschaftliche Kenntnisse und je nach Beratungstyp auch Spezialtheorien (Logistik, IT, ...).

Theorien über Beratung (Vorstellungstheorien) können wiederum in Mikro- und Makrotheorien unterschieden werden. Makrotheorien betten das Phänomen Beratung in einen größeren gesellschaftlichen Zusammenhang und behandeln die Rolle von Beratung in der modernen Weltgesellschaft. Mikrotheorien richten sich auf die Darstellung und Erklärung der wechselseitigen Interaktionsprozesse im Beratungsbeziehungsgeflecht. Ein Beispiel für eine Mikrotheorie bietet das Beratungsmodell nach *Steyrer* (1991) (vgl. Abb. 6). Dieses Modell versucht den vielfältigen Wechselprozessen und Einflussgrößen im Beratungsprozess gerecht zu werden. Es wird im Kern durch das bereits eingeführte Beratungssystem getragen. Dort wird das Problem fokussiert, analysiert und im Sinne einer Lösungsfindung weiterbearbeitet. In

57 Vgl. z.B. *Titscher*, 2001, S. 39 f.

der Peripherie findet man nach Gruppen sortiert die wesentlichen Einflussfaktoren: das wirtschaftliche Umfeld, rechtliche Rahmenbedingungen, die Mitbewerber unter den Beratungsunternehmen und sonstige Umweltfaktoren, z.B. gesellschaftliche Einflüsse.

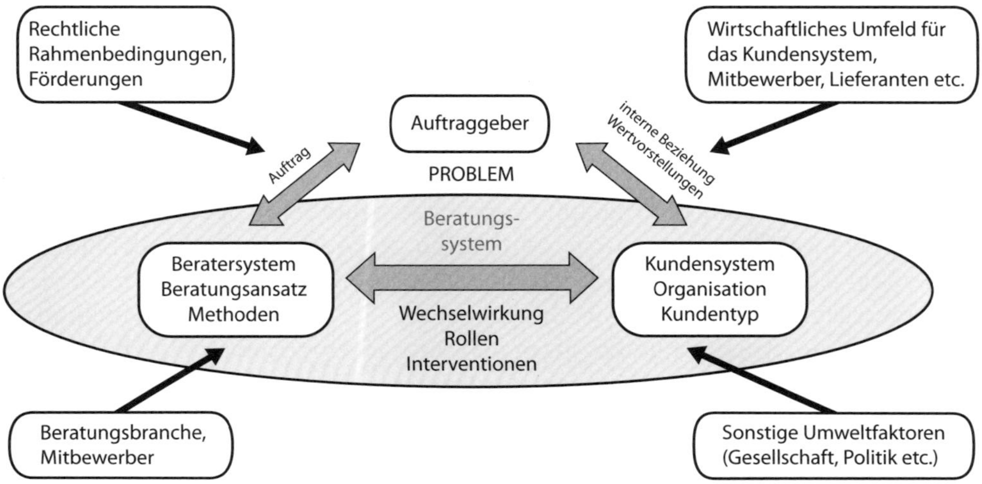

Abb. 6: Ein Beispiel für eine Mikrotheorie über Beratung: das Beratungsmodell nach *Steyrer* (1991)

7.3. Die Bedeutung von Organisationstheorien

Wenn es um theoretisches Wissen für die Beratung geht, so ist neben einschlägigem Fachwissen bei der Expertenberatung in erster Linie fundiertes und durch eigene Erfahrungen gesättigtes Wissen über Organisationen erforderlich. Dies betrifft vor allem *Strukturen*, die sich Organisationen geben (einschließlich der impliziten, d.h. hinter dem jeweiligen Organigramm verborgenen, beispielsweise über direkte Kommunikationswege geschaffenen Strukturen, die oft Entscheidungen stärker prägen als die offiziellen Strukturen), *Prozesse*, nach denen Organisationen ihre Leistungen erbringen und Ziele erreichen, sowie die *Organisationskultur*. Mit dem letzten Punkt sind auch verhaltenswissenschaftlich zu erfassende Merkmale wie etwa die Bindung von Menschen an Organisationen, ihre Arbeitsmotivation und Arbeitszufriedenheit und die gelebte Führungskultur gemeint. Je mehr ein Berater darüber weiß (einschließlich der vielfältigen Verknüpfungsmöglichkeiten dieser Aspekte), desto sicherer wird er sich in einer Organisation bewegen.

Es ist nicht unbedingt erforderlich, dass der Berater die Vielzahl an gegenwärtig existierenden Organisationstheorien verinnerlicht hat, die vor allem in den Organisationswissenschaften von Bedeutung sind. Er sollte aber mit der Unterscheidung zwischen der *institutionalen* und der *instrumentalen* Sicht auf Organisationen vertraut sein. Im Rahmen der ersten Perspektive werden Organisationen als zielorientiertes soziales System verstanden (Unternehmen X **ist** eine Organisation), im Rahmen der zweiten Perspektive wird vor allem die Struktur einer Organisation fokussiert (Unternehmen X **hat** eine Organisation). Diese Differenzierung ist etwa dann von Bedeutung, wenn sich im Zuge der Auftragsklärung herauskristallisiert, ob die Beratung eher auf eine (begrenzte) Strukturveränderung oder auf eine Veränderung des (gesamten) Systems und der Organisationskultur zielt.

Berater sollten ferner mit der Unterscheidung zwischen *trivialen* und *nicht-trivialen* Maschinen operieren können. Die Unterscheidung stammt von dem Wiener Kybernetiker *Heinz von Foerster* (1993). Danach ist ein System eine triviale Maschine, wenn bei Eingabe eines bestimmten Inputs genau festgelegt ist, welcher Output herauskommen wird. Computer sind triviale Maschinen, weil sie ausschließlich der Hardware und bestimmten Programmen gehorchen und somit der Output determiniert ist. Biologische und psychische Systeme hingegen sind nicht-trivial. Ein Hund reagiert auf Zuruf unterschiedlich, das Verhalten von Menschen ist noch schwerer vorherzusagen. Nicht-triviale Maschinen weisen eine hochkomplexe funktionale Binnendifferenzierung auf und besitzen die Fähigkeit zum Aufbau innerer Modelle der Außenwelt. Mit dieser Eigenkomplexität treten sie aus dem Bereich kausaler Reiz-Reaktions-Verbindungen heraus. Das gilt auch für Organisationen. Mithilfe von Organisationsmodellen, die dem Paradigma der trivialen Maschine entsprechen, wird häufig der Anspruch vertreten, den Output eines Unternehmens (z.B. das Betriebsergebnis) vorhersagen zu können. Organisationen als komplexe Systeme in ebenso komplexen Umwelten verhalten sich jedoch meist anders. In der Regel entsprechen sie nicht-trivialen Maschinen, was bedeutet, dass bei Entscheidungen durch das Management oder bei Veränderungen im Zuge eines Beratungsprozesses nicht genau abzusehen ist, was das jeweilige Ergebnis sein wird. Erfahrene Berater wissen, dass Organisationen eine Eigenkomplexität wie etwa auch Lebewesen aufweisen, und stellen sich in ihrem Handeln darauf ein.

Ein weiterer Punkt bezieht sich auf den besonderen Charakter von Organisationen. Obwohl ihr Handeln auf das Handeln ihrer Mitglieder zurückgeführt werden kann, würde man das Wesen von Organisationen verfehlen, wenn man sie als Konglomerat von Einzelpersonen begreifen würde. Treffender lassen sich Organisationen als ein System von aufeinander bezogenen Tätigkeiten und Rollen charakterisieren. Es ist natürlich nicht möglich, eine Organisation ohne die Mitwirkung von Individuen zu gründen und aufrechtzuerhalten. Wenn allerdings im Lauf der Zeit die Mitglieder der Organisation wechseln, führt dies nicht unbedingt zur Auflösung des Systems. Für die Beratung in Kontexten der Wirtschaft bedeutet dies, dass der Fokus des Beraters auf Strukturen, Rollen und Prozesse gerichtet ist, nicht auf Individuen und deren Eigenschaften. Dies trifft auch für die Personalberatung zu, wo zwar Personen und deren Auswahl sowie Entwicklung betrachtet werden, allerdings vor dem Hintergrund organisationaler Anforderungen und Ziele.

Nicht zuletzt sollten theoretisch versierte Berater zwischen Organisationstheorien und Organisationsmoden unterscheiden können. *Kieser* (1996) hat darauf hingewiesen, dass Organisationsmoden im Unterschied zu Organisationstheorien eher kurzlebige Ansätze darstellen (z.B. Business Process Reengineering, Qualitätszirkel, Lean Production, Total Quality Management). In den „Arenen" dieser Moden tummeln sich Organisationsberater, Buchautoren und Wissenschaftler. Sie bedienen sich einer bestimmten Rhetorik (radikale Brüche mit bislang geltenden Managementprinzipien, Personifizierung von Lösungsansätzen, einfache Darstellung auch komplexer Sachverhalte etc.) und schaffen Mythen der Veränderung und Steuerung von Organisationen. Trotz ihrer begrenzten Geltungsdauer von einigen Jahren entwickeln solche Mythen auf dem Höhepunkt ihrer Entwicklung eine hohe Dynamik, die viele Aktivitäten in der Beratung trägt und zu hoher Nachfrage bei jenen Beratern führen kann, die sich an gerade aktuellen Moden orientieren. Es besteht allerdings die Gefahr, dass beim Aufkommen einer neuen Mode die Anfragen von Unternehmen bei einem Berater, der einen nicht mehr aktuellen Ansatz vertritt, massiv zurückgehen.

Organisationstheorien weisen demgegenüber eine höhere Lebensdauer auf und stellen sich meist auch besser auf die hohe Eigenkomplexität von Organisationen ein. Für die Praxis der Veränderung im Zuge von Beratungsprozessen erweisen sie sich allerdings auch oft als wenig anwendungsfreundlich. Praktiker in den Unternehmen, die mit Beratern zusammenarbeiten, reagieren auch eher auf Organisationsmoden als auf Organisationstheorien. Für die Beratung bedeutet dies, ein offenes Ohr für die Probleme ihrer Klientel zu haben. Erfahrene Berater versuchen herauszufinden, welche Fragen und Problemstellungen sich hinter einem Interesse für eine bestimmte Organisationsmode verbergen. In ihrem Handeln orientieren sie sich dann eher an Erkenntnissen aus bewährten Organisationstheorien, ohne die konkreten Bedürfnisse und Überzeugungen ihrer Klienten aus dem Auge zu verlieren.

7.4. Arten des Wandels in Organisationen

Organisationen sind heute sehr häufig von mehr oder minder gravierenden Veränderungen betroffen. In der Beratung wird versucht, diese Veränderungen zu steuern und im Hinblick auf Veränderungsziele zu optimieren. Man spricht dann von einem *geplanten* Wandel. Hier werden Maßnahmen oder Interventionen bewusst gesetzt, um eine bestimmte, intendierte Veränderung herbeizuführen. Dies muss nicht im Zuge einer Unternehmensberatung geschehen, auch das Management kann durch Anordnungen einen solchen Wandel herbeiführen. Von *ungeplantem* Wandel spricht man dann, wenn eine Organisation sich verändert, ohne dass durch bewusste Eingriffe von bestimmten Akteuren (Beratende, Management, mittlere Führung, Belegschaft etc.) eine Umgestaltung beabsichtigt war oder ist[58].

Falls es im Zuge von Beratung zu Veränderungen kommt, handelt es sich um geplanten Wandel. Dies bedeutet nicht, dass das Ergebnis der Beratung vollständig vorherbestimmt ist. Es ist nicht unwahrscheinlich, dass es auch bei geplantem Wandel zu Veränderungen kommt, die von niemandem beabsichtigt waren. Wenn bei-

58 *Hasenzagl*, 2006, S. 315.

spielsweise das Management im Zuge einer Reengineering-Beratung durch stärkere Kontrolle der Tätigkeiten der Mitarbeiter die Effizienz zu steigern beabsichtigt, kann es zu Motivationseinbußen bei der Belegschaft kommen. Erfahrene Berater wissen um solche Zusammenhänge und tragen ihnen bei der Gestaltung des Beratungsprozesses Rechnung.

Wandel erster Ordnung	Wandel zweiter Ordnung
auf einzelne Aspekte beschränkt (eindimensional)	umfasst mehrere Aspekte (mehrdimensional)
quantitativer Wandel	qualitativer Wandel
gradual change	radical change
evolutionärer Wandel	revolutionärer Wandel
Wandel von Inhalten	Wandel von Kontexten
logisch, rational	vermeintlich irrational
ohne Paradigmenwechsel	mit Paradigmenwechsel

Tab. 5: Wandel erster Ordnung und Wandel zweiter Ordnung (in Anlehnung an *Scherm/Pietsch*, 2007, S. 259)

Große Bedeutung besitzt die auf *Watzlawick*, *Weakland* und *Fisch* [59]zurückgehende Unterscheidung zwischen einem Wandel erster Ordnung und einem Wandel zweiter Ordnung (vgl. Tab. 5). Sie betrifft die Tiefe und Reichweite von Veränderungsprozessen in Organisationen. Beim Wandel erster Ordnung handelt es sich um einen Wechsel von einem internen Zustand zu einem anderen Zustand innerhalb eines selbst invariant bleibenden Systems. Man spricht auch von *evolutionärem* Wandel. Der Wandel zweiter Ordnung beinhaltet Veränderungen, die das System selbst betreffen. Er geht tiefer und betrifft die Organisation in zentralen Elementen wie beispielsweise die Kernprozesse, die Organisationskultur oder den Führungsstil. Man spricht auch von *revolutionärem* Wandel. Er umfasst meist mehrere Aspekte und wirkt sich auf mehreren Ebenen aus. Beispielsweise führt eine Veränderung der Führungskultur auch zu Veränderungen in der Struktur (flachere Hierarchien). Ein Wandel erster Ordnung umfasst meist nur quantitative Veränderungen und ist in der Regel auf bestimmte Elemente beschränkt. Dies kann sich allerdings auch auf andere Bereiche auswirken – und dann könnte sich ein evolutionärer Wandel, der meist in übersichtlichen, logisch nachvollziehbaren Schritten abläuft, radikalisieren. Beim Wandel erster Ordnung stehen meist konkrete Inhalte im Zentrum des Veränderungsprozesses, beispielsweise die Einführung einer neuen Software für die Vertriebssteuerung oder die Neugestaltung eines Produktionsprozesses. Dies kann zwar zu Veränderungen auch in anderen Teilen der Organisation führen, wenn aber der Gesamtprozess der Entwicklung graduell, überschaubar und rational verläuft, so

59 1974, S. 33.

wird es in der Regel bei einem evolutionären Wandel bleiben. Ein Wandel zweiter Ordnung bezieht sich demgegenüber meist auf schwer eingrenzbare Kontexte, beispielsweise auf die Zusammenarbeit in der Organisation oder die Führungskultur. Veränderungen, die mit einem Wandel zweiter Ordnung einhergehen, sind qualitativer Natur. Sie sind schwieriger zu steuern und zu berechnen, weil sich oft mehrere Dinge parallel und grundlegend wandeln. Von außen betrachtet erscheinen sie oft irrational. Wenn man allerdings die wichtigsten Einflussfaktoren kennt, sieht man, dass sie sich nach bestimmten eigenen Gesetzmäßigkeiten entwickeln.

Ein entscheidender Unterschied zwischen beiden Formen des Wandels betrifft den *Paradigmenwechsel*. Veränderungen im Rahmen eines Wandels erster Ordnung vollziehen sich ohne Paradigmenwechsel. Die Tiefenstrukturen und die Kultur der Organisation bleiben davon unberührt. Grundlegende Veränderungen in Organisationen (Wandel zweiter Ordnung) schließen einen Wechsel der Organisationskultur ein. Organisationskulturen werden in erster Linie durch sogenannte *Grundannahmen* geprägt[60], die das Wesen der menschlichen Natur (Menschenbild), die Beziehungen des Menschen zur Natur, seine Beziehungen zu anderen Menschen und seine Zeit- und die Aktivitätsorientierung betreffen. Zwei zentrale Grundannahmen das Menschenbild betreffend finden sich beispielsweise in der Theorie X und Theorie Y nach *Douglas McGregor* (1960). Während man im Rahmen der Theorie X davon ausgeht, dass der Mensch von Natur aus faul ist und versucht, der Arbeit so weit wie möglich aus dem Weg zu gehen, begreift man im Licht der Theorie Y den Menschen als leistungs- und verantwortungsbereit. Er setzt sich Ziele (auch in der Arbeit) und versucht diese durch Selbstkontrolle und Selbstdisziplin zu erreichen. Beide Grundannahmen wirken sich auf die Führung und Motivation der Mitarbeiter unterschiedlich aus. Nach der Theorie X ist der Mensch nur von außen zu motivieren, das heißt durch extrinsisch ausgerichtete Maßnahmen zu belohnen beziehungsweise zu sanktionieren. Nach der Theorie Y sieht der Mensch seine Arbeit als Quelle für Kreativität und Zufriedenheit. Er braucht nicht von außen motiviert zu werden, sondern benötigt interessante und mitunter herausfordernde Aufgaben, die ihn von innen motivieren.

Eine Organisation, die versucht, einen Wandel ihrer Führungs- und Motivationskultur von Theorie X zu Theorie Y herbeizuführen, durchläuft einen Paradigmenwechsel und damit einen Wandel zweiter Ordnung. Er greift tief in die Grundannahmen des Systems ein und wird in kurzer Zeit nicht zu bewerkstelligen sein. Für Berater ist ein solcher Wandel mit besonderen Herausforderungen verbunden. Er ist nicht nur sehr schwer zu planen und zu steuern, man muss auch mit Umwegen und Rückschlägen rechnen. Oft sind erste Erfolge erst nach vielen Monaten, mitunter sogar Jahren erkennbar. Dies erfordert Geduld und einen langen Atem sowohl bei der Klientel als auch bei den Beratern.

60 *Schein*, 1995.

8. Problemtypologien

Im Rahmen der allgemeinen sowie auf wirtschaftliche Handlungsfelder ausgerichteten Definition von Beratung wurde auf den Begriff des *Problems* Bezug genommen. Danach wird mithilfe von Beratung versucht, meist komplexe Fragestellungen oder Problemlagen in Alltagssituationen bzw. in Kontexten der Wirtschaft zu lösen. Bei dieser Charakterisierung wird mehr oder weniger unser Alltagsverständnis von Problemen zugrunde gelegt. Es ist allerdings von Vorteil, den Problembegriff etwas genauer zu betrachten und in Abhängigkeit von verschiedenen Verständnissen auch unterschiedliche Formen von Beratung voneinander abzugrenzen.

Das Wort „Problem" stammt aus dem Altgriechischen. Ursprünglich bedeutete es das „Vorgelegte", später hat der Ausdruck die Bedeutung „gestellte Aufgabe, Streitfrage" erhalten[61]. Dabei wird mehr oder weniger unterstellt, dass es sich um Aufgaben mit einem hohen Schwierigkeitsgrad handelt. Ein Problem ist somit nicht leicht lösbar, es bedarf dazu besonderer Anstrengungen. In der weiteren Entwicklung des Begriffs wurde sodann zwischen *theoretischen* und *praktischen* Problemen unterschieden. Theoretische Probleme richten sich auf wahre Erkenntnisse, praktische Probleme auf das richtige Handeln. Beide Aspekte können natürlich zusammenhängen. In der Beratung liegt allerdings der Fokus auf der Lösung von Praxisproblemen.

Eine weitere für den Beratungskontext relevante Unterscheidung aus dem Kontext der Handlungstheorie trennt zwischen *technischen* und *praktischen* Problemen[62]. Ein (hier im weiten Sinn gemeintes) technisches Problem liegt vor, wenn zur Realisierung von Zielen oder zur Umsetzung von Handlungsorientierungen geeignete Mittel fehlen. Ein solches Problem ist beispielsweise dann gegeben, wenn jemand eine Flasche Wein öffnen möchte und kein Korkenzieher zur Hand ist. Oder für den Kontext der Beratung: Das Management eines Dienstleistungsunternehmens hat sich zum Ziel gesetzt, die Personalkosten in der Administration zu senken. Welche Mittel sind dafür geeignet?

Die Lösungsperspektive für technische Probleme besteht in einer Ziel-Mittel-Analyse. Dabei werden etwa folgende Fragen bearbeitet:

a. Welche Mittel sind für das Erreichen des Ziels X tauglich? Welche nicht?
b. Welche dieser Mittel stehen zur Verfügung bzw. können mit welchem Aufwand erworben werden?
c. Welche Ressourcen sind für den Einsatz von in Frage kommenden Mitteln vorhanden?
d. Was wären mögliche Nebeneffekte des Einsatzes dieser Mittel?

Praktische Probleme hingegen beziehen sich auf die Ziele (oder Handlungsorientierungen) selbst. Dabei wird unterschieden zwischen

---

61 Vgl. *Wolf*, 2000, S. 95.
62 Vgl. bereits *Kempf*, 1982.

- Orientierungslosigkeit (Handlungsunfähigkeit, Unsicherheit),
- Orientierungszerstreuung (Planlosigkeit, Verzettelung, Stress) und
- Orientierungsunverträglichkeit (innere oder soziale Konflikte).

Orientierungslosigkeit herrscht beispielsweise dann, wenn ein Unternehmen keine Vision besitzt und das Management, aber auch die Mitarbeiter unsicher sind, worin die richtigen Schritte etwa in der Qualitätssicherung oder im Vertrieb bestehen. Orientierungszerstreuung liegt etwa dann vor, wenn ein Unternehmen zu viele heterogene Märkte bedienen will und sich dabei verzettelt. Orientierungsunverträglichkeit kann dann eintreten, wenn in der Entwicklung, in der Fertigung und im Verkauf unterschiedliche Vorstellungen über die Qualität der Produkte herrschen. Die Lösungsperspektive bei praktischen Problemen besteht grundsätzlich in der Analyse der Ziele selbst. Diese werden im Rahmen eines Beratungsprozesses auf Klarheit, Rationalität, Verträglichkeit (mit anderen wichtigen Zielen), Umsetzbarkeit etc. hin betrachtet und bewertet.

Man kann sehr leicht erkennen, dass technische Probleme meist im Rahmen einer Fach- oder Expertenberatung bearbeitet werden. Praktische Probleme hingegen erfordern eine intensivere Auseinandersetzung mit den im jeweiligen Handlungskontext herrschenden relevanten Zielen. Das macht in der Regel einen Ansatz, welcher dem Konzept der Prozessberatung folgt, erforderlich. Manchmal ist es auch eine Frage der Auslegung, ob das ratsuchende System ein Problem als technische oder praktische Problemstellung definiert. Wenn beispielsweise eine Organisation vor der Einführung von Teamarbeit steht, so kann diese Aufgabe entweder als technische (Welche Schritte müssen bei der Einführung von Teamarbeit durchlaufen werden?) oder als praktische Frage (Welche Ziele sind mit der Einführung von Teamarbeit verbunden? In welchem Verhältnis stehen diese Ziele zu den anderen zentralen Zielen der Organisation?) verstanden werden. Wenn die Problemstellung eher als technische Frage formuliert wird, wird in erster Linie ein Experte in der Beratung gesucht, der das Unternehmen bei der Implementierung unterstützt. Im Fall der Auslegung des Problems als praktische Frage muss ein sozialer Verständigungs- und Entwicklungsprozess definiert und durchlaufen werden, in dem die betroffenen Akteure im Unternehmen sich über die relevanten Ziele austauschen können. Erst im Anschluss daran wird dann entschieden, welche Schritte in welcher Weise umgesetzt werden.

9. Diagnose und Intervention

Ohne Diagnose kann kein professionell ausgerichteter Beratungsprozess beginnen. Die Diagnose ist zentraler Bestandteil der Beratung und setzt meist direkt nach der Auftragsklärung an. Natürlich finden sich implizite Diagnoseschritte bereits bei der Kontaktaufnahme, denn hier bildet sich das beratende System einen ersten Eindruck vom ratsuchenden System. Diese ersten Impressionen fließen nicht selten in die später startende Diagnosephase ein, sie stellen aber selbst noch keine saubere, methodisch begründete Analyse dar. Der Begriff der Diagnose stammt zwar ursprünglich nicht aus der Medizin, hat aber dort seinen wohl wichtigsten Verwendungskontext. Dort steht eine Diagnose für die Zuordnung einer Symptomatik zu einem vorgegebenen Krankheitsbild. Im Altgriechischen meint Diagnose Unterscheidung, Urteil und Entscheidung. Heute versteht man unter einer Diagnose eine Urteilsleistung, die auf der Basis von Informationen gewonnen wird und die sich an bestimmten vorgegebenen Kategorien orientiert[63]. Sie dient der Feststellung und Analyse des *Ist-Zustands* im beratungssuchenden System. Die Kategorien werden in der Regel Theorien entnommen, welche für den Objektbereich, auf den sich die Diagnose bezieht, hohe Relevanz besitzen. Manchmal wie etwa in der Medizin oder in der Psychologie existieren eigene Diagnosemanuale, anhand derer mithilfe bestimmter Kriterien die Zuordnung von Symptomen zu einer Diagnose vorgenommen wird.

Auch in der Beratung werden Diagnosen getroffen. In Abhängigkeit vom Beratungsmodell (vgl. 9.) wird dabei im einen Fall eine Diagnose entsprechend der Arzt-Patienten-Hypothese in erster Linie durch Experten erstellt. Im anderen Fall wird die Informationsgewinnung als sozialer und kommunikativer Prozess organisiert, welcher zu gemeinsam erarbeiteten Diagnosen führt.

> „Im Gegensatz zum Experten- oder Arzt-Patienten-Beratungsmodell, in dem ein individueller Wahrnehmungsverarbeitungs-Prozess im Berater oder in der Beraterin abläuft, handelt es sich hier um einen kollektiven Prozess sozialer Informationsverarbeitung."[64]

Schwerpunkte bei der Entwicklung von Diagnosen im Kontext der Wirtschaftsberatung sind das Verhalten der Organisationsmitglieder, die Organisationsstruktur und die Prozesse der Erstellung von Produkten und Dienstleistungen sowie die Organisation als kollektiver Akteur oder soziales System, welches sein Auftreten im Markt durch bestimmte Entscheidungen selbst reguliert. Auf dieser Grundlage werden für die Analyse und Diagnose von Organisationen

- dessen Geschichte einschließlich der Erfahrungen mit Erfolgen und Misserfolgen,
- strategische, organisatorische und personalpolitische Entscheidungen,
- die Beziehungen zwischen Akteuren und Bereichen,
- Normen und Regeln,
- Sichtweisen und Einstellungen,
- aber auch Organisations- und Marktdaten sowie die Aufbaustruktur der Organisation

als relevant erachtet[65]. Während sich der letzte Punkt in erster Linie auf Betriebsdaten bezieht, kann Aufschluss über die anderen Punkte durch eine methodisch wie auch immer gestaltete Befragung der Organisationsmitglieder gewonnen werden.

63 Vgl. *Möller/Kotte*, 2013, S. 4; für die Psychologie *Fisseni*, 2004.
64 *Rappe-Giesecke*, 2009, S. 84.
65 Vgl. *Titscher*, 2001, S. 140 f.

Bei der Durchführung der Analyse ist zu beachten, dass die Berater die Informationen und Daten nicht vorgegebenen Strukturen unterwerfen. Natürlich bedarf es Methoden und Instrumenten, um zu einer begründeten Diagnose zu kommen. Als aufgesetzter Raster können solche Hilfsmittel allerdings zu einer Verfremdung der von den Organisationsmitgliedern erlebten Realität führen. Es geht auch nicht darum, möglichst viele, sondern möglichst aussagekräftige und relevante Daten zu gewinnen. Das Erstellen von Diagnosen in der Beratung besteht sogar ganz wesentlich „*aus der Kunst, die nicht wichtigen Daten zu ignorieren*"[66]. Erfahrene Berater operieren deshalb oft nur mit ganz wenigen, dafür aber sehr relevanten Informationen. Dabei geht es darum, spezifische, für die Problemstellung bedeutsame Muster zu erkennen, die oft in mehreren Bereichen wiederkehren. So könnte sich im Zuge der Diagnosephase einer Beratung herausstellen, dass bei einem Unternehmen, welches auf Teamarbeit setzt, die Teamkompetenz bei den Mitarbeitern nicht sehr ausgeprägt ist. Dies wäre dann in unterschiedlichen Teilen der Organisation feststellbar, ob in der Entwicklung, in der Produktion oder im Verkauf. Diese Fähigkeit, Wichtiges von Unwichtigem zu unterscheiden, gewinnen Berater allerdings erst durch längere Erfahrung – freilich auf der Basis einer soliden Ausbildung.

Betrachtet man die Ansätze und Zugänge, mit denen eine Organisationsdiagnose gewonnen werden kann, so lassen sich folgende Verfahren und Settings unterscheiden[67]:

- **Dokumentenanalyse** (Organigramme, Sitzungsprotokolle, Stellenbeschreibungen, Vorschriften, Organisationshandbücher, Leitbilder (auch zur Führung und zur Zusammenarbeit), Bilanzen, Internetauftritt etc.)
- **Statistiken** (Personaldaten, Krankenstand, Unfallzahlen, Fluktuation, Produktionskennzahlen etc.)
- **Interviews** (offen, teilstrukturiert oder strukturiert mit Experten, Führungskräften, Mitarbeitern in verschiedenen Bereichen der Organisation)
- **Gruppeninterviews** (zur Ermittlung von Struktur- und Sinnmustern, die überindividuell von Teams und Abteilungen der Organisation kommuniziert und geteilt werden)
- **Fragebögen** (offen oder standardisiert, meist zu spezifischen Thematiken wie Arbeitszufriedenheit, Teamklima, Führungsstile, Mitarbeiterbindung, Organisationsklima etc.)
- **Beobachtungen** (teilnehmend oder nicht teilnehmend, am Arbeitsplatz, in Projekten, während Sitzungen etc.)
- **Workshops** (auf der Grundlage von Moderationsmethoden und kreativen Verfahren werden abteilungs-, professions- und hierarchieübergreifend in einem Prozess sozialer Informationsgewinnung Analysen zur Erhebung des Ist-Zustands in einer Organisation vorgenommen)

Sehr häufig wird die Diagnose auf der Basis von Interviews mit Organisationsmitgliedern erstellt. Gleichwohl ist auf die Gefahren von Einzelgesprächen hinzuwei-

66 *Titscher*, 2001, S. 143.
67 Vgl. *Büssing*, 2004, S. 574; *Rappe-Giesecke*, 2009, S. 84 f.

sen[68]. Häufig werden die Berater von den Mitarbeitern, die nach Entlastung suchen, in die Übernahme der Funktion der „Klagemauer" gedrängt. Dies führt meist dazu, dass im Gespräch die Symptome des Problems gesammelt werden und weniger nach möglichen Ursachen geforscht wird. Manchmal werden die Berater auch mit direkten oder indirekten Koalitionsangeboten konfrontiert. Dies birgt die Gefahr des Verlusts der Neutralität. Diagnosen haben vor allem dann eine den weiteren Beratungsprozess fördernde und unterstützende Wirkung, wenn sie zu neuen Sichtweisen führen. Zur Generierung von neuen Perspektiven und Ideen eignen sich aber besser Methoden, welche Gruppen von Personen befragen und aktivieren (Gruppendiskussion, Workshop), weniger das Einzelinterview.

Jede Diagnose hat bereits einen Interventionscharakter. Denn analog zum bekannten Axiom der Kommunikationstheorie *Watzlawicks „Man kann nicht* ***nicht*** *kommunizieren*[69] lässt sich für die Beratung feststellen: *„Man kann nicht* ***nicht*** *intervenieren."* Dies trifft schon auf die Auftragsklärung zu. Eine besondere Interventionswirkung kommt allerdings der Diagnose zu. Insbesondere die Präsentation der Analyse des Ist-Zustands (vor welchem Teil des Klientensystems auch immer) verursacht nicht selten starke Nachwirkungen in der Organisation. Erfahrene Berater achten hier sehr genau auf die Reaktion im ratsuchenden System. Sie gibt meist Aufschluss über die Bereitschaft, sich auf weitere Interventionen und Veränderungen einzulassen.

Allgemein formuliert sind Interventionen Handlungen des ratgebenden Systems mit dem Ziel, wichtige, für den weiteren Beratungsprozess entscheidende Unterschiede im ratsuchenden System aufzuzeigen. Mithilfe von Interventionstechniken soll die zu beratende Organisation auf Alternativen ihrer Wahrnehmung oder ihres Handelns aufmerksam gemacht werden. Wurde beispielsweise der Markt bislang in erster Linie im Hinblick auf den Verkauf von Produkten betrachtet, so ergeben sich möglicherweise neue Vertriebsoptionen, wenn im Unterschied zur bisher vorherrschenden Verkaufsstrategie die Option Service thematisiert wird. Dies könnte etwa durch die Intervention „Was machen Ihre Kunden mit Ihren Produkten nach dem Kauf?" bewirkt werden.

Aus Beratersicht ist dabei die Wirksamkeit von Interventionen zu beachten[70]. Die Wirksamkeit einer Intervention (W) setzt sich zusammen aus dem Produkt der inhaltlichen Qualität (Q) und der Akzeptanz oder Anschlussfähigkeit im ratsuchenden System: $W = Q \times A$. Anschlussfähigkeit ist dann gegeben, wenn das zu beratende System mit der Anregung durch die Berater weiterarbeiten kann. Ist die Anschlussfähigkeit nicht vorhanden, kann die Intervention auch keine Wirksamkeit entwickeln. Über die Akzeptanz einer Intervention entscheidet natürlich das Klientensystem. Sie kann von den Beratern nicht verordnet werden. Anschlussfähige Interventionen bieten Anregungen, die zu Diskussionen und oft zu einer Weiterentwicklung der Organisation führen –nicht selten auch über Umwege.

---

68 Vgl. *Titscher*, 2001, S. 145.
69 *Watzlawick/Beavin/Jackson*, 1969, 50 ff.
70 *Titscher*, 2001, S. 154 ff.

Interventionen setzen an Analysen und Diagnosen der Organisation an. Dabei können vier verschiedene Schwerpunkte oder Grundrichtungen unterschieden werden[71]. Sie können an den *Interaktionen* zwischen den Organisationsmitgliedern, an den Alltagserklärungen oder *Attributionen* zu fraglichem Verhalten oder an den *Regeln* zur Verknüpfung von Handlungen ansetzen. Eine weitere, meist nur schwer veränderbare Dimension betrifft organisatorische oder marktrelevante *Rahmenbedingungen.*

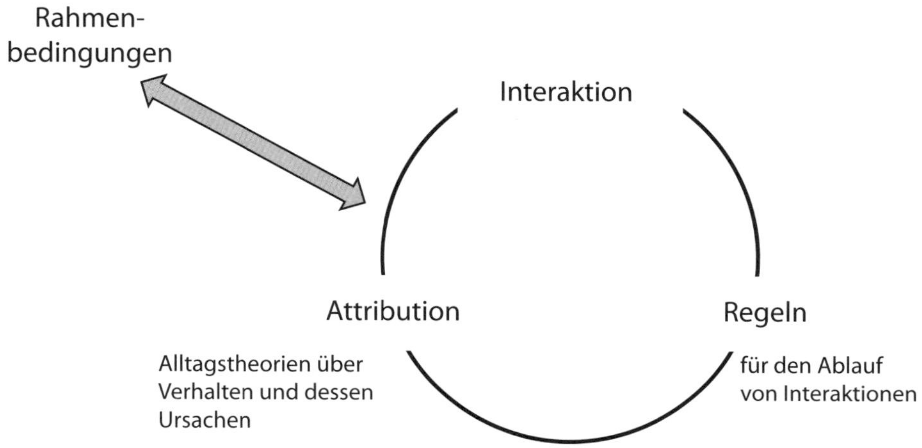

Abb. 7: Schwerpunkte und Grundrichtungen von Interventionen nach *Titscher* (2001, S. 161)

Interventionen, welche an den Interaktionen in der Organisation ansetzen, bezwecken nachhaltige und spürbare Veränderungen im System. Es wird davon ausgegangen, dass es erst dann zu einem Wandel gekommen ist, wenn es erkennbare Effekte gibt, die sich im Verhalten der Organisationsmitglieder untereinander niederschlagen. Interventionen, welche die Interaktion der Organisationsmitglieder betreffen, haben häufig den Charakter von Rollenspielen, welche den Akteuren die Möglichkeit geben, neues Verhalten sozusagen probeweise zu erkunden. Die Vorteile, aber auch die Schwierigkeiten können im Anschluss in Teams besprochen werden. Zeigt sich das System offen für eine Veränderung in den Verhaltensweisen der Organisationsmitglieder untereinander, so kann der Wandel auch durch entsprechende Kontrakte und Leitbilder unterstützt werden.

Attributionen sind Zuschreibungen von Ursachen für beobachtetes Verhalten[72]. Probleme in Organisationen ergeben sich häufig aufgrund von überholten Attributionsmustern. Beispielsweise wird bei immer wieder auftretenden Schwierigkeiten ein „Sündenbock“ geschaffen, ohne dass nach den wirklichen Ursachen geforscht wird. Oder es wird die Ursache für Fehlverhalten in der Umwelt des Unternehmens (z.B. schwieriger Markt), nicht beim Unternehmen selbst (z.B. geringe Kundenorientie-

71 Vgl. Abb. 7 sowie *Titscher*, 2001, S. 160 ff.
72 *Meyer/Försterling*, 1993.

rung) gesucht. Interventionen, die an den Attributionen der Organisationsmitglieder ansetzen, richten sich auf festgefahrene Vorstellungen der Organisationsmitglieder auf allen Hierarchieebenen und in allen Bereichen. Sie zielen auf eine Veränderung dieser Attributionen und führen im Erfolgsfall zu sogenannten Umetikettierungen. Dies hat dann beispielsweise zur Folge, dass Unternehmen sich direkter und selbstkritischer mit eigenen Fehlern auseinandersetzen und als Ergebnis einer entsprechenden Organisationsberatung einen Fehlerbeseitigungsprozess einführen.

Wenn Regeln im Zentrum von Interventionen stehen, dann bedeutet das meist, dass gewisse Standards und Prinzipien, an denen sich die Akteure in der Organisation in ihrem Handeln bislang orientiert haben, zum Thema gemacht werden. Nicht selten führt dies dazu, dass versucht wird, neue Regeln zu etablieren. Beispiele hierfür sind Regeln der Teamarbeit, Prinzipien für die Projektorganisation, Regeln für den Umgang mit Konflikten oder Standards für das Kundenkontaktmanagement. Die Einführung und Veränderung von Regeln geht natürlich Hand in Hand mit dem jeweils zugrunde liegenden Beratungsansatz[73]. Direktive Berater versuchen oft, durch inhaltliche Vorgaben neue Regeln zu etablieren. Non-direktive Berater vertrauen darauf, dass in einer Organisation, die einen Wandel durchläuft, die Notwendigkeit für neue Regeln von den Beschäftigten selbst erkannt wird und entsprechende Schritte auch selbst initiiert werden. Solche aus dem Zusammenspiel aller Beteiligten selbst herausgebildeten Regeln besitzen meist eine höhere Akzeptanz im Unternehmen als Regeln, die durch Experten von außen eingeführt wurden.

Rahmenbedingungen beziehen sich meist auf schwer veränderbare Umweltfaktoren, aber auch auf Vorgaben durch das Management, die nicht verändert werden können. Natürlich handelt es sich meist um keine unabänderlichen Voraussetzungen. Auch das Management revidiert hin und wieder die eine oder andere Entscheidung. Außerdem wirken Organisationen immer auch auf das Umfeld, in dem sie agieren, zurück. Gleichwohl ist es in der Beratung unablässig, sich mit den Rahmenbedingungen auseinanderzusetzen. Das führt zwar meist zu einer Eingrenzung des Handlungsspielraums des Klientensystems, aber auch des Beratungssystems. Doch stellt dies in der Regel einen durchaus zielführenden Schritt dar, denn es macht wenig Sinn, auf Veränderungen in der Beratung hinzuwirken, die aufgrund der Rahmenbedingungen zumindest mittelfristig gar nicht zur Disposition stehen.

Betrachtet man die vier Schwerpunkte im Überblick (Tab. 6), so erkennt man erneut den engen Zusammenhang von Diagnose und Intervention. Dort, wo Berater ihren Schwerpunkt angesichts möglicher Interventionen setzen wollen, sollte auch der Fokus für die Organisationsanalyse liegen. Dabei lässt sich generell keiner der genannten Ansatzpunkte hervorheben. In Abhängigkeit von der Ausgangslage und den Zielen der Beratung wird freilich in einem Fall mehr den Attributionen, in einem anderen Fall mehr den Regeln der Zusammenarbeit oder den Interaktionen Aufmerksamkeit geschenkt werden. Umfassendere Beratungen operieren aller-

73 *Titscher*, 2001, S. 162 f.

dings ohnehin auf mehreren der genannten Ebenen. Denn jede Intervention in einem der genannten Ansatzpunkte wirkt sich mit hoher Wahrscheinlichkeit auf die anderen Ebenen aus. So erfordert beispielsweise eine Änderung der Verhaltensweisen von Mitarbeitern oder bestimmter Arbeitsabläufe meist auch eine Überarbeitung entsprechender Regeln und Normen.

Schwerpunkte	Konkrete Beispiele	Fokus
Interaktionen	Verhaltensweisen in Sitzungen, Ablauf von Entscheidungen, Arbeitsabläufe, Umgang von Vorgesetzten mit Mitarbeitern	Beziehungen Entscheidungen
Attributionen	Begründungsmuster für die Zurechnung von Erfolgen und Misserfolgen, unternehmenstypische Sichtweisen und Erklärungen, Strategien	Sichtweisen Erklärungsmuster
Regeln	Informelle betriebliche Normen, Regelungen des alltäglichen Arbeitsgeschehens, Organisationstruktur	Normen Regeln Standards
Rahmenbedingungen	Geschichte des Unternehmens, Markt- und Umweltbedingungen, Position im Wettbewerb, Eigentümereinfluss, Managemententscheidungen	Geschichte Marktdaten

Tab. 6: Diagnose- und Interventionsschwerpunkte nach *Titscher* (2001, S. 164)

Unabhängig vom gewählten Schwerpunkt einer Intervention wird generell zwischen *Rahmen*-Interventionen, *Makro*-Interventionen, *Mikro*-Interventionen und konkreten Interventionstechniken unterschieden[74]. Bevor jedoch konkrete Schritte gesetzt oder eine bestimmte Technik eingesetzt werden, ist ein Rahmen für mögliche Interventionen zu schaffen. Solche Rahmeninterventionen haben oberflächlich betrachtet rein organisatorischen Charakter, etwa die Festlegung von Zeiträumen für die Arbeit von Projektgruppen. Bei näherer Betrachtung wird aber deutlich, dass durch die Errichtung solcher Rahmenvorgaben ein verbindliches Setting für alle weiteren konkreten Aktionen etabliert wird. Dies erhöht die Wirksamkeit aller in diesem Rahmen gesetzten Interventionen. Zusätzlich stellt das Schaffen eines Settings für die Beratung selbst eine Intervention dar, deren Auswirkung auf das ratsuchende System nicht unterschätzt werden sollte. Makro-Interventionen beinhalten als Maßnahmen eine ganze Reihe konkreter Interventionsschritte. Ein eintägiger Workshop beispielsweise kann dann als Makro-Intervention betrachtet werden, wenn im Zuge seiner Durchführung verschiedene andere Schritte realisiert werden, beispielsweise die Präsentation einer Mitarbeiterbefragung zur Arbeitszufriedenheit,

74 *Titscher*, 2001, S. 165 f.

die Diskussion in gemischten Gruppen zu den Ergebnissen der Befragung sowie eine Praxiswerkstätte, in der mit kreativen Methoden Visionen zur Zukunft des Unternehmens entwickelt werden. Innerhalb dieser Schritte, die als Mikro-Interventionen bezeichnet werden können, kann es wiederum konkrete Interventionstechniken wie beispielsweise das Stellen von Fragen durch die Berater geben.

Betrachtet man die konkreten Interventionstechniken als Möglichkeiten des Einwirkens von Beratern auf das ratsuchende System, so können mehrere Grundformen unterschieden werden[75]. Gleichzeitig kann eine Rangordnung erstellt werden, nach der die zuerst genannten Interventionen non-direktiven, die zuletzt genannten Interventionen eher direktiven Charakter haben:

1. Anwesend sein/nicht präsent sein,
2. nicht reagieren,
3. Fragen stellen,
4. Situationen versinnbildlichen,
5. interpretieren,
6. Antworten geben,
7. informieren,
8. Anweisungen geben.

(1) Reine Anwesenheit bzw. Abwesenheit wird möglicherweise nicht von allen als Intervention betrachtet werden. Für die Beratung macht es aber einen wesentlichen Unterschied, ob der Berater oder das beratende Team gerade vor Ort im Unternehmen ist oder nicht. Nur im ersten Fall kann das beratende System weitere Interventionen (wie z.B. das Stellen von Fragen) setzen. Die Wirksamkeit von Interventionen zeigt sich allerdings vor allem dann, wenn die Berater nicht mehr im Haus sind. Sollte der Berater sehr häufig vor Ort sein, so läuft er Gefahr, die externe Position und seine Unabhängigkeit zu verlieren. Auch die Organisation kann in diesem Fall in eine Art Ko-Abhängigkeit geraten: Handlungsfähigkeit besteht im Extremfall nur noch dann, wenn Berater vor Ort sind und die Entscheidungsträger der Organisation nur noch nach den vermeintlichen Leitlinien des ratgebenden Systems handeln.

(2) Auch das Unterlassen einer (vielleicht erwarteten) Aktivität des Beraters stellt eine Intervention dar. Häufig rechnet das ratsuchende System damit, dass der Berater auf irgendeine Weise eingreift – etwa wenn sich zwei Führungskräfte in einem Meeting darüber streiten, was die richtige Strategie für die nächsten Jahre ist. Die Intervention des Beraters muss gut überlegt werden: Wenn er in den Konflikt eingreift, schwächt er möglicherweise die Kompetenz des Systems, in solchen Situationen selbst einen Lösungsweg zu finden. Wenn er nicht eingreift, kann der Eindruck entstehen, dass ihm der Konflikt gleichgültig ist. Er riskiert damit möglicherweise die Fortsetzung des bestehenden Auftrags oder er wird für einen möglichen Folgeauftrag nicht berücksichtigt.

75 Vgl. *Titscher*, 2001, S. 168 ff.

(3) Das Stellen von Fragen ist die zentrale Interventionsform in der Beratung. Es werden damit drei Hauptfunktionen erfüllt[76]:

a. Sie dienen der Information für den Berater.
b. Sie sollen im ratsuchenden System Informationen und den Informationsfluss generieren.
c. Sie dienen als Steuerungselement im Beratungsprozess (Wer fragt, führt.).

Nach *Titscher*[77] sollen Fragen konstruktiv sein. Nicht konstruktive Fragen führen im ratsuchenden System zu Rechtfertigungszwang und Blockaden. Konstruktive Fragen wirken anregend, und zwar in dem Maße, wie es die Organisation im Moment der Beratung (noch) verkraftet. Sie können auch so gestellt werden, dass sie zur Entspannung im Klientensystem beitragen – etwa in kritischen Situationen. Wenn man hierzu noch einmal den soeben genannten Streit der beiden Führungskräfte betrachtet, so kann die Frage „In welchen Punkten sind Sie sich einig?“ zur Entspannung beitragen. Konstruktiv anregende Fragen wiederum weisen mehrere Merkmale auf. Sie sind

- reflexiv (sie regen dazu an, dass sich das ratsuchende System mit den eigenen Handlungen auseinandersetzt),
- zukunftsorientiert (sie eröffnen ein Spektrum an Handlungsoptionen),
- neuartig (sie unterscheiden sich von den Fragen, die sich das Klientensystem bislang ohnehin gestellt hat) und
- hinterfragend (sie setzen an den herkömmlichen Sichtweisen der Organisation an, indem sie dort ein Fragezeichen setzen).

Konstruktive Fragen geben somit dem ratsuchenden System die Chance, bisherige Sicht- und Handlungsweisen neu zu definieren. Dies schafft Raum für Veränderungen.

(4) Die Intervention der Versinnbildlichung einer (kritischen) Situation bietet eine Reihe von Vorteilen: Sie vermittelt eine emotional ausdrucksstarke symbolische Vorstellung von der fraglichen Situation. Dies führt zu einer gewissen Distanzierung, ohne dass der emotionale Gehalt verloren geht. Versinnbildlichung oder Symbolisierung ermöglicht somit die Betrachtung und Auseinandersetzung mit Einstellungen, Emotionen und Motiven, ohne dass die betroffenen Akteure diese unbedacht zum Ausdruck bringen. Das belebt die Diskussion auf konstruktive Weise und eröffnet neue Spielräume der Interpretation und Interaktion. Diese Form der Intervention findet häufig dann Verwendung, wenn der Veränderungsprozess stagniert oder wenn sehr unterschiedliche Sichtweisen aufeinander prallen. Die Akteure werden dann beispielsweise in Kleingruppen aufgeteilt und gebeten, ein Bild ihrer Wahrnehmung der gegenwärtigen Situation zu erstellen oder ein Theaterstück zum aktuellen Umgang der Belegschaft untereinander in der Organisation aufzuführen. Bei der Diskussion dieser Symbolisierungen wählen die Akteure häufig eine bildreiche Sprache und Metaphern. Dies führt in der Regel dazu, dass kritische Situationen

76 *Titscher*, 2001, S. 175.
77 2001, S. 176.

mit anderen Augen betrachtet werden. Neue Interpretationen entstehen, und dies hat meist auch neue Denk- und Handlungsweisen zur Folge. Auch in der Organisationsanalyse bringt die Versinnbildlichung oft neue, bislang unentdeckte Aspekte zutage. Wenn beispielsweise das Führungsteam eines mittelständischen Unternehmens gebeten wird, ein Bild ihres Führungsalltags zu zeichnen, und es tauchen in diesem Bild die Mitarbeiter nicht auf, so wird dies bei der Implementierung der nächsten Schritte (z.B. Entwicklung eines Führungsleitbilds, Konzeption von Führungsworkshops) nicht unberücksichtigt bleiben können.

(5) Durch Interpretationen vermitteln Berater ihre Sicht auf die für die Beratung relevanten Aspekte des ratsuchenden Systems. Auf diesem Weg soll eine von den Auffassungen in der Organisation unterschiedene und konstruktivere Lesart eines Problems oder eines Veränderungsvorhabens angeboten werden. Der Klientel soll so die Möglichkeit eröffnet werden, *„bisher Unbemerktes zu sehen oder Vertrautes anders zu sehen“*[78]. Bei dieser Intervention ist zu berücksichtigen, dass Berater keine dem ratsuchenden System ohnehin schon bekannten Interpretationen anbieten. Jedoch sollte durch die Deutung auch nicht unnötiger Widerstand geweckt werden. Schließlich sollten sich Interpretationen nicht auf spezielle Personen richten, sondern vielmehr bestimmte organisationsbezogene Aspekte in ein neues Licht rücken, z.B. den Stellenwert der Qualität in der Produktion. Eine mögliche Deutung für Probleme im Vertrieb wäre dann: „Wenn in der Produktion das Thema Qualität in derart geringem Ausmaß Beachtung findet, ist es nicht verwunderlich, wenn sich die Vertriebsleute nur so wenig mit dem Produkt identifizieren können.“

(6) Von Beratern wird in der Regel erwartet, dass sie auf Fragen des ratsuchenden Systems Antworten geben. Dabei sind allerdings einige Punkte zu beachten. Für die Prozessberatung ist kennzeichnend, dass der Berater sich mit Antworten zurückhält, vor allem mit solchen Antworten, welche direkt als Lösung oder Lösungsvorschlag eines vom Klientensystem wahrgenommenen Problems verstanden werden können. Antworten zu geben ist charakteristisch für die Fachberatung. Aber auch hier sollte das ratgebende System reflektieren, warum das ratsuchende System gerade zu der gestellten Frage eine Antwort wünscht und welche Folgen die Antwort für die Organisation haben könnte. Antworten sollten dem Klientensystem nicht das Denken oder die Umsetzung bestimmter Entscheidungen abnehmen. Außerdem ist zu berücksichtigen, ob durch die Antwort nicht eine in der Organisation bereits herrschende Meinung verstärkt wird. Wenn dies geschieht, läuft der Berater Gefahr, Partei zu ergreifen.

(7) Informationen dienen der Orientierung. Dies trifft bereits auf Antworten zu. Aber auch ungefragt können Berater zum Ausdruck bringen, was ihrem Kenntnisstand zufolge der Fall ist. Insbesondere in der Anfangsphase geben Berater sehr viele Informationen: über sich und ihr Beratungsverständnis, über den angestrebten Beratungsprozess, aber auch zu Aspekten, die das ratsuchende System betreffen. Das

78 *Titscher*, 2001, S. 171.

Arbeiten mit Informationen (etwa über die rechtliche Seite im Falle einer Steuerberatung) ist kennzeichnend für die Fachberatung. Dabei ist zu berücksichtigen, dass eine Information den Adressaten auch erreicht bzw. von diesem aufgenommen und verstanden wird.

(8) Weisungen erteilt das ratgebende System in der Regel nicht. Dies entspricht auch nicht dem Kern der Beraterrolle, sieht man einmal davon ab, dass manchmal Berater in der Rolle als „Manager auf Zeit" für einen gewissen Zeitraum auch Teil des ratsuchenden Systems werden und dann sehr wohl weisungsberechtigt sind. Unabhängig davon kann es jedoch zu Situationen kommen, in denen Berater Angehörige des ratsuchenden Systems zu etwas auffordern, etwa die Mitglieder einer Projektgruppe, bis zum nächsten Treffen ein Stimmungsbild vom Veränderungsprozess in der Organisation zu erstellen. Bei genauerer Betrachtung handelt es sich hier aber um Schritte, die in der Regel schon vor dem Beratungsprozess definiert wurden oder die zum vereinbarten Setting passen. Anweisungen in der Art, wie sie Führungskräfte ihren Mitarbeitern geben können, erteilen Berater nicht.

Das Erstellen einer Diagnose zu aktuellen Fragen und Problemen in der Organisation und das Setzen von Interventionen, welche im Idealfall den Interpretations- und Handlungsspielraum bei den Mitgliedern der Organisation erweitern und somit auch den Horizont für neue Lösungsansätze öffnen, stellen in gewisser Weise das Kerngeschäft von Beratern dar. Durch ihr analytisches und dazwischentretendes Handeln im Beratungssystem werden Veränderungen bei den Ratsuchenden wahrscheinlicher. Erfolge in der Beratung – dies gilt vor allem für die Prozessberatung – lassen sich nur schwer vorhersagen. Jedoch schaffen professionell handelnde Berater einen Rahmen, innerhalb dessen sich alle beteiligten Akteure in die Lage versetzen, selbst an möglichen Lösungen und Veränderungen aktiv mitzuwirken.

10. Ethische Rahmenüberlegungen

Die Konzeption und Begründung einer Ethik für die Beratung in der Wirtschaft stellt keine leichte Aufgabe dar. Es existiert zwar seit geraumer Zeit eine Reihe von Bestimmungen, Richtlinien und Kodizes, welche nahelegen, nach welchen Regeln Beratung generell und ebenso im wirtschaftlichen Kontext erfolgen sollte, damit sie sozial und ethisch verantwortbar ist[79]. Solche aus verschiedenen Quellen stammenden Richtlinien und Normen fallen sehr unterschiedlich aus. Ferner steht in Frage, wie solche Grundsätze und Regeln überhaupt begründet werden können. Genau betrachtet müsste man von einer Moral oder einem Ethos (Berufsethos) der Beratung sprechen. Denn beide Begriffe beziehen sich auf faktisch herrschende Verhaltensnormen, die das Leben der Menschen in einem sozialen Verband (Gesellschaft, Kultur, Unternehmen etc.) regeln (so im Fall der Moral) oder dem Menschen auf der Basis eines subjektiven Moralbewusstseins (moralisches Selbstverständnis) eine in-

79 Vgl. z.B. *Lippitt/Lippitt*, 2006, S. 105 ff.

dividuelle oder berufliche Orientierung ermöglichen (so im Fall des Ethos). Von Ethik kann erst dann die Rede sein, wenn solche sozialen und individuellen Verhaltensregeln im Zuge einer philosophischen Reflexion kritisch geprüft oder zu legitimieren versucht werden[80]. In diesem Zusammenhang wird Ethik auch als *Reflexionstheorie der Moral* (und ebenso des Ethos) bezeichnet[81].

(Kritische) Reflexion von Moral wird allerdings in den meisten faktisch existierenden, sogenannten Ethiken in der Praxis gar nicht betrieben (so auch im Fall der Wirtschaftsberatung). Doch hat es sich eingebürgert, von einer Beratungsethik zu sprechen – genauso wie Unternehmen von ihrer Ethik (oder Philosophie) reden, obwohl es sich in der Regel schlicht um eine Reihe von mehr oder minder bewährten Grundsätzen menschlichen Zusammenlebens handelt. Inwieweit sie einer philosophischen oder ethischen Prüfung standhalten würden, ist fraglich. Aus diesem Grund wird an dieser Stelle die Rede von einer Beratungsethik beibehalten, obwohl streng genommen von Moral oder beruflichem Ethos gesprochen werden müsste.

Bevor hier auf Kodizes der Beratungsethik in Auszügen näher eingegangen wird, soll der Versuch unternommen werden, einen konzeptionellen Rahmen für eine Ethik der Beratung in der Wirtschaft zu geben. Dieser vermag zwar keine Begründung einer solchen Ethik im strengen Sinn zu liefern, gleichwohl bietet er Ansatzpunkte für die Entwicklung und Systematisierung von Normen und Regeln professioneller und moralisch vertretbarer Beratung in der Wirtschaft. Mit einem Wort: Was aus diesem Zugang gewonnen werden soll, sind Voraussetzungen und Dimensionen von *guter Beratung*[82]. Grundlagen für die Darstellung dieses Rahmens sind zum einen die Philosophie der Lebenswelt, zum anderen eine weit gefasste definitorische Bestimmung der Beratung im Kontext der Wirtschaft.

Die für unsere Zwecke entscheidende Prämisse der Philosophie der Lebenswelt besagt, dass das individuelle und soziale Leben der Menschen immer schon von bestimmten Regeln und Normen geprägt wird. Mit anderen Worten: Die Praktiken unserer Lebenswelt oder unsere Lebensformen besitzen von Grund auf einen normativen Kern[83]. Er ermöglicht es, dass die in einer sozialen Situation interagierenden Personen überhaupt handlungsfähig werden. Im Rahmen eines Wettkampfs etwa akzeptieren die Beteiligten die diesem zugrunde liegenden Regeln. Man spricht auch von konstitutiven Regeln, weil sie das Wettspiel der Akteure erst zulassen. Wer beispielsweise bei einem Schachspiel plötzlich auf die Idee käme, die Figuren spontan und eigenmächtig nach Lust und Laune auf dem Brett zu verschieben, verlässt das Spiel. Es wird in einem solchen Fall nicht mehr Schach gespielt. Die (konstitutiven) Regeln sind somit die Grundlagen dieses Spiels, ohne diese Regeln kann gar nicht Schach gespielt werden[84].

---

80 Vgl. *Ulrich*, 2008, S. 23 ff.; *Karmasin/Litschka*, 2008, S. 13 ff.; *Dietzfelbinger*, 2015, S. 41 ff.; *Holzmann*, 2015, S. 3 ff.
81 Vgl. *Luhmann*, 1989.
82 Vgl. dazu *Hallier*, 2013, wo allerdings ein etwas anderer Ansatz als hier verfolgt wird.
83 *Nida-Rümelin*, 2009, S. 177 ff.
84 Vgl. *Sichler*, 1991.

Konstitutive Regeln sind wesentlicher Teil unserer alltäglichen Lebenswelt. Diese normativen Bezüge geben den Handlungen in unserem Leben ihre Bedeutsamkeit. Ohne normativen Kern können Praktiken und darauf aufbauende Institutionen nicht existieren. Wer beispielsweise heiratet, erkennt unter anderem an, dass der Ehepartner zum Mitspieler im eigenen Leben wird. Wer ein Unternehmen gründet oder ein Arbeitsverhältnis eingeht, akzeptiert eine ganze Reihe von Normen und Verpflichtungen, die zu Recht eingemahnt werden, sollten sich die betreffenden Personen nicht daran halten. Auch das Beratungssetting wird durch solche sozialen und moralischen oder ethischen Regeln bestimmt.

Versucht man den normativen Kern der Beratung im Kontext der Wirtschaft näher zu bestimmen, ist es sinnvoll, von der Definition der Beratungssituation auszugehen. Weit gefasst liegt dem Beratungssetting eine Interaktion zwischen zwei Personen oder Personengruppen zugrunde, wobei die eine Seite – die Ratgebenden – aufgrund ihrer wissensbasierten und sozialkommunikativen Kompetenz der anderen Seite – den Ratsuchenden – fachliche oder prozessbezogene Unterstützung bei der Erreichung ihrer Ziele gibt. Bei genauerer Betrachtung dieser Charakterisierung fällt auf, dass wenigstens drei Elemente normative Züge aufweisen und Relevanz für eine Ethik der Beratung in der Wirtschaft besitzen (vgl. Tab. 7):

1. das beratende Subjekt (Berater bzw. Beratungsgruppe)
2. die Interaktion und Kommunikation zwischen Beratendem und Ratsuchendem sowie
3. die Ziele der Beratung.

Natürlich wäre auch das ratsuchende System selbst in die normativen und ethischen Überlegungen mit einzubeziehen, doch ist dieses nicht Bestandteil der Beratungsethik, sondern Teil einer Unternehmensethik. Beratung ist ein soziales Geschehen, welches maßgeblich vom ratgebenden System gestaltet und verantwortet wird. Aus diesem Grund setzt die Beratungsethik an den drei genannten Elementen an, auch wenn das ratsuchende System den gesamten Prozess der Beratung mitgestaltet[85].

Die gute Beratungskraft	**Berufsethos (Selbstverständnis der Beratenden)**	Expertise und Kompetenz der Beratenden als Voraussetzungen für professionelle Beratung
Das Gute in der Beratung	**Ethik in der Kommunikation**	Unterstützende Funktion der Beratenden durch gelingende Interaktion in der Beratungssituation
Das Gute an der Beratung	**Gesellschaftliche Verantwortung (CSR)**	Gesellschaftliche, ökologische etc. Verträglichkeit der Ziele der Ratsuchenden bzw. der Beratung

Tab. 7: Normative Elemente der Beratung im Kontext der Wirtschaft

85 Vgl. dazu auch *Buchinger*, 2006, der die Beratungsethik mit ähnlichen Dimensionen erschließt.

Der normative Kern des beratenden Subjekts besteht in dessen normativem Zugang zur Beratungsleistung. Mit anderen Worten: Hier kommt das Berufsethos des Beraters zum Ausdruck. Den Hintergrund dafür wiederum gibt die eigene *Professionalität* ab, welche sich im Idealfall durch hohe Maßstäbe für den Dienst am Kunden auszeichnet. Für professionelle Beratung benötigen Beratende entsprechende Expertise und Kompetenz. Diese setzen umfassende Kenntnisse und Fähigkeiten im Hinblick auf die mit der Beratungsleistung verbundenen Prinzipien, Werte und Praktiken voraus. Das für die Beratung erforderliche fachliche und überfachliche Kompetenzprofil bedarf wiederum kontinuierlicher Weiterbildung. Zur Professionalität gehört ferner das authentische Auftreten: Beratende sollten Ratsuchenden nichts vormachen. Besonders wichtig ist ein weiterer Aspekt: Professionelle Berater akzeptieren eigene Grenzen. Sie kennen ihre Kompetenzen, sie wissen aber auch, wann eine Anfrage oder ein Auftrag die eigenen Fähigkeiten und Ressourcen übersteigt. Hier zeichnet sich sozial verantwortbares oder ethisches Handeln dadurch aus, dass man einen solchen Auftrag nicht annimmt und auf Kollegen verweist (oder diese mit ins Boot nimmt), welche das für die erfolgreiche Realisierung des Auftrags erforderliche Kompetenzspektrum besitzen.

Versucht man den Kern dessen, was einen guten Berater auszeichnet, zu beschreiben, so wird man auf seine Professionalität, Expertise und Kompetenz verwiesen. Im Einzelnen gehen mit professioneller Beratung bestimmte Haltungen und Handlungen einher. So werden kompetente Beratende bei der Auftragsklärung an einer sachlich begründeten Einschätzung des Beratungsziels arbeiten. Das bedeutet: Sie geben keine überzogenen oder unrealistischen Versprechungen ab, wie dies etwa eine amerikanische Management Consulting Group mit dem Versprechen *„Let us make you the hero!“* macht. Berater mit sozialer Verantwortung übernehmen nur solche Aufträge, bei denen ihr Wissen, ihre Expertise, Kompetenz und Ressourcen hinreichen, um die Beratung professionell abzuwickeln. Die Auftragsklärung wird ebenfalls professionell wahrgenommen; dies schließt unter Umständen auch den Versuch ein, einen impliziten Auftrag entweder zu explizieren oder zumindest im Beratungshandeln mit zu berücksichtigen, dass ein solcher impliziter Auftrag mit existiert. Professionell Beratende trennen weiterhin zwischen den auftraggebenden Akteuren mit ihren Interessen und der Klientel und den dort vorhandenen Interessen: Sie richten ihr Handeln an dieser Unterscheidung aus. Schließlich stellen gute Berater Transparenz über den geplanten Prozess (soweit vorhersehbar), über Leistungen und Kosten her und bieten eine Evaluation der Ergebnisse und Auswirkungen der Beratung an.

Betrachtet man als zweite Dimension sozial und ethisch verantwortbarer Beratung das Gute in der Beratung, so gerät in erster Linie die Interaktion und insbesondere *Kommunikation* im Beratungssystem in den Blick. In gewisser Weise geht es um Regeln und Normen für die Beratungskommunikation einschließlich der Gestaltung der Atmosphäre, in der sich das Beratungsgeschehen entwickelt. Grundsätzlich sollte in allen Situationen Kommunikation auf Augenhöhe angestrebt werden. Obwohl Berater sich durch Interventionen gewisse Wirkungen erhoffen, widersprechen rein manipulative Techniken dem Bild von der Selbstbestimmung des Menschen. Sensibilität und Erfahrung sind erforderlich, um im Spannungsfeld zwischen Autonomie und Heteronomie der handelnden Personen den jeweils adäquaten Weg zu finden. Respekt, Wertschätzung, Transparenz und Vertrauen sind Werte, die im idealen Fall das gemeinsame Handeln der Akteure im Beratungssystem bestimmen. Die Kommunikation ist offen, in manchen Fällen aber auch vertraulich (etwa beim Umgang mit Informationen aus Interviews mit der Belegschaft) zu führen. Um Missverständnissen und Konflikten vorzubeugen, sollten mit dem Beratungsauftrag und dem Start des Beratungsprozesses Regeln für die Kommunikation und Handeln gemeinsam verabschiedet werden. Diskriminierungen aufgrund von Geschlecht, Alter, Ethnie, Religion etc. sollten professionell agierende Berater nicht zulassen.

Die dritte Dimension sozial und ethisch verantwortbarer Beratung beinhaltet das Gute an der Beratung, mithin die im Beratungsprozess verfolgten *Ziele* der Organisation. Solche Ziele werden von den Auftraggebern, aber auch von allen anderen Beteiligten im Beratungssetting direkt formuliert oder zumindest implizit verfolgt. Professionelle Beratung zeichnet sich in diesem Kontext dadurch aus, dass die wirtschaftlichen, gesellschaftlichen, ökologischen, organisationalen und persönlichen Zusammenhänge in ihrer Wechselwirkung berücksichtigt werden. Das Beratungssystem sollte dabei eine verantwortungsethische Grundhaltung einnehmen. Das bedeutet, dass auch nicht beabsichtigte Auswirkungen des Beratungsprozesses mit bedacht werden, etwa die möglichen Folgen von Umstrukturierungen in der Organisation auf den Teamgeist und die Zufriedenheit in der Belegschaft. Gute Berater handeln entsprechend einer der Formulierungen des kategorischen Imperativs von *Kant*, wonach sinngemäß die Menschheit in jeder Person im Beratungssystem jederzeit zugleich als Zweck, niemals nur als Mittel behandelt wird. Dies schließt die reine Instrumentalisierung von Menschen aus. Aufträge, die gegen Grund- und Menschenrechte sowie weitere höhere ethische Prinzipien (z.B. die Entfaltung der Persönlichkeit) verstoßen, werden von guten Beratern abgelehnt.

Die dargestellten normativen Elemente bilden einen möglichen Rahmen zur Entwicklung eines Berufsethos oder Ethik der Beratung. Aus den drei Dimensionen, welche den normativen Charakter der Beratungssituation beschreiben, können Prinzipien und Grundregeln für gute, das heißt, sozial und moralisch verantwortbare Beratung gewonnen werden. Den Kern dieses normativen Verständnisses von Beratung bildet die Professionalität des Beraters. So findet man in Überlegungen zur Ethik der Beratung häufig Hinweise auf Standards und Prinzipien, die professionelle Hilfe in der Beratung konstituieren. *Lippitt/Lippitt*[86] weisen beispielsweise unter Berufung auf Überlegungen von *Shay* (1965) darauf hin, dass professionelle Berater bereit sein müssen,

1. die für die Ausübung ihrer Tätigkeit notwendigen Wissensinhalte und Regeln zu erwerben,
2. ihre beruflichen Kenntnisse und Fertigkeiten effektiv anwenden zu lernen,
3. das Interesse ihrer Klienten vor persönliche Interessen zu stellen,

86 2006, S. 107.

4. hohe Maßstäbe an den Dienst an ihren Kunden zu legen und
5. sich immer den Forderungen des Berufsstandes entsprechend zu verhalten.

Man erkennt, dass solche Regeln für professionelle und verantwortbare Beratung letztendlich eine möglichst faire Behandlung der Klienten intendieren. Zusätzlich geht es auch um den Schutz von Grundrechten auf der Seite der Mitglieder im ratsuchenden System. Deshalb sollten ethische Prinzipien für Beratungsberufe den Klienten signalisieren, dass Berater eine Selbstverpflichtung eingehen, „*in Erwiderung des Vertrauens des Klienten und im Interesse des Klienten gute Arbeit zu leisten*"[87].

In diesem Sinne sind auf dem gesamten Globus verschiedene Kodizes zur Ethik in der Beratung entwickelt worden. Hohen Bekanntheitsgrad besitzt der *Code of Ethics* der *Association of Management Consulting Firms* (AMCF, zuvor *Association of Consulting Management Engineers*) aus den USA (vgl. Übersicht 5). Die Kernaussagen dieses Kodex bestehen bereits seit vielen Jahrzehnten. Seine Regeln beziehen sich auf die Klientel und deren Schutz, den Beratungsauftrag und dessen professionelle Handhabung, die faire und transparente Gestaltung der Honorare und – im Sinne eines Professionalität repräsentierenden Ehrenkodex – den respektvollen Umgang mit den Klienten, aber auch mit Mitgliedern anderer Beratungsunternehmen und Institutionen.

Internationale Standards für professionelle Unternehmensberatung wurden vom internationalen Beratungsverband ICMCI (The International Council of Management Consulting Institutes) festgelegt. Dieser Kompetenzstandard wird heute von 54 nationalen Beratungsverbänden in der gesamten Welt anerkannt – in Deutschland durch den Bundesverband Deutscher Unternehmensberater (BDU), in Österreich durch den Fachverband UBIT der Wirtschaftskammer Österreich und in der Schweiz durch den Bundesverband Schweizer Unternehmensberater ASCO. Die dem ICMCI angeschlossenen nationalen Beratungsverbände machen es möglich, sich zum *Certified Management Consultant* (CMC) zertifizieren zu lassen. Das Zertifikat umfasst die Qualifikation, die Professionalität, das ethische Verhalten sowie das Wissen und die Erfahrung als Unternehmensberater[88].

In Europa wurde eine Europanorm für Unternehmensberatungsdienstleistungen entwickelt (EN 16114). Darin ist der Beratungsprozess von der Spezifizierung über die Umsetzung bis hin zum Abschluss in einem Richtlinienkatalog erfasst. Es werden auch Empfehlungen für ethische Prinzipien und Werthaltungen gegeben. Darüber hinaus werden keine weiteren Auflagen festgelegt, es sind auch keine Audits oder Zertifizierungen vorgesehen. Ziele der Europanorm sind die Förderung des gegenseitigen Verständnisses zwischen Beratungsanbietern und Auftraggebern, die Minimierung von Risiken im Rahmen von Unternehmensberatungsprojekten sowie die Schaffung eines Rahmens, bei dem Ergebnisorientierung, Qualität und Innovation in der Unternehmensberatung im Vordergrund stehen[89].

87 *Lippitt/Lippitt*, 2006, S. 112.
88 Vgl. *Ennsfellner/Bodenstein/Herget*, 2014, S. 80.
89 *Ennsfellner/Bodenstein/Herget*, 2014, S. 79.

Code of Ethics

The Code of Ethics conforms with recent regulatory and legislative initiatives and assures the users of consulting services that AMCF members are publicly committed to providing the highest quality work. Member firms and their staffs subscribe to this Code of Ethics:

CLIENTS

1. We will serve our clients with integrity, competence and objectivity.
2. We will keep client information and records of client engagements confidential and will use proprietary client information only with the client's permission.
3. We will not take advantage of confidential client information for ourselves or our firms.
4. We will not allow conflicts of interest which provide a competitive advantage to one client through our use of confidential information from another client who is a direct competitor without that competitor's permission.

ENGAGEMENTS

1. We will accept only engagements for which we are qualified by our experience and competence.
2. We will assign staff to client engagements in accord with their experience, knowledge, and expertise.
3. We will immediately acknowledge any influences on our objectivity to our clients and will offer to withdraw from a consulting engagement when our objectivity or integrity may be impaired.

FEES

1. We will agree independently and in advance on the basis for our fees and expenses and will charge fees and expenses that are reasonable, legitimate, and commensurate with the services we deliver and the responsibility we accept.
2. We will disclose to our clients in advance any fees or commissions that we will receive for equipment, supplies or services we recommend to our clients.

PROFESSION

1. We will respect the intellectual property rights of our clients, other consulting firms, and sole practitioners and will not use proprietary information or methodologies without permission.
2. We will not advertise our services in a deceptive manner and will not misrepresent the consulting profession, consulting firms, or sole practitioners.
3. We will report violations of this Code of Ethics.

Übersicht 5: Code of Ethics der Association of Management Consulting Firms (AMCF) (http://amcf.org/index.php?option=com_content&view=article&id=14&Itemid=25; Zugriff am 20.4.2016)

Die genannten Normen und Zertifizierungen dienen in erster Linie einer weiteren Professionalisierung der Beratung. Auch wenn ethische Richtlinien dort mitbehandelt werden, die Frage sozial und moralisch verantwortbaren Handelns in Beratungsprojekten ist damit in der Regel nicht befriedigend beantwortet. Meist läuft es auf eine Selbstverpflichtung der Berater hinaus, ihre Beratungstätigkeit auch von normativen und ethischen Überlegungen leiten zu lassen. Für die Zukunft wird die Entwicklung einer Ethik für die Beratung eine der großen Herausforderungen bleiben.

Literatur

Ansoff, Harry Igor (1965): Corporate strategy: an analytic approach to business policy for growth and expansion. New York: McGraw-Hill.

Anton, Hans Hubert (Hrsg.) (2006): Fürstenspiegel des frühen und hohen Mittelalters. Darmstadt: Wissenschaftliche Buchgesellschaft.

Argyris, Chris (1995): Interventionen und Führungseffizienz. In *Kieser, Alfred/Reber, Gerhard/Wunderer, Rolf* (Hrsg.), Handwörterbuch der Führung (S. 1253–1272). Stuttgart: Poeschel (2. Auflage).

Aubenque, Pierre (2007): Der Begriff der Klugheit bei Aristoteles. Hamburg: Meiner.

Beck, Ulrich (1986): Die Risikogesellschaft. Auf dem Weg in eine andere Moderne. Frankfurt/Main: Suhrkamp.

Beck, Ulrich/Vossenkuhl, Wilhelm/Ziegler, Ulf Erdmann (1995): Eigenes Leben. Ausflüge in die unbekannte Gesellschaft, in der wir leben. München: Beck.

Böhme, Gernot (1988): Der Typ Sokrates. Frankfurt/Main: Suhrkamp.

Buchinger, Kurt (2006): Dimensionen der Ethik in der Beratung. In *Heintel, Peter/Krainer, Larissa/Ukowitz, Martina* (Hrsg.), Beratung und Ethik. Praxis, Modelle, Dimensionen (S. 24–44). Berlin: Leutner.

Burke, Peter (1996): Die Geschicke des Hofmanns. Zur Wirkung eines Renaissance-Breviers über angemessenes Verhalten. Berlin: Wagenbach.

Büssing, André (2004): Organisationsdiagnose. In *Schuler, Heinz* (Hrsg.), Lehrbuch Organisationspsychologie (S. 557–599). Bern: Huber (3., vollst. überarb u. erw. Aufl.).

Capurro, Raffael (2003): Skeptisches Wissensmanagement. In *Fischer, Peter/Hubig, Christoph/Koslowski, Peter* (Hrsg.), Wirtschaftsethische Fragen der E-Economy (S. 67–85). Heidelberg: Physica.

Collatz, Annelen/Gudat, Karin (2011): Work-Life-Balance. Göttingen: Hogrefe.

Dietzfelbinger, Daniel (2015): Praxisleitfaden Unternehmensethik. Kennzahlen, Instrumente, Handlungsempfehlungen. Wiesbaden: Springer Gabler (2. Auflage).

Ennsfellner, Ilse/Bodenstein, Robert/Herget, Josef (2014): Exzellenz in der Unternehmensberatung. Qualitätsstandards für die Praxis inclusive der EN 16114. Wiesbaden: Springer Gabler.

Fink, Dietmar (2009): Strategische Unternehmensberatung. München: Vahlen.

Fitzek, Herbert (2014): Gestaltpsychologie kompakt. Grundlinien einer Psychologie für die Praxis. Wiesbaden: Springer.

Foerster, Heinz von (1993): Wissen und Gewissen. Versuch einer Brücke. Frankfurt/Main: Suhrkamp.

Foucault, Michel (1985): Freiheit und Selbstsorge. Frankfurt/Main: Materialis.

Foucault, Michel (2009): Hermeneutik des Subjekts. Vorlesungen am Collège de France (1981/82). Frankfurt/Main: Suhrkamp.

Fuchs, Peter/Pankoke, Eckart (Hrsg.) (1994): Beratungsgesellschaft. Schwerte: Katholische Akademie.

Habermas, Jürgen (1985): Die Neue Unübersichtlichkeit. Frankfurt/Main: Suhrkamp.

Hallier, Helmut (Hrsg.) (2013): Gute Beratung zwischen Hybris und Bescheidenheit. BeraterInnen über sich, ihre Arbeit und ihren Anspruch an Professionalität. Berlin: Leutner.

Hasenzagl, Rupert (2009): Corporate Entrepreneurship und Veränderungsmethoden. In *Frank, Hermann* (Hrsg.), Corporate Entrepreneurship (S. 305–336). Wien: Facultas (2. überarb. u. erw. Aufl.).

Heltzel, Rudolf/Weigand, Wolfgang (2012): Im Dickicht der Organisation. Komplexe Beratungsaufträge verändern die Beraterrolle. Göttingen: Vandenhoeck & Ruprecht.

Hogrebe, Wolfram (Hrsg.) (2005): Mantik: Profile prognostischen Wissens in Wissenschaft und Kultur. Würzburg: Königshausen & Neumann.

Holzmann, Robert (2015): Wirtschaftsethik. Wiesbaden: Springer Gabler.

Horster, Detlef (1994): Das Sokratische Gespräch in Theorie und Praxis. Opladen: Leske + Budrich.

Jonas, Eva/Frey, Dieter/Klendauer, Ruth (2005): Beratung. In *Frey, Dieter/von Rosenstiel, Lutz/Hoyos, Carl Graf* (Hrsg.), Wirtschaftspsychologie (S. 28–32). Weinheim: Beltz.

Jones, Daniel N./Paulhus, Delroy L. (2009): Machiavellianism. In *Mark R. Leary/Rick H. Hoyle* (Hrsg.), Individual differences in social behavior (S. 93–108). New York: Guilford.

Kainz, Günther (2008): Unternehmensberatung in Österreich. In *Egger, Walter/Häfke-Schönthaler, Johanna/Hasenzagl, Rupert/Stocker, Ferry* (Hrsg.). Wirtschaftsberatung in Österreich. Markt und Branche, Struktur und Entwicklungen 2007/2008 (S. 11–43). Wien: Facultas.

Karmasin, Matthias/Litschka, Michael (2008): Wirtschaftsethik – Theorien, Strategien, Trends. Wien: LIT Verlag.

Kempf, Wilhelm (1982): Formen der Aggression und das Problem des inneren Friedens. In *Hilke, Reinhard/Kempf, Wilhelm* (Hrsg.), Aggression. Naturwissenschaftliche und kulturwissenschaftliche Perspektiven der Aggressionsforschung (S. 112–147). Bern: Huber.

Kerferd, George B./Flashar, Hellmut (1998). Die Sophistik. In *Flashar, Hellmut* (Hrsg.), Die Philosophie der Antike (Band 2/1, S. 1–137). Basel: Schwabe & Co.

Kersting, Wolfgang (2006): Niccolò Machiavelli. München: Beck (3., durchgesehene und aktualisierte Aufl.).

Kies, Michael (Hrsg.) (2011): Perspektive Unternehmensberatung 2012. Das Expertenbuch zum Einstieg. München: e-fellows.net.

Kieser, Alfred (1996): Moden und Mythen des Organisierens. Die Betriebswirtschaft, 56, 21-39.

Kratz, Reinhard G. (2003): Die Propheten Israels. München: Beck.

Lippitt, Gordon/Lippitt, Ronald (2006): Beratung als Prozess. Was Berater und ihre Kunden wissen sollten. Leonberg: Rosenberger (4. Auflage).

Luhmann, Niklas (1989): Ethik als Reflexionstheorie der Moral. In *Luhmann, Niklas* (Hrsg.), Gesellschaftsstruktur und Semantik (Bd. 3, S. 358–448). Frankfurt/Main: Suhrkamp.

Maaß, Michael (2007): Das antike Delphi. München: Beck.

McGregor, Douglas (1960): The Human Side of Enterprise. New York: McGraw-Hill.

Meyer, Wulf-Uwe/Försterling, Friedrich (1993): Die Attributionstheorie. In *Frey, Dieter/Irle, Martin* (Hrsg.), Theorien der Sozialpsychologie. Band I: Kognitive Theorien (S. 175–214). Bern: Huber (2., vollst. überarb. u. erw. Aufl.).

Möller, Heidi/Kotte, Silja (2013): Zur Relevanz systematisch-diagnostischen Vorgehens im Coaching. In *Möller, Heidi/Kotte, Silja* (Hrsg.), Diagnostik im Coaching. Grundlagen, Analyseebenen, Praxisbeispiele (S. 1–14). Berlin; Heidelberg: Springer.

Müller, Klaus E. (1997): Schamanismus. Heiler, Geister, Rituale. München: Beck.

Neubauer, Walter (2003): Organisationskultur. Stuttgart: Kohlhammer.

Nida-Rümelin, Julian (2009): Philosophie und Lebensform. Frankfurt/Main: Suhrkamp.

Pesendorfer, Bernhard (2006): Etymolgisches zu Rat und (be-)raten. In *Heintel, Peter/Krainer, Larissa/Ukowitz, Martina* (Hrsg.), Beratung und Ethik. Praxis, Modelle, Dimensionen (S. 14–23). Berlin: Leutner.

Peters, Thomas J./Waterman, Robert H. (1982): In search of excellence: lessons from America's best-run companies. New York: Harper & Row.

Pohlmann, Markus (2002): Organisationsberatung in der Krise: Veränderungschancen durch Beratung? Zeitschrift Führung und Organisation, 5, 291–299.

Rappe-Giesecke, Kornelia (2009): Diagnose in Supervision und Organisationsberatung. In *Pühl, Harald* (Hrsg.), Handbuch Supervision und Organisationsentwicklung (S. 75–90). Wiesbaden: VS (3., aktual. u. erw. Aufl.).

Reinhardt, Volker (2012): Machiavelli oder die Kunst der Macht. München: Beck.

Rogers, Carl (1972): Die nicht-direktive Beratung. München: Kindler.

Rosa, Hartmut (2005): Beschleunigung. Die Veränderung der Zeitstrukturen in der Moderne. Frankfurt/Main: Suhrkamp.

Rosenberger, Veit (2001): Griechische Orakel. Eine Kulturgeschichte. Darmstadt: Wissenschaftliche Buchgesellschaft.

Rothlauf, Jürgen (2010): Total Quality Management in Theorie und Praxis: Zum ganzheitlichen Unternehmensverständnis. München: Oldenbourg (3. Auflage).

Schein, Edgar H. (1995): Unternehmenskultur. Ein Handbuch für Führungskräfte. Frankfurt/Main: Campus.

Schein, Edgar H. (2000): Prozessberatung für die Organisation der Zukunft. Köln: EHP Verlag.

Scherm, Ewald/Pietsch, Gotthard (2007): Organisation. Theorie, Gestaltung, Wandel. München: Oldenbourg.

Schruth, Peter/Schlabs, Susanne/Müller, Klaus/Stammler, Claudia/Westerath, Jürgen/Wolkowski, Boris (2011): Schuldnerberatung in der Sozialen Arbeit: Sozialpädagogische, juristische und gesellschaftspolitische Grundkenntnisse für Theorie und Praxis. Weinheim: Juventa.

Schützeichel, Rainer/Brüsemeister, Thomas (Hrsg.) (2004): Die beratene Gesellschaft. Zur gesellschaftlichen Bedeutung von Beratung. Wiesbaden: Verlag für Sozialwissenschaften.

Seel, Hans-Jürgen (1998): Perspektiven einer Psychologie der Beratung. Journal für Psychologie, 6 (3), 39–53. Verfügbar über: http://www.ssoar.info/index.php?id=139

Seel, Hans-Jürgen (2014): Beratung: Reflexivität als Profession. Göttingen: Vandenhoeck & Ruprecht.

Shay, Phillip W. (1965): Ethics and Professional Practices in Management Consulting. Advanced Management Journal, 30 (1), 13–20.

Sichler, Ralph (1991): Handlungskonstituierende Regeln: Konzeptionelle Überlegungen im Anschluß an Wittgenstein. In *Jüttemann, Gerd* (Hrsg.), Individuelle und soziale Regeln des Handelns. Beiträge zur Weiterentwicklung geisteswissenschaftlicher Ansätze in der Psychologie (S. 65–76). Heidelberg: Asanger.

Simmel, Georg (1900): Philosophie des Geldes. Leipzig: Duncker & Humblot.

Steiner, Adrian (2009): System Beratung. Politikberater zwischen Anspruch und Realität. Bielefeld: Transkript.

Steyrer, Johannes (1991): „Unternehmensberatung" – Stand der deutschsprachigen Theoriebildung und empirischen Forschung. In *Hofmann, Michael* (Hrsg.), Theorie und Praxis der Unternehmensberatung. Bestandsaufnahme und Entwicklungsperspektiven (S. 1–44). Heidelberg: Physica.

Titscher, Stefan (2001): Professionelle Beratung. Was beide Seiten vorher wissen sollten. Frankfurt; Wien: Ueberreuter (2., aktualisierte und erweiterte Aufl.).

Torggler, Michael (2008): IT-Beratung in Österreich. In *Egger, Walter/Häfke-Schönthaler, Johanna/Hasenzagl, Rupert/Stocker, Ferry* (Hrsg.), Wirtschaftsberatung in Österreich. Markt und Branche, Struktur und Entwicklungen 2007/2008 (S. 45–89). Wien: Facultas.

Ulrich, Peter (2008): Integrative Wirtschaftsethik. Grundlagen einer lebensdienlichen Ökonomie. Bern: Haupt (4. Aufl.).

Wagner, Christian (2004): Unternehmensberatung. In *Egger, Walter/Hasenzagl, Rupert/Stocker, Ferry/Wagner, Christian* (Hrsg.), Wirtschaftsberatung in Österreich. Struktur und Entwicklungen (S. 11–98). Wien: Neuer Wissenschaftlicher Verlag.

Watzlawick, Paul/Beavin, Janet H./Jackson, Don D. (1969): Menschliche Kommunikation. Formen, Störungen. Paradoxien. Bern: Huber.

Watzlawick, Paul/Weakland, John H./Fisch, Richard (1974): Lösungen. Zur Theorie und Praxis menschlichen Wandels. Bern: Huber.

Welge, Marin K./Eulerich, Marc (2014): Corporate-Governance-Management. Theorie und Praxis der guten Unternehmensführung. Berlin: Springer Gabler (2. Auflage).

Wohlgemuth, André C. (1995): Professionelle Unternehmensberatung. Eine zukunftsorientierte Dienstleistung. In *Wohlgemuth, André C./Treichler, Christoph* (Hrsg.), Unternehmensberatung und Management (S. 11–38). Zürich: Versus.

Wolf, Guido (2000): Die Krisis der Unternehmensberatung. Ein Beitrag zur Beratungsforschung. Wiesbaden: Deutscher Universitäts-Verlag.

1.2. Kompetenzentwicklung und Professionalisierung im Beratungskontext

Elfie Hofer

1. Beratungsverständnis

In diesem Beitrag werden das Verständnis von Beratung, inklusive Aufgaben- und Rollenspektrum in der Beratung, sowie die Anforderungen an professionelle Berater beschrieben. Der Schwerpunkt wird dabei auf die allgemein in der Beratung geforderten Kompetenzen gelegt. Ein Ausblick darauf, wie man beratungsrelevante Kompetenzen entwickeln kann, schließt die Ausführungen ab.

Der Begriff Beratung wird vielfältig verwendet und kommt in verschiedenen Zusammensetzungen vor. So gibt es beispielsweise Berufsberater, Steuer- oder Finanzberater sowie Kundenberater, die im Rahmen eines Unternehmens eine spezielle Aufgabe haben. Im einleitenden Beitrag wurden bereits ein allgemeines Rahmenverständnis von Beratung sowie die Merkmale und Anwendungsbereiche der Beratung behandelt. Festzuhalten ist, dass die Diskussion über Kompetenzen nicht nur für die Beratung im klassischen Sinn, sondern auch für verschiedene andere beratende Funktionen von Bedeutung ist.

Berater werden in verschiedenen Problemsituationen von Unternehmen angefragt. Bei Problemstellungen wie Stellenabbau, Expansion, Dezentralisierung (Verlagerungen in den Zuständigkeiten), Fusionierungen (von Systemen, Strukturen oder Aufgaben), Qualitätssicherung (bei Produkten und Prozessen), Implementierung von Innovationen (etwa neue Verfahren, die in einem Bereich des Unternehmens angewandt werden) oder Entropieprävention (bei Veränderungsprozessen), um einen möglichen Energieschwund zu vermeiden, werden Berater oftmals beigezogen[1].

Folgt man den Strukturmerkmalen der Beratung, dem Rollenverständnis nach Richtlinien der Profession, den Theorien für die Beratung und den einzusetzenden Methoden[2], stellt sich die Frage, was ein Berater können muss, um auf dieser Grundlage erfolgreich handeln und wirken zu können. Berater brauchen ein spezifisches Wissen, Kenntnisse, Erfahrungen sowie die nötigen Kompetenzen, welche sie befähigen, dieses Wissen jemandem weiterzugeben, der dieses nicht besitzt, es jedoch braucht und davon überzeugt ist, dass der Berater es zur Lösung seiner Probleme hat[3].

Da Berater vielfach eine führend-helfende Funktion erfüllen, müssen sie nicht nur über einen hohen Wissensstand, sondern auch über viele Fähigkeiten verfügen. Im Verlauf eines Beratungsauftrages sind Interaktionen und partnerschaftliche Zusam-

1 *Lippitt/Lippitt*, 2006, S. 9 f.
2 Vgl. *Titscher*, 2001, S. 64 f.
3 Vgl. *Titscher*, 2001, S. 17.

menarbeit und vor allem intensive Zwei-Wege-Kommunikation mit verschiedenen Ansprechpartnern auf mehreren Organisationsebenen erforderlich[4].

Professionelle Berater unterscheiden sich von anderen Fachkräften dadurch, dass sie zusätzlich zu ihrem Wissen und ihrer Erfahrung über ein vielschichtiges, ausgereiftes Kompetenzrepertoire verfügen müssen, welches sie situationsgerecht und zielorientiert zur Lösung von komplexen Problemen ihrer Klienten einsetzen können. Darüber hinaus müssen sie in der Lage sein, die Gesamtzusammenhänge einer Beratungssituation und deren Sinnhaftigkeit aus der Perspektive des Klienten zu verstehen, und sich im Klaren sein, welche spezifische Rolle von ihnen in der jeweiligen Beratungssituation erwartet wird. Versierte Berater können unterschiedliche Beratungssituationen gut einschätzen bzw. diagnostizieren und haben die Fähigkeit, die passenden Strategien zur Problemlösung zu finden[5].

Um die allgemeinen Anforderungen in der professionellen Beratung näher zu beleuchten, wird zunächst auf die Arten bzw. die Aufgabenbereiche der Beratung, auf die Rollen und den damit verbundenen Grad der Einflussnahme des Beraters eingegangen.

1.1. Arten und Aufgabenbereiche in der Beratung

Innerhalb der Wirtschaftsberatung gibt es unterschiedliche Organisationsformen bzw. Arbeitsschwerpunkte. Ein wesentliches Merkmal ist die Unterscheidung zwischen interner und externer Beratung[6]. Im Gegensatz zur externen Beratung gehören bei der internen Beratung beide, Berater und Klient, demselben sozialen System an[7]. Für die Beschreibungen in diesem Beitrag wird eine externe Sichtweise der Beratung zu Grunde gelegt.

Innerhalb der Beraterbranche unterscheidet man zwischen verschiedenen Formen der Beratung: der klassischen (betriebswirtschaftlich oder technisch orientierten) Unternehmensberatung, der Prozessberatung oder systemischen Unternehmensberatung bzw. der Organisationsentwicklung[8]. Da vor allem in der Prozessberatung das Ausmaß an Interaktionen mit dem Klienten und folglich der Anteil der geforderten überfachlichen Kompetenzen relativ hoch ist, wird diese Form der Beratung beispielhaft zur Illustration der dafür erforderlichen Kompetenzen herangezogen. Zunächst werden die im Beratungsprozess möglichen Rollen betrachtet.

1.2. Rollen des Beraters im Beratungsprozess

Berater müssen eine Vielfalt von Rollen erfüllen, um ihren Klienten helfen zu können. Das mögliche Rollenspektrum in der Beratung bewegt sich vereinfacht gesagt

4 Vgl. *Bredl*, 2011, S. 18 f.
5 Vgl. *Hauser*, 2012, S. 19.
6 Vgl. *Bredl*, 2011, S. 18.
7 *Titscher*, 2001, S. 55 ff.
8 Vgl. *Bredl*, 2011, S. 18.

auf einem Kontinuum zwischen Fachberatung und Prozessberatung. Dabei ist der Fokus in der Fachberatung auf die Aufgabe und Ergebnisse gerichtet, in der Prozessberatung auf die Beobachtung und Begleitung von Abläufen und Prozessen[9].

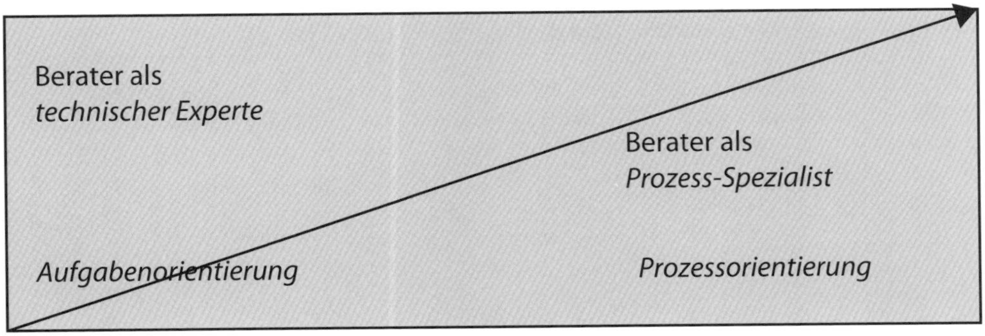

Abb. 1: Funktionale Beraterrollen (*Lippitt/Lippitt*, 2006, S. 82)

Zu den oft genannten Rollen gehören beispielsweise Trainer, Berater, Erzieher, Forscher, Diagnostiker und Hersteller von Verbindungen[10]. Je nachdem, welche Rolle ein Berater im Verlauf einer Problemlösung wählt, variiert auch der Grad seiner Einflussnahme. Die gewählten Rollen sind vereinfacht betrachtet entweder mehr ergebnis- oder mehr prozessorientiert und folglich mehr oder weniger direktiv (d.h. durch mehr oder weniger Einflussnahme durch den Berater gekennzeichnet, vgl. Abb. 1).

Lippitt/Lippitt [11] haben ein Kontinuum von nicht-direktiven bis hin zu direktiven Beraterrollen definiert, die sich am Ausmaß der Mitbestimmung des Klienten bzw. dem Grad der Autonomie des Beraters orientieren. Die gewählten Rollen müssen für den Berater, den Klienten, die Gegebenheiten der Beratungssituation bzw. die gewählten Interventionsstrategien passend sein[12]. Verschiedene Rollen wiederum gehen mit dem Einsatz unterschiedlicher Kompetenzen einher[13].

Demnach kann beispielsweise ein Berater, der als Experte umfassendes Fachwissen einbringt, relativ eigeninitiativ handeln, um den besten Lösungsweg für das Problem des Klienten zu finden. Ein Beispiel für eine nicht-direktive Beraterrolle ist der Faktenermittler oder Prozessberater, der als Informationsbeschaffer bzw. als Projektbeobachter den Klienten mit Informationen oder Prozessfeedback bei der eigenen Entscheidungsfindung unterstützt. Dabei muss der Prozessberater eine vielschichtige Palette von Kompetenzen einbringen und eine weniger direktive Rolle einnehmen, um einer eigenständigen Problemlösung des Klienten nicht im Wege zu stehen[14].

9 Vgl. *Lippitt/Lippitt*, 2006, S. 81 f.
10 Vgl. *Lippitt/Lippitt*, 2006, S. 79 f.
11 2006, S. 81 ff.
12 Vgl. *Lippitt/Lippitt*, 2006, S. 79 ff.
13 Vgl. *Lippitt/Lippitt*, 2006. S. 81 f.
14 Vgl. *Titscher*, 2001, S. 37.

Die Vielfalt der möglichen Beraterrollen wurde von *Titscher* in einer Typologie anschaulich dargestellt[15]. Die Beratungstypen umfassen sowohl die fett gedruckten professionellen Beratungsarten als auch beratungsnahe Tätigkeiten und verwandte Dienstleistungen (s. Abb. 2).

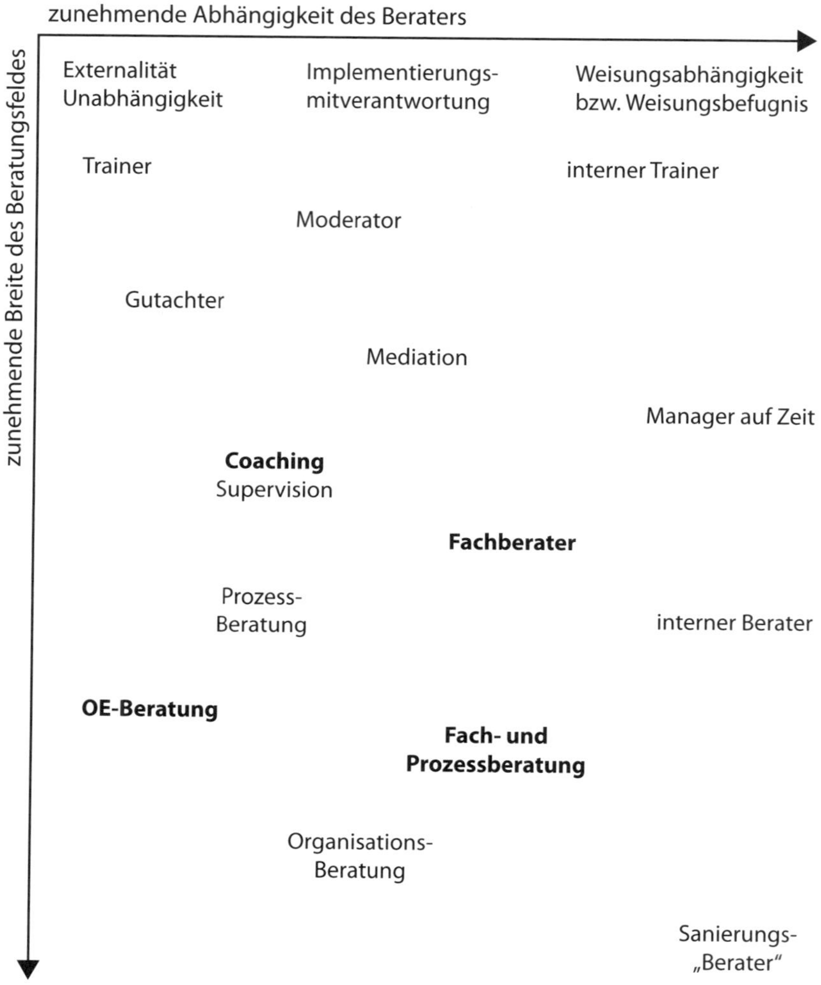

Abb. 2: Eine Typologie möglicher Beraterrollen (*Titscher*, 2001, S. 38)

Wie in der Abbildung dargestellt, beeinflusst die gewählte Rolle die vom Berater zu erfüllenden Anforderungen (vertikale Achse) bzw. den Grad der Weisungsabhängigkeit des Beraters vom Klienten (horizontale Achse). Rollen, die entlang der Abszissenachse (x-Achse) weiter rechts abgebildet sind, deuten auf größere Abhängigkeit des Beraters vom Klienten hin. Die Lage einer Rolle entlang der Ordinatenachse (y-Achse) gibt Aufschluss über die Breite des Tätigkeitsspektrums.

15 Vgl. *Titscher*, 2001, S. 37 f.

Basierend auf den oben beschriebenen grundlegenden Merkmalen und Voraussetzungen der Beratung soll nun auf die für die Beraterprofession nötigen Anforderungen eingegangen werden.

1.3. Anforderungen an den Berater im Beratungsprozess

Da Berater eine Vielfalt von Rollen einnehmen und komplexe Aufgabenstellungen bewältigen müssen, sind die Anforderungen entsprechend hoch. Die grundlegenden Säulen, auf denen professionelle Beratung ruht, umfassen theoretisches und methodisches Wissen, ein klares Rollenverständnis sowie weitreichende praxisbezogene Erfahrungen und Kenntnisse[16]. Die Basis dafür bildet in der Regel eine fundierte akademische Ausbildung in mindestens einem Schwerpunktbereich gepaart mit umfangreicher praktischer Erfahrung. So umfasst beispielsweise die professionelle Entwicklung von Unternehmensberatern vier bis fünf Karrierestufen, was zwölf bis fünfzehn Jahre in Anspruch nehmen kann[17].

Laut Expertise-Forschung werden zusätzlich zu umfangreichem Wissen und weitreichender Erfahrung ausgeprägte Kompetenzen, insbesondere ausgereifte Interaktionskompetenzen, gefordert. Da Beratungsaufträge ergebnisorientiert und zeitlich begrenzt sind, hat der Berater die Verantwortung, dem Klienten die benötigte führende Hilfestellung auf effektive und effiziente Art und Weise anzubieten. Diese Aufgabe setzt in der Regel ein partnerschaftliches, respektvolles Miteinander von Berater und ratsuchendem System auf den verschiedensten Organisationsebenen sowie beharrliche, intensive Kommunikation voraus[18].

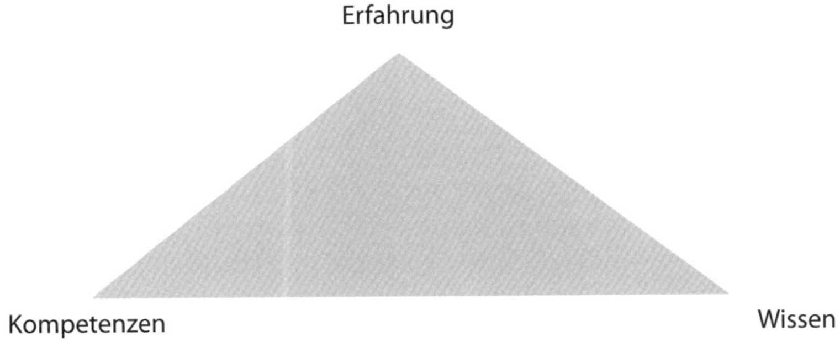

Abb. 3: Komponenten der Expertise im Berufsfeld Unternehmensberatung

Um die von Beratungsexperten benötigten Kompetenzen näher zu beleuchten, wird im Folgenden das Kompetenzkonzept selbst betrachtet und der Kompetenzbegriff definiert bzw. von bedeutungsnahen Begriffen abgegrenzt. Im Anschluss daran wird ein wissenschaftlich basiertes, für die Praxis anwendbares Modell zur systematischen Einteilung, Gruppierung und Diagnostik von Kompetenzen vorgestellt.

16 Vgl. *Titscher*, 2001, S. 17; S. 64 f.
17 Vgl. *Stiens*, 2002, S. 183 f.
18 Vgl. *Bredl*, 2011, S. 18 f.

2. Kompetenzen

Wie soeben beschrieben, wird Beratung häufig als Unterstützung in Veränderungsprozessen in Unternehmen in Anspruch genommen. Dazu müssen Berater neben Wissen, Erfahrungen und einem klaren Rollenverständnis auch umfassende Kenntnisse, unter anderem spezifisches Berater-Know-how, sprich Kompetenzen, mitbringen[19]. Auch die Expertise-Forschung über die Unternehmensberatung bestätigt, dass neben Wissen und Erfahrung vor allem Kompetenz (vgl. Abb. 3) im Sinne von kompetenter Handlungsfähigkeit in zentralen Bereichen von sozialer Kompetenz bis zur Projektleitungs- und Führungskompetenz aufgebaut werden muss[20]. Professionelle Berater müssen neben den als selbstverständlich erachteten fachlichen Kompetenzen persönliche, soziale und methodische Kompetenzen einbringen[21].

Im Folgenden werden der Kompetenzbegriff, ein Modell zur systematischen Erfassung von Kompetenzen sowie Methoden der Kompetenzmessung erörtert.

2.1. Kompetenzbegriff

Der Kompetenzbegriff wurde vom Linguisten *Noam Chomsky* (1973) geprägt. Da Kompetenzexperten aus unterschiedlichen wissenschaftlichen Disziplinen bislang verschiedene Aspekte des komplexen Phänomens untersucht haben, gibt es kein einheitliches Verständnis des Begriffes[22]. Im allgemeinen Sprachgebrauch wird Kompetenz einerseits als Vermögen oder Fähigkeit bzw. Sachverstand, andererseits als Befugnis oder Zuständigkeit gesehen[23].

Insbesondere im Bereich der Organisationsentwicklung hat die Verwendung des Kompetenzbegriffs in den letzten Jahren zunehmend an Bedeutung gewonnen, weshalb es wichtig ist, klare Abgrenzungen zwischen den häufig synonym verwendeten Begriffen Wissen, Fähigkeiten, Kenntnisse und Fertigkeiten zu schaffen[24]. Nach *Erpenbeck* et al. handelt es sich bei Kompetenzen um das Zusammenspiel von Wissen, Fertigkeiten und Qualifikationen sowie die Fähigkeit zur Selbstorganisation. Diese Fähigkeit, sich in nicht vertrauten, komplexen bzw. dynamischen Situationen erfolgreich zu behaupten, wird erst im konkreten Handeln offenbar[25].

Dem Kompetenzbegriff am nächsten kommt der oft synonym verwendete Begriff Schlüsselqualifikation. Im Gegensatz zu Fachqualifikationen, welche Wissen und Anwendungs-Know-how beinhalten, kennzeichnen Schlüsselqualifikationen bestimmte praxisbezogene, überfachliche Kompetenzen, welche es ermöglichen, sich auf spezifische Arbeitsanforderungen einzustellen, um diese erfolgreich bewältigen zu können[26].

---

19 *Titscher*, 2001, S. 64 f.
20 Vgl. *Bredl*, 2011, S. 35 f.
21 Vgl. *Hauser*, 2012, S. 19.
22 Vgl. *Kaufhold*, 2006, S. 21.
23 Vgl. *Krumm/Mertin/Dries*, 2012, S. 2 f.
24 Vgl. *Czerny/Steinkellner*, 2012, S. 412.
25 Vgl. *Erpenbeck/Rosenstiel*, 2007, S. XIX.
26 Vgl. *Lang*, 2000, S. 35 f.

Im Gegensatz zu Kompetenzen, im Sinne von Können, werden Qualifikationen nicht im selbstorganisierten Handeln, sondern in standardisierten Prüfungssituationen ersichtlich[27]. Qualifikationen werden getrennt vom Anwendungskontext demonstriert, bewertet und bescheinigt[28]. Qualifikationen sind demnach durch Zeugnisse zertifizierte Fähigkeiten[29]. Es gibt allerdings keine Garantie dafür, dass eine Person diese bescheinigten Fähigkeiten auch in unbekannten, komplexen Situationen selbstorganisiert umsetzen kann[30].

Um Anforderungsmerkmale für ein Berufsbild oder eine Funktion zu beschreiben, werden von Personalpsychologen oft die Begriffe Kenntnisse, Fähigkeiten und Fertigkeiten herangezogen, da diese klar zu definieren sind und sich deutlich von Kompetenzen abgrenzen lassen[31]. Während Kenntnisse erlerntes, kognitives Sachwissen bzw. angeborene Eigenschaften wie Intelligenz bezeichnen, versteht man unter Fertigkeiten erlernbare, oft automatisch ausgeführte Handlungen, mit denen spezifische bzw. bekannte Aufgaben bewältigt werden können. Im Gegensatz dazu sind Kompetenzen eine Voraussetzung für die Bewältigung von komplexen bzw. nicht bekannten Problemen. Bestimmte Kompetenzmodelle umfassen beides, Fähigkeiten und Fertigkeiten, als grundlegende Elemente[32].

Die Relation zwischen dem Kompetenzbegriff und den anderen bedeutungsnahen Begriffen ist in der folgenden Abbildung dargestellt. Man erkennt, dass Kompetenzen sowohl Wissen, Fertigkeiten und Qualifikationen umfassen als auch durch Regeln, Werte und Normen beeinflusst werden.

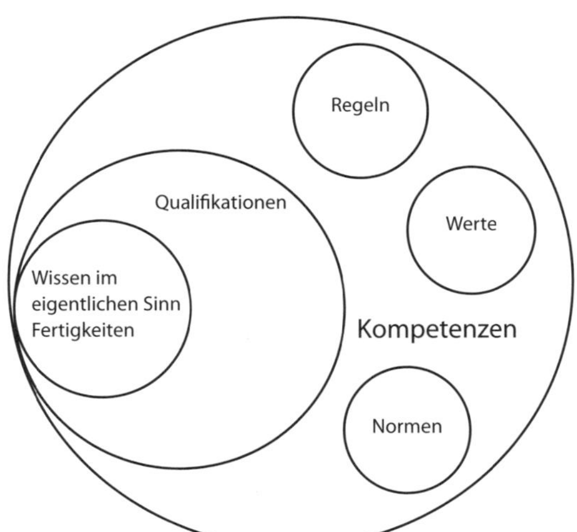

Abb. 4: Kompetenzdefinition (*Erpenbeck/Rosenstiel*, 2007, S. XII)

27 Vgl. *Kauffeld*, 2006, S. 28 f.
28 Vgl. *Erpenbeck/Rosenstiel*, 2007, S. XIX.
29 Vgl. *North*, 2013, S. 43 f.
30 Vgl. *Erpenbeck/Rosenstiel*, 2007, S. XIX.
31 Vgl. *Krumm/Mertin/Dries*, 2012, S. 3.
32 Vgl. *Krumm/Mertin/Dries*, 2012, S. 13.

Generell sind Kompetenzen Voraussetzungen für selbstorganisiertes Handeln. Diese Dispositionen zur Selbstorganisation bezeichnen üblicherweise *„Handlungen, deren Ergebnisse aufgrund der Komplexität des Individuums, der Situation und des Verlaufs (System, Systemumgebung, Systemdynamik) nicht oder nicht vollständig voraussagbar sind“*[33]. Beispiele dafür sind eng miteinander verbundene, handlungsbetonte, kreative, reflexive oder kommunikative Aktivitäten, wie sie etwa in Problemlösungs- oder Veränderungsprozessen erforderlich sind.

Anhand der Definition von *Erpenbeck* und *Heyse* kann Kompetenz auch als Potential, jedoch nicht als Garantie für ein bestimmtes Verhalten in verschiedenen Situationen betrachtet werden. Daraus folgt, dass für die Erfassung oder die Diagnose von Kompetenzen Anwendungssituationen angenommen bzw. simuliert werden müssen, in denen die handelnden Personen ihre Kompetenzen im Kontext von Arbeitsaufgaben demonstrieren können[34]. Erst die wiederholte Beobachtung eines Verhaltens in mehreren Anwendungssituationen erlaubt Rückschlüsse auf die Kompetenzen einer Person[35].

Obwohl Kompetenzen Leistung ermöglichen, sind sie nicht die einzigen Einflussfaktoren. Im betrieblichen Kontext befähigen Kompetenzen im Sinne von Selbstorganisationsdispositionen Personen dazu, nicht bekannte und herausfordernde Aufgaben oder Probleme in einem sich dynamisch ändernden Umfeld eigenverantwortlich und erfolgreich zu bewältigen[36].

Ob Kompetenzen in Handlungen umgesetzt werden, hängt auch von den in Abbildung 4 dargestellten Werten, Normen und Regeln sowie vom Willen einer Person, der dem selbstgesteuerten Handeln zugrunde liegt, ab[37]. Neben dem Einsatz von Kompetenzen kann die Leistung außerdem durch fehlende Motivation, zwischenmenschliche Beziehungsprobleme oder schwierige Rahmenbedingungen beeinflusst werden[38].

2.2. Modelle zur Kompetenzklassifizierung

Zur systematischen Klassifizierung bzw. Gruppierung praxisrelevanter Kompetenzen werden entweder theoriegeleitete oder praxisbezogene Kompetenzmodelle erstellt. Solche Modelle werden beispielsweise von größeren Unternehmen oder Konzernen zum Kompetenzmanagement selbst entwickelt. Mithilfe der Modelle werden relevante Kompetenzen spezifisch definiert, um Anforderungsprofile für bestimmte Aufgaben (z.B. Organisation von Vertriebsaufgaben) bzw. Eigenschaften handelnder Personen festzulegen[39].

---

33 Vgl. *Erpenbeck/Heyse*, 2007, S. 159.
34 Vgl. *Kauffeld*, 2006, S. 36.
35 *Kanning*, 2003, S. 13.
36 Vgl. *Cerny/Steinkellner*, 2012, S. 413.
37 Vgl. *Erpenbeck/Heyse*, 2007, S. 137.
38 Vgl. *Krumm/Mertin/Dries*, 2012, S. 5.
39 Vgl. *Krumm/Mertin/Dries*, 2012, S. 1 f., S. 6 f.

In der Literatur gibt es Unterschiede in diversen Modellen hinsichtlich der spezifischen Kompetenzdefinitionen, jedoch zeigt sich große Übereinstimmung im Kompetenzverständnis hinsichtlich individueller Handlungsfähigkeiten und Handlungspotentiale[40].

Kompetenzmodelle enthalten meist vier Ebenen mit stetig zunehmenden Detailinformationen. Die erste Ebene listet Überbegriffe für die in einem Kompetenzcluster zusammengefassten Kompetenzen (z.B. Business Skills oder soziale Kompetenzen). Die zweite Ebene listet spezifische Teilkompetenzen, die zu einem bestimmten Kompetenzcluster gehören (z.B. Kommunikationsfähigkeit als Teilkompetenz der Sozialkompetenz). Die dritte Ebene beschreibt psychologische Merkmale von Teilkompetenzen (z.B. Persönlichkeitsmerkmale oder kognitive Fähigkeiten wie Intelligenz). Die vierte Ebene präzisiert damit assoziiertes, beobachtbares Verhalten, damit vorstellbar wird, was unter den betroffenen Kompetenzen konkret zu verstehen ist[41]. Ein in der Unternehmenspraxis eingesetztes Kompetenzmodell spezifiziert im Idealfall zwischen zehn und 40 Kompetenzen[42].

Der Nutzen von Kompetenzmodellen ist, dass sie bei der zielgerichteten Entwicklung von professionsspezifischen Kompetenzen herangezogen werden können. Kompetenzmodelle nehmen häufig auch die Rolle von Zukunftsmodellen ein, da sie bei der strategischen Planung von langfristigen Kompetenzanforderungen genutzt werden können[43].

Zur systematischen Betrachtung bzw. Zuordnung von Beraterkompetenzen bietet sich das etablierte und wissenschaftlich fundierte Rahmenwerk von *Erpenbeck* und *Rosenstiel* an. Das Modell betrachtet Kompetenzen als Dispositionen zum selbstorganisierten Handeln[44]).

In seiner Struktur folgt dieses Kompetenzmodell der oben beschriebenen Vorgehensweise, Kompetenzen in Cluster zu gruppieren, um sie dann weiter zu präzisieren. Die einzelnen Kompetenzkategorien umfassen sowohl aufgaben- als auch eigenschaftsorientierte Teilkompetenzen[45]. Das daraus resultierende Kompetenz-Diagnose und -Entwicklungssystem (KODE®) wird im „KODE®X-Kompetenz-Explorer" weiter verfeinert. Im Mittelpunkt stehen dabei (Soll-/Ist-)Kompetenzprofile und die Erfassung künftiger Kompetenzpotentiale[46]. Das Modell basiert auf Jobbeschreibungen und Beurteilungskatalogen führender Unternehmen und umfasst die empfohlenen zehn bis 40 Kompetenzen[47]. Es unterscheidet vier grundlegende Kompetenzkategorien mit insgesamt 64 spezifische Teilkompetenzen, die in einem sogenannten Kompetenzatlas (vgl. Abb. 5) abgebildet werden können[48].

40 Vgl. Erpenbeck/Rosenstiel/*Grote*, 2013, S. 8.
41 Vgl. *Krumm/Mertin/Dries*, 2012, S. 7 f.
42 Vgl. Erpenbeck/Rosenstiel/Grote, 2013, S. 15.
43 Vgl. Erpenbeck/Rosenstiel/Grote, 2013, S. 30.
44 Vgl. *Erpenbeck/Rosenstiel*, 2007, S. XVII ff.
45 Vgl. *Krumm/Mertin/Dries*, 2012, S. 7 f.
46 Vgl. *Erpenbeck/Rosenstiel*, 2007, S. 504.
47 Vgl. Erpenbeck/Rosenstiel/Grote, 2013, S. 15.
48 *Heyse/Erpenbeck*, 2007, S. 25 ff.

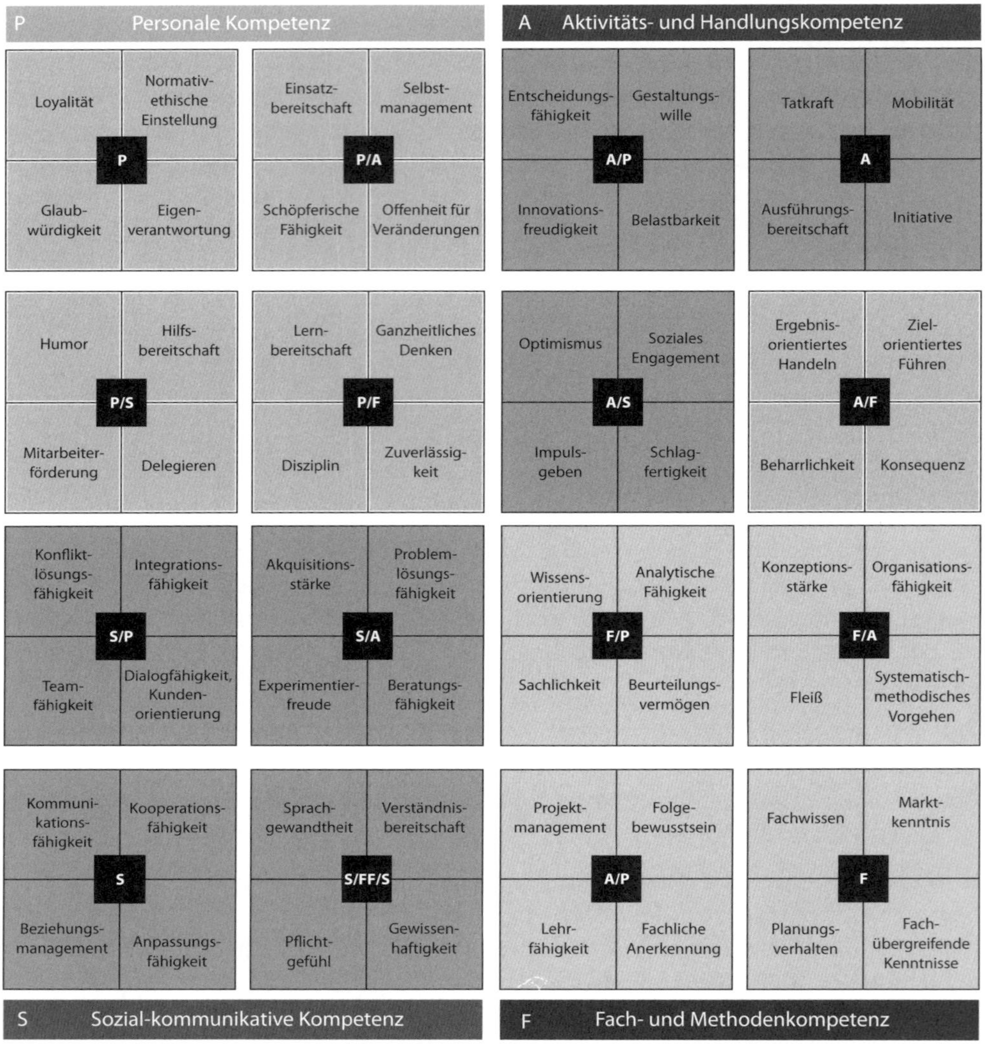

Abb. 5: Kompetenzatlas (Abbildung aus: ACT 2009, S. 15)

Die vier Kategorien umfassen personale, sozial-kommunikative, fachlich-methodische sowie aktivitäts- und handlungsorientierte Kompetenzen. Dabei werden die personalen, sozial-kommunikativen und fachlich-methodischen Kompetenzen zusammengefasst als Potential bzw. Grundvoraussetzung zur Entfaltung der Aktivitäts- und Handlungskompetenz[49]. Die Gesamtheit dieser Kompetenzen wird als Grundvoraussetzung für kompetentes selbstorganisiertes Handeln gesehen[50].

Wird ein Begriff wie z.B. Sozialkompetenz im Singular verwendet, bezieht sich dieser auf die gesamte Kompetenzkategorie. Die Verwendung des Plurals (z.B. Sozialkompe-

49 Vgl. *Erpenbeck/Heyse*, 2007, S. 157.
50 Vgl. *Heyse/Erpenbeck*, 2007, S. 23 ff.

tenzen) soll darauf hinweisen, dass die vier Kompetenzkategorien eine Vielfalt von Teilkompetenzen umfassen. Die einzelnen Kompetenzkategorien und damit assoziierte Teilkompetenzen [51] sind im wissenschaftlich abgesicherten KODE®X-KompetenzAtlas dargestellt (vgl. Abb. 5). Die einzelnen Kompetenzkategorien, d.h. die personalen, aktivitäts- und handlungsbezogenen, fachspezifischen und methodischen bzw. sozial-kommunikativen Kompetenzen werden in der Folge kurz definiert und erläutert.

Personale Kompetenzen beziehen sich auf die Disposition einer Person, „*sich selbst einzuschätzen, produktive Einstellungen, Wertehaltungen, Motive und Selbstbilder zu entwickeln, eigene Begabungen, Motivationen, Leistungsvorsätze zu entfalten und sich im Rahmen der Arbeit und außerhalb kreativ zu entwickeln und zu lernen*“[52]. Diese Grundkompetenz umfasst die Voraussetzungen für reflexives und selbstorganisiertes Handeln[53].

Die als Handlungskompetenz bezeichnete Kategorie bezieht sich auf die Fähigkeit einer Person, Pläne und Absichten durch Eigenmotivation erfolgreich in Handlungen umzusetzen[54]. Teilkompetenzen in diesem Bereich sind Initiative, Optimismus, Belastbarkeit und Konsequenz.[55]

Bei der Fach- und Methodenkompetenz handelt es sich um die Disposition einer Person, fachlich-instrumentelle Kenntnisse, Fähigkeiten und Fertigkeiten selbstorganisiert und erfolgreich zur Lösung von Problemen einzusetzen[56].

Die Klasse der sozial-kommunikativen Kompetenzen wird als Disposition, „*kommunikativ und kooperativ selbstorganisiert zu handeln, d.h. sich mit anderen kreativ auseinander- und zusammenzusetzen, sich gruppen- und beziehungsorientiert zu verhalten, und neue Pläne, Aufgaben und Ziele zu entwickeln*“, definiert[57]. Auf die sozial-kommunikativen Fähigkeiten in der Beratung wird später noch näher eingegangen.

2.3. Kompetenzerfassung

Kompetenzen können auf verschiedenen Ebenen erfasst werden: am Individuum, in Organisationen oder auf der Ebene der Gesellschaft[58]. Da das Kernthema die Beratung in der Wirtschaft ist, wird der Fokus hier auf die individuelle Ebene, d.h. auf die Person des Beraters gerichtet.

Für die Messung von Kompetenzen im Allgemeinen, jedoch nicht für die Messung einzelner Teilkompetenzen eines beobachteten Akteurs können verschiedene Methoden herangezogen werden:[59]

51 Vgl. *Heyse/Erpenbeck*, 2009, S. 1 ff.
52 *Erpenbeck*/Rosenstiel, 2007, S. XXIV.
53 Vgl. *Klimecki/Gmür*, 2005, S. 203.
54 Vgl. *Erpenbeck/Rosenstiel*, 2007, S. XXIV.
55 Vgl. *Heyse/Erpenbeck*, 2009, S. 133 ff.
56 Vgl. *Erpenbeck/Rosenstiel*, 2007, S. XXIV.
57 Erpenbeck/Rosenstiel, 2007, S. XXIV.
58 Vgl. *Kaufhold*, 2006, S. 25 f.
59 Vgl. *Kanning*, 2009, S. 26 ff.

1. Direkte Verfahren, die Kompetenzen unmittelbar in spezifischen Situationen mittels kognitiver Leistungstests erfassen,
2. indirekte Verfahren, wie offene oder verdeckte Verhaltensbeobachtungen, die vom sichtbaren Sozialverhalten einer Person auf dahinterliegende Kompetenzen zu schließen erlauben, um in der Folge daraus zusammengefasste Verhaltensbeschreibungen ableiten zu können,
3. Kompetenzindikatoren, die einen Rückschluss auf eine bestimmte Kompetenz zulassen, wie z.B. die Anzahl von Freunden, die jemand hat, als Messkriterium der sozialen Kompetenz einer Person.

Traditionell wurden in Unternehmen im Zuge der Personalentwicklung auch Leistungs- und Persönlichkeitstests durchgeführt, um festzustellen, welche Kompetenzen ein Mitarbeiter bereits hat und in welchen Bereichen leistungsfördernde Entwicklungsmaßnahmen angebracht sind. Solche Tests lassen jedoch keine Rückschlüsse auf Kompetenzen im eigentlichen Sinn zu. Die Kompetenzerfassung bei der Kompetenzentwicklung setzt die Entwicklung von validen Kompetenzmodellen voraus. Der Vorteil gegenüber traditionellen Verfahren wie Leistungs- und Persönlichkeitstests ist, dass die oben genannten Testverfahren einen eindeutigen Verhaltensbezug aufweisen[60]. Eben diese verhaltensspezifischen Aspekte sind auch für die Beratung von Bedeutung.

Um aussagekräftige Testergebnisse zu erhalten, raten Experten zu validierten Testverfahren, die sowohl quantitative als auch qualitative Elemente beinhalten. Beispiele dafür sind das Kasseler Kompetenzraster oder der KODE®-Test. Der „KODE®X-Kompetenz-Explorer“ mit dem KompetenzAtlas wurde bereits im vorigen Kapitel thematisiert.

Als Beispiele für entwicklungsorientierte Verfahren (im Gegensatz zu auswahlorientierten Verfahren) werden der KODE®-Test sowie das Kasseler Kompetenzraster näher beschrieben. Mit Hilfe dieser methodischen Tools können mittels Kompetenzerfassung und der sich anschließenden Reflexion der eigene Kompetenzstandort bzw. die eigenen Fähigkeiten und mögliche Entwicklungsfelder bewusst gemacht werden. Durch die eingehende Auseinandersetzung mit dem eigenen Kompetenzstandort kann das eigene Selbstbewusstsein positiv beeinflusst und damit eine aktive Steuerung der persönlichen Kompetenzentwicklung in die Wege geleitet werden[61].

2.3.1. Das Kasseler Kompetenzraster

Mithilfe des Kasseler Kompetenzrasters (KKR) bzw. des act4teams®-Instruments können die Handlungskompetenzen eines Projektteams bei der Lösung aktueller Optimierungsaufgaben erfasst werden[62]. Obwohl der Fokus der Kompetenzerhebung auf die Teamebene gerichtet ist, können bei der Analyse der Daten Rückschlüsse auf das Individuum bzw. eine Organisation gezogen werden[63].

---

60 Vgl. *Schuler/Barthelme*, 1995, S. 96.
61 Vgl. *Kaufhold*, 2006, S. 25 f.
62 Vgl. *Kauffeld*, 2014, S. 123.
63 Vgl. *Kauffeld*, 2006, S. 113 ff.

Fachkompetenz	Methodenkompetenz	Sozialkompetenz	Selbstkompetenz
Differenziertheit Probleme	Positiv (Strukturierung)	Positiv (Interaktion)	Positiv (Mitwirkung)
Problem (P) (Teil-)Problem benennen **Problemerläuterung (PE)** Problem veranschaulichen	**Zielorientierung (Z)** Auf Thema verweisen bzw. zurückführen **Klärung/Konkretisierung (K)** Beitrag auf den Punkt bringen, klären **Verfahrensvorschlag (VV)** Vorschlagen des weiteren Vorgehens **Verfahrensfrage (VF)** Frage zum weiteren Vorgehen **Priorisieren (PRIO)** Schwerpunkte setzen **Zeitmanagement (ZT)** Auf Zeit verweisen **Aufgabenverteilung (A)** Aufgaben in der Diskussion delegieren/übernehmen **Visualisierung (VIS)** Benutzen von Flipchart und Metaplan o.Ä. **Kosten-Nutzen-Abwägung (KN)** wirtschaftliches Denken **Zusammenfassung (ZSF)** Ergebnisse zusammenfassen	**Ermunternde Ansprache (EA)** z.B. zurückhaltende Personen ansprechen **Unterstützung (ZUST)** Vorschlägen, Ideen, etc. zustimmen **Aktives Zuhören (AZ)** Interesse signalisieren („mmh“, „ja“) **Ablehnung (ABL)** Sachlich widersprechen **Rückmeldung (RM)** z.B. signalisieren, ob etwas angekommen, neu, bekannt ist **Atmosphärische Auflockerung (ATM)** z.B. Späße **Problem (P)** **Trennung von Meinung und Tatsache (IB)** eigene Meinung als solche kennzeichnen **Gefühle (G)** Gefühle wie Ärger, Freude ansprechen **Lob (LOB)** z.B. positive Äußerungen über andere Personen	**Interesse an Veränderung (IN)** Interesse signalisieren **Eigenverantwortung (EV)** Verantwortung übernehmen **Maßnahmenplanung (MP)** Aufgaben zur Umsetzung vereinbaren
Vernetztheit Probleme			
Verknüpfung bei der Problemanalyse (V) z.B. Ursachen und Folgen aufzeigen			
Differenziertheit Lösungen			
Sollentwurf (SL) Visionen, Anforderungen beschreiben **Lösungsvorschlag (L)** (Teil-)Lösung benennen **Lösungserläuterung (LE)** Lösung veranschaulichen			
Vernetztheit Lösungen			Negativ (Mitwirkung)
Problem zu Lösung (PL) Einwände gegen Lösung **Verknüpfung mit Lösung (VL)** z.B. Vorteile einer Lösung benennen			
Äußerungen zur Organisation			**Kein Interesse an Veränderung (KI)** z.B. Leugnen von Optimierungsmöglichkeiten **Jammern (J)** Betonung des negativen Ist-Zustandes, Schwarzmalerei, auch Killerphrasen **Allgemeinplatz (AL)** Inhaltsloses Gerede, Worthülse **Schuldigensuche (S)** Probleme personalisieren **Betonung autoritärer Elemente (AE)** Auf Hierarchien und Zuständigkeiten verweisen **Abbruch/Ende (E)** Diskussion vorzeitig beenden (wollen)
Organisationales Wissen (WO) Wissen über Organisation und Abläufe	Negativ (Strukturierung)	Negativ (Interaktion)	
Äußerungen zum Wissensmanagement			
Wissen wer (WW) Verweis auf Spezialisten Frage (F) Frage nach Meinung, Inhalt, Erfahrung	**Themen springen (TS)** Neue Themen ohne Bezug zu Vorangegangenem **Verlieren in Details und Beispielen (DB)** Nicht zielführende Beispiele, Monologe	**Tadel/Abwertung (TD)** Abwertung von anderen, „kleine Spitzen“ **Unterbrechung (UNT)** Wort abschneiden **Seitengespräch (SEIT)** Seitengespräche beginnen oder sich darin verwickeln lassen **Reputation (R)** Verweis auf Diensterfahrung, Betriebszugehörigkeit etc.	

Tab. 1: Facetten, Aspekte, Kriterien und Abkürzung der Kriterien des Kasseler-Kompetenz-Rasters (KKR) (modifiziert nach *Kauffeld*, 2006, S. 129)

Im Rahmen eines Workshops oder einer Besprechung zur Lösung von aktuellen Optimierungsaufgaben wird anhand von Äußerungen der teilnehmenden Teammitglieder deren Handlungskompetenz erhoben. Handlungskompetenz umfasst die Bereiche Fachkompetenz, Methodenkompetenz, Sozialkompetenz sowie Selbstkompetenz, wobei mit Ausnahme der Fachkompetenz alle Kompetenzbereiche sowohl im positiven als auch negativen Bereich beschrieben werden. Im Verlauf eines 60-bis-90-minütigen Kompetenz-Assessments diskutiert eine im Vorfeld bestimmte Arbeitsgruppe von fünf bis sieben hierarchisch gleichgestellten Teammitgliedern über Lösungsmöglichkeiten für bestimmte zu optimierende Arbeitsabläufe, wobei der Ausgangspunkt, nicht aber der Zielzustand bekannt ist. Als Verhaltensdaten werden die verbalen Äußerungen der Gruppenmitglieder während der Optimierungssitzung aufgezeichnet, in Sinneinheiten gruppiert und in der Folge den vier Kompetenzfeldern bzw. den 44 Kompetenzkriterien des KKR zugeordnet. Die Kompetenzanforderungen in einem thematisierten Bereich werden von der Anzahl der Nennungen bezüglich eines Kriteriums abgeleitet[64]. Die im resultierenden Kompetenzraster aufgedeckten Entwicklungsfelder bilden die Basis für die Entwicklungsmaßnahmen im Team[65].

2.3.2. Der KODE®-Test

Das Akronym KODE steht für Kompetenz-Diagnostik und -Entwicklung[66]). Die wissenschaftliche Basis für den Test bildet das oben bereits vorgestellte Kompetenzmodell von *Erpenbeck/Rosenstiel* mit seinen vier Grundkompetenzen und 64 Teilkompetenzen.

Mit Hilfe eines objektivierenden Einschätzungsverfahrens stellt der auf die individuelle Kompetenzentwicklung ausgerichtete KODE®-Test den Ausprägungsgrad der Grundkompetenzen einer Person und deren Beziehung zueinander fest. Kompetenzeinschätzungen werden einerseits unter „normalen" und andererseits unter besonders herausfordernden Lebens- bzw. Arbeitsbedingungen erfasst. Dabei wird der Standort einer Kompetenz nie als negativ oder defizitär betrachtet. Kompetenzen haben nur verschiedene positive AusprägungsgradeUm die Diskrepanz zwischen Können und Wollen aufzuzeigen, werden ideale Ansprüche, reale Handlungsabsichten mit konkreten Handlungsweisen und erzielten Handlungsresultaten verglichen[67].

Der KODE®-Test® ermittelt anhand eines Fragebogens eine Verhaltensbeschreibung für die eigene bzw. eine andere Person, kann aber auch für Teams oder ganze Organisationen eingesetzt werden[68]. Der Fragebogen umfasst 120 Fragen, die in etwa 20 Minuten vom Probanden beantwortet und in der Folge quantitativ ausgewertet werden. Die ausgewerteten Ergebnisse werden mit einem lizenzierten Trainer bzw. im Rahmen eines Coachings nachbesprochen, um mögliche Entwicklungsschritte zu planen[69].

64 Vgl. *Kauffeld/Grote/Frieling*, 2007, S. 226 f.
65 Vgl. *Kauffeld*, 2014.
66 Vgl. *Heyse/Erpenbeck*, 2007, S. 9.
67 Vgl. *Erpenbeck*, 2007, S. 490 f.
68 Vgl. *Erpenbeck*, 2007, S. 492.
69 Vgl. *Erpenbeck*, 2007, S. 494.

Mit der Auswertung erhält der KODE®-Test-Nutzer neben individualisiertem Feedback über die Ausprägungen der vier Kompetenzkategorien unter normalen und besonders herausfordernden Situationen eine Kompetenzbilanz, eine Einschätzung über persönliche Werteorientierungen und Handlungszielsetzungen, spezifische Hinweise zum Selbstmanagement sowie konkrete Verbesserungsvorschläge für diverse Entwicklungsfelder. Basierend darauf können persönliche Pläne für die eigene Kompetenzentwicklung abgeleitet werden[70].

Zur Beschreibung von Kompetenzmessverfahren wurde der KODE®-Test als ein Beispiel unter anderen herausgegriffen. Er dient hier als Rahmenwerk für die Klassifizierung von Schlüsselkompetenzen für die Beratung. Im Folgenden werden die Anforderungen an professionelle Berater näher betrachtet und dazu in der Literatur dokumentierte Kompetenzen den vier Kategorien des gewählten Kompetenzmodells zugeordnet.

3. Kompetenzen für die Beratung

Zu den grundlegenden Qualifikationssäulen für professionelle Beratung zählt eine überdurchschnittlich gute, multifunktionale Ausbildung in einer Fachqualifikation, im technischen und/oder kaufmännisch-wissenschaftlichen Bereich oder in sonstigen „Berufsmixturen“ gepaart mit langjähriger Berufserfahrung[71]. Die technische Consulting-Branche sucht beispielsweise Anwärter mit einer sehr guten Ausbildung, internationalen Erfahrung plus einer zur Firmenkultur passenden Persönlichkeit[72]. In den großen Unternehmensberatungen umfasst die Karriereentwicklung vier bis fünf Stufen, was zwölf bis fünfzehn Jahre in Anspruch nehmen kann. Dabei steigen nur die leistungsfähigsten und kompetentesten Mitarbeiter von einer Hierarchieposition zur nächsten auf[73].

Erfolgreiche Tätigkeit bzw. die Qualität und der Grad der Professionalität von Beratern werden oft mit der fähigen Umsetzung eines klar strukturierten Kompetenzprofils in Verbindung gebracht[74]. Zusätzlich zu umfangreichem Wissen und weitreichender Erfahrung sind laut Expertise-Forschung aus der Domäne der Unternehmensberatung ausgeprägte Kompetenzen auf Expertenniveau, insbesondere ausgereifte Beziehungskompetenzen, erforderlich[75]. Allerdings hat es erst wenige Versuche gegeben, die Kompetenzen eines effektiven Beraters systematisch zu erfassen, weil sich die Erstellung einer Systematik bzw. die Zuordnung praxisrelevanter Fähigkeiten und Fertigkeiten zu definierten Kompetenzfeldern als schwierig erweist[76].

Um herauszufinden, was ein erfolgreicher, professioneller Berater in unterschiedlichen Kompetenzbereichen können muss, werden zunächst die allgemeinen Zu-

70 Vgl. *Heyse/Erpenbeck/Ortmann*, 2010, S. 8.
71 Vgl. *Gehringer/Pawlik*, 2005, S. 22 ff.
72 Vgl. *Stiens*, 2002, S. 20 f.
73 Vgl. *Stiens*, 2002, S. 183 f.
74 Vgl. *Schiersmann/Weber*, 2013, S. 195 ff.
75 Vgl. *Bredl*, 2011, S. 18 f.
76 *Lippitt/Lippitt*, 2006, S. 222 ff.

gangsvoraussetzungen und Qualifikationen für die berufsbezogene Beratung kurz beschrieben. Um auf spezifische Beraterkompetenzen eingehen zu können, werden aus der Praxis abgeleitete Basisqualifikationen und danach in der Literatur dokumentierte Fähigkeiten von professionellen Beratern näher betrachtet. Im Anschluss daran werden diese Fähigkeiten den vier Grundkompetenzen nach *Erpenbeck* und *Rosenstiel* zugeordnet.

3.1. Basisqualifikationen

Professionelle Beratung setzt gewisse Basisqualifikationen voraus, die in der Praxis gemeinsam mit anderen „weichen" Faktoren zum Einsatz gelangen. Ein Modell zur Selbsteinschätzung stellt acht grundlegende Thesen über die Profession auf und leitet daraus Basisqualifikationen für praktizierende Berater ab. Die Thesen und assoziierten Basisqualifikationen wurden aus der Beraterpraxis abgeleitet und sind deshalb relativ allgemein gehalten[77]:

These	Abgeleitete Basisqualifikation
• Beratung ist ein eigenständiger Beruf	• Entwicklung einer professionellen Identität als Berater • Mitentwicklung einer Professionskultur
• Beratung ist immer Beratung von Menschen	• Beratung einzelner Personen und Gruppen bei ihren kognitiven und emotionalen Konstruktionen
• Beratung braucht eine gemeinsame Wirklichkeitskonstruktion	• Bildung von gemeinsamen Hypothesen
• Die Koppelung von Berater und Klient muss gelingen	• Ankoppeln an Systeme
• Der Kontrakt ist die Legitimation	• „Contracting" (Kontraktarbeit)
• Eine ganzheitliche Perspektive ist Bedingung	• Theoriebildung über die Wirkungsweise von Unternehmen/Organisationen
• Voraussetzung: eine gesamthafte Perspektive	• Entwicklung einer theoriegeleiteten Intuition über Muster und „hidden agenda" in Organisationen
• Beratung ist immer Intervention	• Gestaltung von Veränderungsprozessen in Organisationen

Tab. 2: Basisqualifikationen nach *Gehringer/Pawlik* (2005, S. 12 ff.) (eigene Darstellung)

Aus diesen Basisqualifikationen könnte man schließen, dass Berater ausgeprägte Fähigkeiten in allen vier Grundkompetenzen des KODE®-Modells benötigen. Im Bereich der personalen Kompetenzen sollten Berater beispielsweise ein gut entwickeltes Selbst- und Umweltbewusstsein, eine akkurate Selbsteinschätzung der eigenen Stärken und Schwächen sowie ein ausgeprägtes Wahrnehmungs- und Reflexions-

77 Vgl. *Gehringer/Pawlik*, 2005, S. 12 ff.

vermögen besitzen. Im sozial-kommunikativen Bereich greifen Berater auf möglichst geschulte Beziehungs-, Konfliktlösungs- und Motivationsfähigkeiten zurück. Im fachlich-methodischen Bereich erwarten Klienten von einem Berater ein umfassendes Fachwissen und Methodenrepertoire sowie reichlich Erfahrung damit. Im Bereich der aktivitäts- und umsetzungsorientierten Kompetenzen sollten Berater über ein zielgerichtetes, gut abgestimmtes Zusammenspiel aller Kompetenzbereiche und Teilkompetenzen verfügen können.

3.2. Spezifische Kompetenzen professioneller Berater

Im Folgenden werden in der Literatur dokumentierte, spezifische professionelle Handlungskompetenzen in der Beratung näher betrachtet. In der Praxis müssen professionelle Berater nicht nur über technisch-fachliche Qualifizierungen und analytische Fähigkeiten verfügen, sondern sollten darüber hinaus auch die für die jeweilige Beratungssituation passenden Einstellungen und Verhaltensweisen mitbringen[78]:

Beratungsfähigkeiten	
Kenntnisse	• Umfassende Kenntnisse der Verhaltenswissenschaften • Gründliche Kenntnisse der Verwaltung, Methoden, Praktiken in Organisationen und größeren Sozialsystemen • Trainingsmethoden, Rollenspiele, Problemlösungsverfahren • Entwicklungsphasen von Personen, Gruppen, Organisationen verstehen Veränderungsprozesse, Wissen zu deren Planung und Förderung • Selbstkenntnis: Stärken, Schwächen, Neigungen, Motivationen • Verschiedene Wertesysteme als Denkstruktur verstehen
Fähigkeiten	• Kommunikationsfähigkeiten (Beobachten, Zuhören, Identifizieren, Berichten) • Lehr- und Überzeugungsfähigkeit; die Fähigkeit, in Veränderungssituationen entwicklungsfördernde Lernerfahrungen zu planen • Andere befähigen, aus eigener Kraft wichtige Entscheidungen zu treffen • Vertrauensvolle Beziehungen (m. einer Vielfalt von Personen) schaffen können • Gruppen und Teams bei der Planung und Umsetzung von Veränderungen zu unterstützen; Gruppendynamik verstehen • Vielfältige Interventionsmethoden effektiv bedienen können • Statistische Datenerhebungen durchführen • Probleme, deren Ursprung und Einflussfaktoren diagnostizieren können • Flexible Auseinandersetzung mit verschiedensten Situationen • Problemlösungstechniken effektiv einsetzen können
Einstellungen	• Professionalität: Kompetenz, Integrität, Verantwortungsgefühl für Klienten • Reife: Selbstvertrauen, zur eigenen Meinung stehen, Risikobereitschaft; Ablehnung und Misstrauen handhaben können • Aufgeschlossenheit, Ehrlichkeit, Intelligenz • Humanistisches Wertesystem: Vertrauen in den Stellenwert des Individuums und den demokratischen Prozess; Technologie als Mittel und nicht Endzweck

Tab. 3: Fähigkeiten von professionellen Beratern (nach *Lippitt/Lippitt*, 2006, S. 228 ff.)

78 Vgl. Lippitt/Lippitt, 2006.

Das Kompetenzspektrum von aktiven Unternehmensberatern fasst *Bredl* wie folgt zusammen:

Kompetenzarten	Teilkompetenzen in der Unternehmensberatung
Fachkompetenz: *„die Disposition, geistig selbstorganisiert zu handeln, d.h. mit fachlichen Kenntnissen und fachlichen Fertigkeiten kreativ Probleme zu lösen, das Wissen sinnorientiert einzuordnen und zu bewerten“*[79]	• Allgemeinwissen • Fachwissen • Technische Kompetenz • Betriebswirtschaftliche Kompetenz • Branchenkompetenz • Teamkompetenz • Führungskompetenz
Methodenkompetenz: *„die Disposition, instrumentell zu handeln, d.h. Tätigkeiten, Aufgaben und Lösungen methodisch kreativ zu gestalten und das geistige Vorgehen zu strukturieren“*[80]	• Projektmanagement- und Leitungsmethoden • Problemlösungs-, Lern- und Kreativmethoden • Mobilisierung vorhandenen Wissens • Informationsstrukturierung/-darstellung • Analyse- und Erhebungstechniken, Zielanalysen • Prioritätensetzung • Kontrolle und Planung • Methoden des Zeit- und Selbstmanagements • Selbstreflexion • Präsentationsfähigkeiten
Sozial-kommunikative Kompetenz: *„die Disposition, kommunikativ und kooperativ selbstorganisiert zu handeln, d.h. sich mit anderen kreativ auseinander- und zusammensetzen, sich gruppen- und beziehungsorientiert zu verhalten, um neue Pläne und Ziele zu entwickeln“*[81]	• Selbststeuerung und Rollendistanz • Verantwortungsbewusstsein gegenüber dem Klientenunternehmen • Kommunikationsfähigkeit • Verhaltens-, Kontakt- und Rollenflexibilität • Überzeugungsfähigkeit • Rhetorik • Fähigkeit und Bereitschaft zu Führungsaufgaben

Tab. 4: Kompetenzen von aktiven Unternehmensberatern (nach *Bredl*, 2011, S. 58)

Im Zuge der Feststellung von Beraterkompetenzen wird auf die Professionalität hervorgehoben. Professionalität erlangt man nicht automatisch, beispielsweise durch Erfahrung, sondern erwirbt man sich die Zuschreibung von anderen Menschen [82].

Ein entscheidendes Merkmal professionellen Handelns in der Beratung ist ein klarer Fokus auf die Bedürfnisse des Klienten. Diese bedürfnisorientierte Haltung äußert sich nicht durch kurzzeitigen Projekt- und Umsatzfokus, sondern ist durch die miitels Taten bezeugte Wertschätzung der Beziehungen im Beratungsgefüge gekennzeichnet[83].

Spezifische Beratungsfähigkeiten bzw. Kompetenzen sollten immer im Anwendungskontext und im Zusammenhang mit klar definierten Beraterrollen und Funk-

79 Nach *Erpenbeck/Heyse*, 1999, S. 157.
80 Nach *Erpenbeck/Heyse*, 1999, S. 157.
81 Nach *Erpenbeck/Heyse*, 1999, S. 157.
82 Vgl. *Maister*, 2010, S. 33 f.
83 Vgl. *Maister*, 2010, S. 34.

tionen ausgewählt werden[84]. Diesen Rollen werden für die einzelnen Phasen im Beratungsprozess, d.h. Anfangs-, Veränderungs- und Endphase, relevante, nach Wichtigkeit bewertete Fähigkeitsbereiche zugeordnet[85].

Eine Befragung von professionellen Beratern differenziert zwischen intellektuellen Fähigkeiten und Verhaltensfähigkeiten. Zusammenfassend wurden als wichtigste Merkmale von professionellen Beratern berufliche (fachspezifische) Kompetenz, intellektuelle und zwischenmenschliche Fähigkeiten, Charisma und Auftrittskompetenzen sowie eine stabile und herzliche Persönlichkeit im Umgang mit Klienten genannt. Sie sind für die Schaffung einer vertrauensvollen und stabilen Atmosphäre unerlässlich [86].

3.2.1. Intellektuelle Beraterkompetenzen

Zu den intellektuellen Beraterkompetenzen zählt die Fähigkeit der Problemanalyse und Ursachenfindung, welche ein gutes Wahrnehmungsvermögen, Verständnis und Intuition für den jeweiligen Beratungsfall voraussetzt. Zusätzlich braucht ein Berater neben fundiertem Wissen und diagnostischen Fähigkeiten Durchführungsstärke, Innovationsgeist, Experimentierfreude, Kreativität und Flexibilität, um vorgeschlagene Maßnahmen realisieren zu können[87].

Erfolgreiche Berater verfügen über ein profundes Methodenrepertoire mit maßgeblichen Wissensanteilen (theoretischer Background). Zu den spezifischen fachlich-methodischen Kompetenzen zählen professionelle Auftrittskompetenz, ausgereifte Gesprächsführungs-, Frage- und Verhandlungstechniken, Beeinflussungs- und Überzeugungsfähigkeiten sowie professionelles Projekt-, Vortrags- und Sitzungsmanagement. Darüber hinaus sind eine gewisse Einstellung bzw. ethische Arbeitshaltung, Kreativität, Flexibilität, Wissbegier und eine Selbstverpflichtung zum Lernen (für sich selbst und den Klienten) wichtige Merkmale von professionellen Beratern[88].

3.2.2. Verhaltensspezifische, zwischenmenschliche Beraterkompetenzen

Zu den vorrangigsten verhaltensspezifischen oder zwischenmenschlichen Beraterkompetenzen zählt die Fähigkeit eines Beraters, vertrauenswürdig zu sein. Der Klient muss den Eindruck gewinnen, dass ihm ernsthaft geholfen wird. Als Voraussetzung für kompetente Hilfeleistung für einen Klienten wird die persönliche Fähigkeit der Selbsterkenntnis bewertet, d.h. die Auseinandersetzung mit den eigenen Werten, Wahrnehmungen, Einstellungen und Fähigkeiten. Als Merkmale „professioneller" Berater werden die folgenden genannt[89]:

84 Vgl. *Lippitt/Lippitt*, 2006, S. 8 ff.
85 Vgl. *Lippitt/Lippitt*, 2006, S. 230 ff.
86 Vgl. *Lippitt/Lippitt*, 2006, S. 226 ff.
87 Vgl. *Lippitt/Lippitt*, 2006, S. 234 ff.
88 Vgl. *Vile*, 2010, S. 47 ff.
89 Vgl. *Maister*, 2010, S. 33 f.

- bringt sich ein/lässt sich auf den Prozess ein
- geht voll und ganz in der beauftragten Rolle (und darüber hinaus) auf
- sucht Verantwortung
- tut, was erforderlich ist, um einen Auftrag zu erfüllen
- ist teamfähig
- beobachtet, ist achtsam
- ist ehrlich
- ist loyal
- hört die Bedürfnisse seiner Klienten, kann wirklich (aktiv) zuhören
- ist stolz auf seinen/ihren Beitrag
- verpflichtet sich zu qualitativ hochwertiger Arbeit/hat einen Qualitätsfokus
- zeigt Eigeninitiative

Die insbesondere in langwierigen Beratungsprozessen zentrale Fähigkeit, mit Ungewissheit, Rückschlägen und nicht realisierbaren Veränderungen im Klientensystem umgehen zu können, wird ebenfalls als unerlässlich angesehen[90].

Eine essentielle Zielsetzung der Beratung ist der Aufbau einer vertrauenswürdigen, professionellen Beziehung, damit man den Klienten bei der Aneignung der für den Problemlösungsprozess erforderlichen Haltungen und Skills nachhaltig unterstützen kann. Im Selbstfindungs- und Lernprozess des Klienten leistet der Berater in der „Facilitator"-Rolle durch das Aufzeigen verschiedener möglicher Perspektiven einen wesentlichen Beitrag. Zu den Interaktions- und Beziehungsfähigkeiten gehören ausgezeichnete Kommunikationsfähigkeiten, vor allem die Fähigkeit, dem Klienten aktiv zuzuhören, sowie eine ausgereifte emotionale Kompetenz[91].

3.2.3. Spartenspezifische Beraterkompetenzen

Neben tiefgreifendem fachspezifischem bzw. betriebswirtschaftlichem Wissen und der damit verbundenen praktischen Erfahrung sind professionelle Berater verschiedener Sparten auf unterschiedliche intellektuelle bzw. verhaltensspezifische Kompetenzen angewiesen. So benötigen beispielsweise Unternehmens- oder Prozessberater sehr gute intellektuelle, sprich analytische Fähigkeiten, um den Klienten dabei zu unterstützen, bestimmte Prozesse verändern bzw. verbessern zu können. Berater, die in der Organisationsentwicklung tätig sind, brauchen ausgereifte methodische Kompetenzen in Form von professionellen Lehr- und Auftrittskompetenzen, um ihren Klienten erforderliche Kompetenzinhalte vermitteln zu können. Berater mit Coaching-Funktion sollten außerdem mehrere Assessment-Methoden beherrschen und dafür zertifiziert sein. Management Consultants benötigen überdurchschnittlich ausgeprägte Kommunikationsfähigkeiten, um Klienten auf verschiedenen Organisationsebenen bei der Erstellung und Umsetzung von professionellen Zielsetzungen helfen zu können[92].

---

90 Vgl. *Lippitt/Lippitt*, 2006, S. 237.
91 Vgl. *Vile*, 2010, S. 27 ff.
92 Vgl. *Biech*, 2007, S. 25 ff.

3.3. Kategorisierung von Teilkompetenzen in der Beratung

Zur besseren Übersicht werden in der folgenden Abbildung die vier Grundkompetenzkategorien[93] noch einmal kurz definiert und beispielhaft einige der im vorigen Abschnitt beschriebenen Teilkompetenzen, die für die Beratung relevant sind, zugeordnet:

P: Personale Kompetenzen Die Disposition einer Person zum selbstmotivierten Reflektieren und Lernen, zum selbstorganisierten, kreativen Handeln auf der Basis von bewussten Motiven, Werthaltungen und Selbstbildern, beispielsweise: • Selbstwahrnehmung, -reflexion, -steuerung • Identität, Rollenklarheit • Stabile Persönlichkeit • Eigenverantwortung • Selbstvertrauen • Charisma • Ethische, auf Werten basierende Haltung • Motivation • Lernbereitschaft • Kreativität • Experimentierfreude • Emotions-/Selbst-Management • Resilienz, Flexibilität • Durchsetzungskraft • Glaubwürdigkeit • Zuverlässigkeit	**A: Aktivitäts- und umsetzungsorientierte Kompetenzen** Die Disposition einer Person, die Kompetenzen der anderen drei Kategorien zusammenzuführen und mit den eigenen Absichten und Plänen in aktives, selbstorganisiertes Handeln für sich selbst oder eine Gemeinschaft umzusetzen, beispielsweise: • Initiative • Gestaltungsvermögen • Flexibilität • Innovationskraft • Ziel-/Ergebnisorientierung • Umsetzungsbereitschaft • Belastbarkeit/Beharrlichkeit • Positive Einstellung
S: Sozial-kommunikative Kompetenzen Die Disposition einer Person, in Kollaboration mit anderen selbstorganisiert zu handeln, d.h. sich mit anderen kommunikativ auseinanderzusetzen, und gemeinsam Pläne und Ziele zu entwickeln und vereinbarte Aufgaben zu bearbeiten, beispielsweise:	**F: Fach- und Methodenkompetenz** Die Disposition einer Person, sachlich-objektive Aufgabenstellungen geistig und physisch selbstorganisiert mit Hilfe seiner eigenständig angeeigneten und kreativ weiterentwickelten fachlich-instrumentellen Kenntnisse und Fähigkeiten zu lösen, beispielsweise:

93 *Erpenbeck/Rosenstiel*, 2007, S. XXIV.

• Emotionale Intelligenz: Umgang mit anderen Menschen/Beziehungs-/ Empathie-Fähigkeit; Vertrauenswürdigkeit • Wahrnehmungs-, Einfühlungsvermögen • Kommunikations- und Konfliktlösungsfähigkeit • Kooperationsfähigkeit • Lehr-/Führungsfähigkeit • Klienten-Orientierung/Dialogfähigkeit • Beratungs-/Problemlösungsfähigkeit • Auftragsakquise • Überzeugungsfähigkeit • Anpassungsvermögen • Offenheit	• Fachliches/ technisches Wissen/ Expertise • Allgemeinbildung • Wissbegierde • Branchenwissen • Strategiedenken • Wirtschaftswissen • Marktkenntnisse • Sachlichkeit • Verständnis von Organisationen • Planungs-/Organisations-Fähigkeit • Analyse-/Diagnose-/Problemlösungsfähigkeit • Bewertungs-/Entscheidungsfähigkeit • Projektmanagement • Lern- und Lehrfähigkeit • Kreativtechniken • Moderations-/Auftrittstechniken

Abb. 7: Zusammenfassung beratungsspezifischer Kompetenzen[94] (eigene Darstellung)

Im Folgenden werden Möglichkeiten der Entwicklung von berufspraktischen, für die professionelle Beratung relevanten Kompetenzen beschrieben.

4. Entwicklung von Beraterkompetenzen

Die Kompetenzentwicklung für die Beratung weist viele Facetten auf, zu denen es bislang nur wenige Forschungsempfehlungen gibt[95]. Da die Professionalisierung in der Beratung bis zu fünfzehn Jahre in Anspruch nehmen kann[96], ist es wichtig, neben der fachlichen Ausbildung die eigene Kompetenzentwicklung früh im Bildungsverlauf zu planen und konsequent zu verfolgen. Welche Kompetenzen besondere Bedeutung für die Beratung haben, soll im Folgenden zusammengefasst werden.

Der erste Schritt für eine erfolgreiche Kompetenzentwicklung ist, die Kompetenzanforderungen für ein angestrebtes Fachgebiet in Erfahrung zu bringen. Eine im Anschluss durchgeführte Erfassung des eigenen Kompetenzstandortes ermöglicht es dann, die eigenen Lernfelder zu identifizieren. Als Kontexte für die Entwicklung der für die Beratung nötigen Handlungskompetenzen werden noch einmal kurz die Grundannahmen über die Profession in Erinnerung gerufen.

Die systematische Erfassung von Beraterkompetenzen und deren Entwicklung ist ein Gebiet, das noch weitgehend zu erforschen ist. Da das Berufsfeld sehr heterogen

94 Vgl. *Erpenbeck/Rosenstiel*, 2003, S. XVI.
95 Vgl. *Bredl*, 2011, S. 222.
96 Vgl. *Stiens*, 2002, S. 183 f.

und das Tätigkeitsspektrum sehr weitreichend ist, variiert die Liste der Anforderungen mit den verschiedenen Beratungskontexten und den Beratungsaufgaben. Erschwerend kommt dazu, dass einheitliche Qualitätsstandards in der Beratung selten und die Qualifikationen von praktizierenden Beratern oft sehr unterschiedlich sind.

Zu den wichtigsten Merkmalen professioneller Beratung zählen nach *Titscher* (2001) Professionalität, d.h. ausgewiesene Kompetenz, Externalität und die Unabhängigkeit des Beraters vom zu beratenden Unternehmen. Der Beratungsbedarf besteht darin, hilfesuchende Klienten dabei zu unterstützen, organisatorische Zielsetzungen zu erreichen, Managementprobleme zu lösen, neue Wege aufzuzeigen und in der Folge bei Lern- und Veränderungsprozessen zu begleiten. Zu den grundlegenden Fähigkeiten von professionellen Beratern zählen die Weitergabe von aus Ausbildung und ergänzenden Zusatzausbildungen angeeignetem komplexem Wissen und weiteren Kenntnissen und Erfahrungen, die vom Klienten benötigt werden. Die vom Klienten finanziell honorierte, vertraglich definierte Beraterleistung muss nicht nur kompetent ausgeführt werden, sondern auch von einem klaren Rollenverständnis geleitet sein und den moralisch-ethischen Regeln der Profession entsprechen[97].

Auch Ergebnisse aus der Expertise-Forschung über die Profession der Unternehmensberatung bestätigen die Notwendigkeit profunder Fach- und Methodenkompetenz, gepaart mit weitreichender Erfahrung und einem darauf basierten praxisrelevanten Kompetenzprofil[98].

Vertreter der Beratungsprofession weisen auf die Wichtigkeit der ganzheitlichen Beratung von Menschen in Organisationen oder „Systemen" hin. Damit sind die Berücksichtigung der Zielvorstellungen aller im System beteiligten Akteure und die gemeinschaftliche Gestaltung von Veränderungsprozessen durch theoriegeleitete Interventionen gemeint[99].

Zusätzlich zu den technisch-fachlichen Kenntnissen und analytischen Fähigkeiten sollten professionelle Berater sogenannte „weiche" Faktoren, wie zum Beispiel die für die jeweilige Beratungssituation angebrachten Haltungen bzw. Verhaltensweisen, glaubhaft demonstrieren können[100]. Um diese Fähigkeiten kontinuierlich entwickeln zu können, ist regelmäßiges kritisches Hinterfragen der eigenen Kompetenzen erforderlich[101].

Überzeugende Professionalität von Beratern äußert sich nach *Maister* als vertrauensbildende und bedürfnisorientierte Haltung zum Klienten, in der die Wertschätzung der Beziehungen im Beratungsgeflecht im Vordergrund steht[102]. Als eine der Grundvoraussetzungen für die effektive, ergebnisorientierte Auseinandersetzung

97 Vgl. *Titscher*, 2001, S. 17 ff.
98 Vgl. *Bredl*, 2011, S. 18 f.; S. 58.
99 Vgl. *Gehringer/Pawlik*, 2005, S. 12 ff.
100 Vgl. *Gehringer/Pawlik*, 2005, S. 12 ff.
101 Vgl. *Lippitt/Lippitt*, 2006, S. 238.
102 Vgl. *Maister*, 2010, S. 33 f.

mit Klienten auf verschiedenen Organisationsebenen bzw. deren Interessenvertretern werden insbesondere ausgeprägte sozial-kommunikative Kompetenzen angeführt. Hierin unterscheiden sich Beratungsexperten von Novizen[103].

Beratungsexperten betonen, dass Beratungsfähigkeiten immer im Kontext von ausgeübten Funktionen und Rollen betrachtet werden müssen, um die erforderliche Praxisrelevanz zu gewährleisten[104]. Auch *Seel* weist im Zusammenhang mit der Professionalisierung von Beratung darauf hin, wie wichtig ein gemeinsames Selbstverständnis und die Klärung der Rolle ist, die ein Berater in der Gesellschaft einnimmt[105]. Rollen stehen mit den Werten, Normen und Einstellungen des Rollenträgers und den Erwartungshaltungen des Rollennutzers in enger Verbindung. Aufschlüsse über das Rollenverständnis kann nach *Titscher* die professionelle Haltung eines Beraters geben, welche sich in der Herangehensweise an eine Aufgabenstellung und in der Einstellung zur Beziehung zum Klienten äußert.

Das Rollenverständnis variiert mit der Art der eingenommenen Funktion, dem Segment der Wirtschaft und der Art der zu erbringenden Beratungsleistung. Je nach Zielsetzung der Beratung können Rollen auf einem Kontinuum zwischen Aufgabenorientierung und Prozessorientierung angesiedelt sein. So geht beispielsweise Fach- oder Expertenberatung mit einer hohen Aufgabenorientierung und einem Höchstmaß an direktivem, steuerndem Verhalten einher. Am anderen Ende des Kontinuums befindet sich die Beobachterrolle, in der sich ein Berater vornehmlich auf den Prozess konzentriert, eher mit Fragen und Feedback unterstützt, als mit direktivem Verhalten eingreift.

Das jeweilige Rollenverständnis ist fundamental wichtig für die Entwicklung von Kompetenzen, zumal verschiedene Rollen und Funktionen ein unterschiedliches Kompetenzprofil erfordern. Bevor also die Entwicklungsplanung stattfinden kann, müssen die für die jeweilige Beratungssparte oder ein Aufgabenfeld erforderlichen Kompetenzen identifiziert werden[106].

Um ein systematisches Vorgehen bei der Kompetenzentwicklung zu ermöglichen, werden in verschiedenen Fachgebieten, wie z.B. der Bildungsberatung, Kompetenzprofile als hilfreiche Rahmenkonstruktionen eingesetzt.

4.1. Rahmenwerk Kompetenzprofil

Auf Grund der Vielfalt der Beratungsfelder und den damit verbundenen Tätigkeiten verfügen Berater über unterschiedlichste Qualifikationen. Daher sind einheitliche Standards für gute Beratung schwer zu erstellen. Im Rahmen der Entwicklung von Qualitätsstandards für die Beratungsprofession kann ein wissenschaftlich fundiertes und praxisorientiertes Kompetenzprofil einen strukturgebenden Referenzrahmen

103 Vgl. *Bredl*, 2011, S. 18 f.; S. 58.
104 Vgl. *Lippitt/Lippitt*, 2006, S. 8 f.
105 Vgl. *Seel*, 2014, S. 17 ff.
106 Vgl. *Biech*, 2007, S. 25 ff.

für die Qualitätssicherung der Dienstleistungen und für die Entwicklung der Kompetenzen von Beratern bieten[107].

Das Kompetenzprofil für Beratende in Bildung, Beruf und Beschäftigung beinhaltet eine allgemein anwendbare Struktur für die Erfassung und Bewertung von Kompetenzen an. Auf Basis des systemischen Modells von arbeitsweltbezogener Beratung werden in einem umfassenden „BeQu-Konzept" – BeQu steht für Beratungsqualität – ein Qualitätsentwicklungsrahmen, erforderliche Qualitätsstandards sowie ein Kompetenzprofil mit den Anforderungen an qualitativ hochwertige Beratung definiert[108].

Das Kompetenzprofil für Beratende in Bildung, Beruf und Beschäftigung umfasst sechs Kompetenzgruppen[109]:

- ***Kompetenzen übergreifender Art (Ü)*** beschreiben allgemein gültige Prämissen für die Beratung wie Orientierung an den Bedürfnissen der Klienten, Transparenz von Prozess und Leistungen, ethische und qualitätsvolle Vorgehensweisen
- ***Kompetenzen zur Beratungsprozessgestaltung (P),*** wie die Kompetenz der Situations-/Ressourcen-/und Auftragsklärung, Beziehungs-/Kontraktgestaltung, Ergebnis-/Lösungsorientierung
- ***Ratsuchenden betreffende/helfende Kompetenzen (R),*** beispielsweise der Einsatz von pädagogisch-psychologischem Wissen zur Prozessgestaltung mit dem Klienten
- ***Kompetenz der professionellen (Selbst-)Reflexion (B),*** die sich in einer professionellen Haltung und professionellem Handeln in der Beratung offenbart
- ***Kompetenzen der Mitgestaltung von Rahmenbedingungen in zu beratenden Organisationen (O)***, wie Weiterentwicklung von Strategien, Prozessen, Ressourcen, Kulturelementen
- ***Gesellschaftsrelevante Kompetenzen (G)*** im Zusammenhang mit dem Anwenden von Wissen mit gesellschaftsrelevanten Rahmenbedingungen wie z.B. Rechtsgrundlagen.

Mit Hilfe dieses Kompetenzprofils können Kompetenzen für spezifische Beratungsteilfelder und Organisationskontexte definiert und priorisiert werden und somit sowohl von Beratern zur eigenen Kompetenzeinschätzung und -weiterentwicklung als auch von Organisationen zur Orientierung und Auswahl und Bewertung von Beratern herangezogen werden [110].

Der Prozess der Kompetenzerfassung ist meist mit Reflexionsprozessen verbunden, in denen die eigenen Fähigkeiten und Lernfelder bewusst gemacht werden. Das daraus resultierende Selbstbewusstsein kann den weiteren Kompetenzerwerb und in der Folge die weitere professionelle Entwicklung positiv unterstützen[111].

---

107 Vgl. *Schiersmann/Weber*, 2013, S. 41 ff.
108 Vgl. Nationales Forum Beratung in Bildung, Beruf und Beschäftigung e.V. 2014, S. 3.
109 Vgl. *Schiersmann* et al., 2008.
110 Vgl. Nationales Forum Beratung in Bildung, Beruf und Beschäftigung e.V., 2012, S.7 ff.
111 Vgl. *Kaufhold*, 2006, S. 25.

4.2. Kompetenzprofil für Unternehmensberater

Für die Profession der Unternehmensberatung wurden relevante Kompetenzbereiche und Teilkompetenzen anhand von Selbsteinschätzungen aktiver Unternehmensberater, die in verschiedenen Branchen tätig sind, erfasst und analysiert. Dabei wurde zwischen drei Niveaustufen, d.h. zwischen Novizen, Semi-Experten und Experten, differenziert, um etwaige Veränderungen von bestimmten Komponenten der Handlungskompetenzen im Verlauf wachsender Expertise festzustellen[112].

Das daraus resultierende Kompetenzprofil für Unternehmensberater setzt sich aus der auf Aus- und Weiterbildung basierenden fachlichen Kompetenz, berufspraktischen Erfahrungen sowie persönlichen Befähigungen zusammen. Neben der akademischen Ausbildung, vorzugsweise in wirtschaftswissenschaftlichen Studiengängen, wird praktische Erfahrung als wichtigster Bestandteil des Kompetenzprofils genannt. Da die praktische Handlungs- und Entscheidungskompetenz im Beratungsprozess eine Kernkompetenz darstellt, ist vor allem der Erfahrungshorizont wichtig[113].

Zu den Kernkompetenzen im Anforderungsprofil für Unternehmensberater zählen die Kategorien der fachlichen, der methodischen sowie der sozial-kommunikativen Kompetenzen, wobei die letzte Kategorie in der Kompetenz-Rangreihung die wichtigste darstellt. Für die kompetente und gegenseitig wertschätzende Interaktion mit Kunden, Beraterkollegen und sonstigen Ansprechpartnern zählen Kommunikations-, Beeinflussungs- und Führungsfähigkeiten zu den Grundvoraussetzungen. Zwei mit den sozial-kommunikativen Kompetenzen assoziierte Kompetenzkategorien kristallisierten sich als besonders wichtig für erfolgreiche Unternehmensberatern heraus: zunächst die Fähigkeit, Wissen mit Kollegen zu teilen, sich durch Austausch mit Kollegen Orientierung zu verschaffen und Selbstkontrolle zu üben, was besonders für sich professionell entwickelnde Semi-Experten wichtig war. An zweiter Stelle im Kompetenzprofil wurde die für effektive Projektarbeit und gemeinsame Zielerreichung essentiell wichtige Teilkompetenz der Teamfähigkeit gereiht. Als Drittes in der Rangreihe wurde das Wissen bezüglich erforderlicher Methoden und Umsetzungsprozesse mit spezifischen Handlungskompetenzen wie grundlegender Entscheidungs- und Problemlösungsfähigkeiten genannt[114].

Die Gewichtung von Führungskompetenzen variierte mit der Position im Beratungsunternehmen, wobei Experten mit Führungspositionen diese Kompetenz als wichtiger bewerten als Semi-Experten, die meist noch „Junior Consultants“ waren. Das Feld der grundsätzlich vorausgesetzten Fachkompetenz, gemeinsam mit dem Branchen-, betriebswirtschaftlichen und technischen Wissen, spielt nach Einschätzung der befragten Unternehmensberater gegenüber den oben zusammengefassten Schlüsselkompetenzen eine vergleichsweise untergeordnete Rolle für die erfolgreiche Tätigkeit als Unternehmensberater. Zusammenfassend kann gesagt werden, dass das

112 *Bredl*, 2011, S. 212.
113 *Bredl*, 2011, S. 213.
114 *Bredl*, 2011, S. 214.

Anforderungsprofil für Unternehmensberater komplex ist, sehr viele Kompetenzen umfasst und dem jeweiligen Beratungsanlass, den Projektzielsetzungen, dem situativen Umfeld sowie den Klienten- bzw. Rollenerwartungen angepasst werden sollte[115].

4.3. Lernformen für die Entwicklung von Beraterkompetenzen

Die Analyse des Kompetenzerwerbs von Unternehmensberatern befasst sich mit dem Verlauf der Lernprozesse. Dabei wird zwischen formellem, non-formellem und informellem bzw. erfahrungsbasiertem Lernen auf verschiedenen Expertise-Stufen differenziert. Unternehmensberater durchlaufen in ihrer professionellen Entwicklung mehrere Karrierestufen mit damit verbundenen Expertise-Graden, angefangen vom Novizen über den Semi-Experten bis zum Experten einer Domäne.

Forschungsergebnisse weisen darauf hin, dass das Beraterwissen und die erforderlichen Handlungskompetenzen häufig *„on the job"* angeeignet und entwickelt werden. Demgemäß schätzen die befragten Berater das Erfahrungslernen im Durchschnitt als die effektivste Lernform ein. Das informelle Lernen durch Erfahrung ist vor allem für die Entwicklung spezifischer Kompetenzen, wie Methoden- und Branchenkenntnisse, von großer Wichtigkeit[116].

Formelles Lernen wird für das Aneignen von explizitem, d.h. technischem oder betriebswirtschaftlichem Fachwissen bevorzugt. Die Annahme, dass Experten Erfahrungslernen höher bewerten, konnte nicht nachgewiesen werden. Formelles Lernen in Weiterbildungsveranstaltungen wurde besonders für die Weitergabe von explizitem Wissen, weniger für die Entwicklung von Handlungskompetenzen präferiert. Insbesondere Experten schätzten traditionelle Fort- und Weiterbildungen zu betriebswirtschaftlichen, technischen oder Führungsthemen zum Zweck der Weiterentwicklung von Methodenkompetenzen und der sozial-kommunikativen Kompetenzen und wegen der Möglichkeit des Netzwerkens[117].

Als bevorzugte Varianten des non-formellen Lernens wird das bei etwa der Hälfte der Beratungsfirmen praktizierte Mentoring vor allem von Novizen, aber auch von Semi-Experten als besonders hilfreich für die Kompetenzweiterentwicklung und vor allem für die Karriereentwicklung befunden. Mentoren unterstützen dabei, die Verbindung zwischen Problemstellung und erforderlichem Wissen herzustellen und die für die Lösung notwendigen Reflexionsprozesse anzustoßen. Fachliteratur oder Supervision als Formen der Kompetenzentwicklung wurden selten in der Praxis eingesetzt[118].

Aus den Ergebnissen wird ersichtlich, wie wichtig die Verbindung zwischen Lernen und Arbeit, also *„On-the-job"*-Beratungstätigkeit, für die kontinuierliche Entwicklung von professionellen Kompetenzen ist. Da Berater auf Grund des großen Leis-

115 *Bredl*, 2011, S. 215.
116 *Bredl*, 2011, S. 218 f.
117 *Bredl*, 2011, S. 219 f.
118 *Bredl*, 2011, S. 219 f.

tungspensums nur bedingt Zeitressourcen zur Verfügung haben und die Entwicklung professioneller Expertise sehr viel Zeit in Anspruch nehmen kann, ist eine Kombination von bewusst gewählten Lernprozessen, bestehend aus formellem, nonformellem sowie informellem oder Erfahrungslernen, für die Entwicklung des erwünschten Kompetenzprofils ratsam. Die persönliche Entwicklung einer Wissensbasis für die Beratung wird durch ein Studium bzw. den darin gewählten Spezialisierungen und Lehrveranstaltungen gesetzt. Zusätzlich besuchte Aus- und Weiterbildungen bzw. Zertifizierungslehrgängen können vorhandenes Wissen und Kompetenzen ergänzen und vertiefen[119].

4.4. Reflexionskompetenz für die Beratung

Es wurde bereits auf die Wichtigkeit des ganzheitlichen Zusammenwirkens aller im Beratungssystem beteiligten Akteure und das kompetente gemeinsame Gestalten von komplexen Prozessen hingewiesen[120]. Erfolgreiches interdisziplinäres Zusammenwirken in komplexen Beratungssystemen setzt nicht nur Wissen, Erfahrung und Kompetenzen auf hohem Niveau voraus, sondern vor allem eine professionelle Haltung allen Beteiligten gegenüber[121].

In enger Verbindung mit der zentralen Rolle der Haltung von Beratern steht die Fähigkeit der (Selbst-)Wahrnehmung und (Selbst-)Reflexion[122]. Diese Haltung des kontinuierlichen kritischen Hinterfragens der eigenen Kompetenzen zählt zu den grundlegenden Merkmalen von professionellen Beratern[123].

Dies wirkt sich darauf aus, wie ein Berater seinem Gegenüber und seinem Thema begegnet. Es wird auch die Qualität der Begegnung beeinflusst, die sich maßgeblich durch die kommunikative Atmosphäre zwischen Berater und Klient in der Auseinandersetzung mit dem Beratungsthema äußert. Dabei geht es um die im Beratungsverfahren gezeigte Haltung, die von Werten und Grundannahmen, Erfahrungen und Kompetenzen des Beraters geprägt ist. Haltung wird im Allgemeinen nicht als Kompetenz, sondern als grundlegender Bestandteil jedes kommunikativen Prozesses verstanden. Jedoch benötigen Berater eine ausgeprägte reflexive Kompetenz, um eine dem jeweiligen Klienten und Setting angepasste professionelle Beratungshaltung zu entwickeln[124].

Literatur

ACT Audit, Coaching, Training (2009): KODE® Auswertung Selbsteinschätzung. Regensburg: ACT.

119 Vgl. *Bredl*, 2011, S. 221 f.
120 Vgl. *Gehringer/Pawlik*, 2005, S. 12 ff.
121 Vgl. Nationales Forum Beratung in Bildung, Beruf und Beschäftigung e.V. 2012, S. 9.
122 *Gehringer/Pawlik*, 2005, S. 12 ff.
123 Vgl. *Lippitt/Lippitt*, 2006, S. 238.
124 *Seel*, 2015.

Biech, Elaine (2007): The Business of Consulting. San Francisco: John Wiley & Sons, Inc./Pfeiffer.

Bredl, Klaus (2011): Kompetenz von Beratern. Analyse des Kompetenzerwerbs bei Unternehmensberatern im Kontext der Expertiseforschung. Saarbrücken: VDM Verlag Dr. Müller.

Chomsky, Noam (1973): Aspekte der Syntax-Theorie. Frankfurt am Main: Suhrkamp Verlag.

Czerny, Elfriede/Steinkellner, Peter (2012): Entwicklungsorientierte Methoden des Personalmanagements (407–428). In *Heimerl, Peter/Sichler, Ralph* (Hrsg.), Strategie Organisation Personal Führung. Wien: Facultas Verlag.

Erpenbeck, John (2007): KODE® – Kompetenzdiagnostik und -entwicklung. In *Erpenbeck, John/Rosenstiel, Lutz* (Hrsg.), Handbuch Kompetenzmessung (S. 489–503). Stuttgart: Schäffer-Poeschel Verlag.

Erpenbeck, John/Heyse, Volker (2007): Die Kompetenzbiographie. 2. Auflage. Münster: Waxmann Verlag.

Erpenbeck, John/Rosenstiel, Lutz (Hrsg.) (2003): Handbuch Kompetenzmessung. Stuttgart: Schäffer-Poeschel Verlag.

Erpenbeck, John/Rosenstiel, Lutz (Hrsg.) (2007): Handbuch Kompetenzmessung. 2. Auflage. Stuttgart: Schäffer-Poeschel Verlag.

Erpenbeck, John,/Rosenstiel, Lutz/Grote, Sven (2013): Kompetenzmodelle von Unternehmen. Mit praktischen Hinweisen für ein erfolgreiches Management von Kompetenzen. Stuttgart: Schäffer-Poeschel Verlag.

Gehringer, Joachim/Pawlik, Henning (2005): Consulting-Handbuch. Regensburg: Walhalla-Fachverlag.

Hauser, Hans-Georg (Hrsg.) (2012): Worauf Berater achten: Kompetenzen – Methoden – Trends in der professionellen Beratung. Wien: Linde Verlag.

Heyse, Volker/Erpenbeck, John (Hrsg.) (2007): Kompetenzmanagement. Methoden, Vorgehen, KODE® und KODE®X im Praxistest. Münster: Waxmann Verlag.

Heyse, Volker/Erpenbeck, John (2009): Kompetenztraining. 2. Auflage. Stuttgart: Schäffer-Poeschel.

Heyse, Volker/Erpenbeck, John/Ortmann, Stefan (2010): SKoM>? Systematisches Kompetenz Management mit KODE®X und KODE®. http://act-skom.de/downloads/SKoM.pdf ([Stand: 18.4.2016)]

Kanning, Uwe P. (2003): Diagnostik sozialer Kompetenzen. Göttingen: Hogrefe Verlag.

Kanning, Uwe P. (2009): Diagnostik sozialer Kompetenzen. Münster: Hogrefe Verlag.

Kauffeld, Simone (2006). Kompetenzen messen, bewerten, entwickeln. Stuttgart: Schäffer-Poeschel Verlag.

Kauffeld, Simone (Hrsg.) (2014). Arbeits-, Organisations- und Personalpsychologie – für Bachelor. 2. Auflage. Berlin: Springer-Verlag.

Kauffeld, Simone/Grote, Sven/Frieling, Ekkehart (2007): Das Kasseler-Kompetenz-Raster. In *Erpenbeck, John/Rosenstiel, Lutz* (Hrsg.), Handbuch Kompetenzmessung. 2. Auflage (S. 224–243). Stuttgart: Schaeffer-Poschel Verlag.

Kaufhold, Marisa (2006): Kompetenz und Kompetenzerfassung. Wiesbaden: Verlag für Sozialwissenschaften.

Klimecki, Rüdiger/Gmür, Markus (2005): Personalmanagement. 3. Auflage. Stuttgart: UTB.

Krumm, Stefan/Mertin, Inga/Dries, Christian (2012): Kompetenzmodelle. Göttingen: Hogrefe Verlag.

Lang, Rudolf W. (2000). Schlüsselqualifikationen. Handlungs- und Methodenkompetenz, Personale und Soziale Kompetenz. München: dtv Verlag.

Lippitt, Gordon/Lippitt, Ronald (2006): Beratung als Prozess. Leonberg: Rosenberger Fachverlag.

Maister, David (2010): Professionalism in Consulting. In: *Greiner, Larry/Poulfelt, Flemming* (Hrsg.), Management Consulting Today and Tomorrow (S. 33–47). London: Routledge.

Nationales Forum Beratung in Bildung, Beruf und Beschäftigung e.V. (nfb) 2012: Kompetenzprofil für Beratende. Bielefeld: W. Bertelsmann Verlag. http://www.elgpn.eu/elgpndb/fileserver/files/51 ([Stand: 13.1.2017)]

Nationales Forum Beratung in Bildung, Beruf und Beschäftigung e.V. (nfb) (2014): Professionell beraten mit dem BeQu-Konzept. Bielefeld: W. Bertelsmann Verlag. http://www.forum-beratung.de/cms/upload/BQ/BeQu-Konzept.pdf (Stand: 13.1.2017)

North, Klaus/Reinhardt, Kai/Sieber-Suter, Barbara (2013): Kompetenzmanagement in der Praxis. Wiesbaden: Springer Gabler Verlag.

Schiersmann, Christiana/Weber, Peter (Hrsg.) (2013): Beratung in Bildung, Beruf und Beschäftigung: Eckpunkte und Erprobung eines integrierten Qualitätskonzepts. Bielefeld: W. Bertelsmann Verlag.

Schiersmann, Christiane/Bachmann, Miriam/Dauner Alexander/Weber, Peter (2008). Qualität und Professionalität in Bildungs- und Berufsberatung. Bielefeld: W. Bertelsmann Verlag

Schuler, Heinz/Barthelme, Dorothea (1995): Soziale Kompetenz als berufliche Anforderung. In *Seyfried, Brigitte* (Hrsg.), „Stolperstein" Sozialkompetenz (S. 137–152). Bielefeld: Bertelsmann Verlag.

Seel, Hans-Jürgen (2014): Beratung: Reflexivität als Profession. Göttingen: Vandenhoeck & Ruprecht GmbH & Co. KG

Seel, Hans-Jürgen (2015): Was ist die „Haltung" reflexiver Beratung und wie könnten entsprechende Kompetenzen aussehen? http://dachverband-beratung.de/dokumente/DGfB_FK2015_Vortrag_Seel.pdf (Stand: 13.1.2017)

Stiens, Rita (2002): Management und IT-Consulting. München: Econ-Verlag.

Titscher, Stefan (2001): Professionelle Beratung, 2. Auflage, Frankfurt/Wien: Carl Ueberreuter Verlag.

Vile, Adam (2010): Consultancy Skills. Milton Keynes: The SavvyGuideTo LTD.

Teil 2:
2.1. Finanzberatung in der Wirtschaft

Eric Ferstl

1. Einleitung

Ziel dieses Beitrags ist es, die wichtigsten Aspekte der Finanzberatung in der Wirtschaft zu thematisieren. Der Beitrag fokussiert somit auf die Finanzberatung für Unternehmen; es soll an dieser Stelle jedoch nicht unerwähnt bleiben, dass im Zuge einer Finanzberatung die strikte Trennung von Privatkunden und Unternehmen nicht immer möglich bzw. sinnvoll ist. Wird beispielsweise die Geschäftsführung eines Unternehmens bezüglich eines optimalen Finanzierungskonzepts beraten, wird sie sich auch an einer kompetenten Beratung bezüglich privater Vermögensveranlagungen, Altersvorsorge etc. interessiert zeigen. Somit ergeben sich Cross-Selling-Chancen, die im Interesse sowohl des Beraters als auch des Kunden[1] genutzt werden sollten[2].

Der Markt der Finanzberatung in Österreich zeichnet sich unter anderem durch seine Vielzahl an unterschiedlichen Anbietern aus. Das war jedoch nicht immer so: Lange Zeit dominierten Kreditinstitute als Marktteilnehmer – bis in die 1980er Jahre spielten beispielsweise gewerbliche Vermögensberater kaum eine Rolle. Erst der Aufschwung der Wiener Wertpapierbörse ab 1985 und das damit einhergehende steigende Interesse an Wertpapiertransaktionen führten zu Veränderungen in der Anbieterstruktur. In der Folge kam es zu einer Intensivierung des Wettbewerbs, zur Vervielfachung der Anbieter und letztlich auch zum Ende des Beratungsmonopols der Kreditinstitute. Auch der wachsende EU-Binnenmarkt für Finanzdienstleistungen, wodurch das Volumen und die Intensität grenzüberschreitender Finanzdienstleistungen innerhalb der EU zunahmen, ist als weiterer Grund für diese Veränderungen zu nennen[3]. Neben der Vielzahl an Anbietern in der österreichischen Finanzberatungsbranche sind es auch die unterschiedlichen Beratungsberechtigungen und Zugangsvoraussetzungen, die dazu beitragen, dass sich der Markt für Finanzberatung als sehr unübersichtlich darstellt. Um in diesem Punkt für mehr Klarheit zu sorgen, wird dem abschließenden Kapitel ein besonderer Stellenwert eingeräumtZunächst wird auf der Grundlage des in diesem Buch entwickelten Verständnisses von Beratung im Kontext Wirtschaft eine Definition von „Finanzberatung in der Wirtschaft" gegeben. Darauf aufbauend wird auf zentrale Aufgaben und Fragestellungen, Rollenverständnisse und typische Beratungsprozesse, spezifische Beratungskompetenzen sowie die Arten der Vergütung eingegangen. In weiterer Folge wird die aktuelle Marktstruktur, bestehend aus der Angebots- und Nachfrageseite, einer detail-

1 Im vorliegenden Beitrag ist somit unter dem Begriff „Unternehmen" stets auch der so genannte „unternehmerische Kunde" zu subsumieren.

2 *Lippe* et al., 2004, S. V.

3 *Lucius* et al., 2004, S. 13.

lierten Untersuchung unterzogen. Abgeschlossen wird das Kapitel mit der Darstellung der Neufassung der „Markets in Financial Instruments Directive" (MiFID).

2. Definition: Finanzberatung in der Wirtschaft

In der Literatur bzw. im allgemeinen Sprachgebrauch existieren zwar viele unterschiedliche Begriffe wie etwa Vermögensberatung, Anlageberatung, Finanzierungsberatung, Versicherungsberatung oder Finanzplanung, die nach wie vor häufig als Synonym für Finanzberatung verwendet werden. Was jedoch lange Zeit fehlte, war eine einheitliche, wissenschaftlich hergeleitete Definition dieses Begriffs[4]. Diesen Umstand aufgreifend gelangte *Richter* in seiner Untersuchung im Jahr 2001 zu folgender Definition des Begriffs Finanzberatung[5]:

> „Als Finanzberatungen werden solche Leistungen bezeichnet, die unter Rückgriff auf die Fähigkeiten eines Beraters für private Haushalte mit dem Ziel erbracht werden, den Ratsuchenden in die Lage zu versetzen, Entscheidungen bezüglich Fragestellungen zu treffen, die sich auf Vermögens- und Finanztransaktionen, insbesondere auf Kapitalanlagen, Finanzierungen und Versicherungen, sowie auf finanzielle Auswirkungen, die durch den Eintritt von Risiken entstehen können, beziehen."

Drei Jahre später, im Jahr 2004, wurde die erste umfassende Analyse zur Finanzberatung in Österreich publiziert. In Anlehnung an *Richter* wurde folgende Begriffsbestimmung gebildet[6]:

> „Finanzberatung umfasst die Summe all jener Dienstleistungen, die unter Rückgriff auf die Expertise des Beraters Privatpersonen oder private Haushalte in die Lage versetzen, Entscheidungen über Vermögens- und Finanztransaktionen, insbesondere Kapitalanlagen, Finanzierungen, Versicherungen oder Immobilienanlagen, zu treffen."

Auch für diese Begriffsdefinition galt die Prämisse, dass es sich bei der zu beratenden Zielgruppe ausschließlich um Private (Privatpersonen oder private Haushalte) handelte, die Finanzberatung von Unternehmen wurde dezidiert aus der Studie ausgeklammert. Aus diesem Grund fanden beispielsweise Finanzinstitute, die unter anderem zur Beratung und Erbringung von Dienstleistungen auf dem Gebiet der Zusammenschlüsse und Übernahme von Unternehmen berechtigt sind, in der Untersuchung auch keine Berücksichtigung[7].

4 *Richter*, 2001, S. 9.
5 *Richter*, 2001, S. 48.
6 *Lucius* et al., 2004, S. 25.
7 *Lucius* et al., 2004, S. 7 und 37.

Eine Studie der Fachhochschule Wiener Neustadt aus dem Jahr 2008 konnte zeigen, dass auch die Finanzberatung von Unternehmen zunehmend an Bedeutung gewinnt. Mehr als ein Viertel der befragten Unternehmen, die Wirtschaftsberatung in Anspruch nehmen, gab damals an, im letzten abgeschlossenen Geschäftsjahr auch Leistungen im Bereich der Finanzberatung benötigt zu haben. Somit konnte der Anteil gegenüber dem Jahr 2006 nahezu verdoppelt werden[8].

Den oben angeführten Definitionen folgend wird folgende Arbeitsdefinition festgelegt:

Unter Finanzberatung in der Wirtschaft ist die Summe all jener Dienstleistungen zu verstehen, die unter Rückgriff auf die Expertise eines externen und unabhängigen Beraters Unternehmen in die Lage versetzen, Entscheidungen über Vermögens- und Finanztransaktionen, insbesondere Kapitalanlagen, Finanzierungen oder Versicherungen, zu treffen.

Damit Beratung im Kontext Wirtschaft überhaupt zustande kommt und erfolgreich umgesetzt werden kann, sind bestimmte Voraussetzungen, so genannte Basisanforderungen, zu berücksichtigen. Zum einen müssen die Berater ihre Tätigkeit auf Grund eigens hierfür erworbener Kenntnisse und Fähigkeiten ausüben. Details zu diesen Zugangsvoraussetzungen für die unterschiedlichen Finanzberater finden sich im Kapitel über dieMarktstruktur. Die zweite Basisanforderung ist, dass die Beratungsleistung auf der Grundlage eines schriftlich fixierten Vertragsverhältnisses gegen Honorar und unter Berücksichtigung professioneller Standards erbracht wird. Unbestritten ist zwar die Tatsache, dass Finanzberatung stets entgeltlich erfolgt, die Beratung in Geldangelegenheiten, insbesondere das Erbringen von Wertpapierdienstleistungen, ist jedoch stets mit der Frage verknüpft, welcher Art die Vergütung eines Beraters sein soll[9]. Eine ausführlichere Abhandlung dazu findet sich in Kapitel 6. Arten der Vergütung.

3. Zentrale Aufgaben und Fragestellungen

Werden die von Finanzberatern angebotenen Dienstleistungen betrachtet, so zeigt sich, dass Unternehmen mit den unterschiedlichsten finanziellen Problemstellungen konfrontiert sind. So finden sich Beratungsaufträge unter anderem in den Bereichen Zahlungsverkehr, Veranlagung und Vorsorge, Finanzierung und Förderungswesen, Auslandsgeschäft, Investmentbanking und Treasury, Finanzplanung und Liquiditätsmanagement sowie Versicherungsmanagement. Auf der Grundlage der Definition von Finanzberatung in der Wirtschaft sollen in weiterer Folge die drei wichtigsten Teilformen der Finanzberatung einer näheren Betrachtung unterzogen werden, wobei auch die rechtlichen Grundlagen interessieren. Es handelt sich dabei um die betriebliche Anlageberatung und Vermögensverwaltung, die betriebliche Finanzierungsberatung und die betriebliche Versicherungsberatung/-vermittlung.

8 *Kainz/Torggler*, 2008, S. 276.
9 *Breiting*, 2008, S. 36.

3.1. Betriebliche Anlageberatung und Vermögensverwaltung

Unternehmen sollten durch ihre operative Tätigkeit am Markt regelmäßig finanzielle Überschüsse erwirtschaften. Fehlen gewinnbringende Investitionsmöglichkeiten, empfiehlt sich, anstatt diese liquiden Mittel zu geringen Zinsen auf dem Girokonto zu „parken", eine Veranlagung zu entsprechend besseren Konditionen bzw. mit höheren Renditen. Dafür steht der Geschäftsführung eine breite Produktpalette zur Verfügung, das Angebot reicht – in Abhängigkeit von der Fristigkeit – von Termineinlagen und geldmarktnahen Fonds über Aktien, Anleihen, Investment- und Immobilienfonds bis hin zu Spezialfonds, strukturierten Produkten, Zertifikaten, Optionsscheinen und alternativen Investments. Im Rahmen einer betrieblichen Veranlagung stellen sich für die Geschäftsführung unter anderem folgende zentrale Fragen: Wie stellt sich die Risikobereitschaft des Unternehmens dar? Welche Renditen werden mit der Veranlagung angestrebt? Wie flexibel ist das Unternehmen hinsichtlich der zu veranlagenden Mittel und welche Laufzeiten sollten daher angestrebt werden? Wie stellt sich die steuerliche Situation im Unternehmen dar bzw. gibt es Möglichkeiten der steuerlichen Optimierung? Wie sieht der der optimale Veranlagungsmix aus?

Nicht zuletzt aufgrund der steigenden Komplexität vieler Veranlagungsprodukte greifen Unternehmen beim Versuch, diese Fragen zu beantworten, zunehmend auf die Expertise eines Anlageberaters zurück und erteilen entsprechende Beratungsaufträge. Hauptaufgabe der Anlageberatung ist die Entwicklung einer für das Unternehmen optimalen Veranlagungsstrategie unter Berücksichtigung der individuellen Bedürfnisse hinsichtlich Risikobereitschaft, Renditeerwartung, Anlagehorizont sowie steuerlicher Optimierung. Von der Anlageberatung, die ein auf einen konkreten Einzelfall bezogener Vorgang ist, zu unterscheiden ist die Vermögensverwaltung, auch Asset Management genannt. Dabei erteilt der Kunde einen längerfristigen Beratungsauftrag, innerhalb dessen der Finanzberater das Kundenvermögen gemäß den vereinbarten Vorgaben laufend umschichtet und anderweitig anlegt. Handelt es sich bei dem Auftraggeber um ein Unternehmen, so wird vom institutionellen Asset Management gesprochen[10].

Rechtlich betrachtet handelt es sich bei der Anlageberatung und Vermögensverwaltung um das Erbringen einer Wertpapierdienstleistung. Gemäß § 3 Abs. 2 Wertpapieraufsichtsgesetz 2007 [11] bedarf das gewerbliche Erbringen von Wertpapierdienstleistungen einer Konzession der Finanzmarktaufsichtsbehörde. Neben der Anlageberatung und der Vermögensverwaltung[12] zählen auch die Abschlussvermittlung und der Betrieb eines multilateralen Handelssystems zu diesen konzessionspflichtigen Wertpapierdienstleistungen. Letzteres wird von der Abhandlung ausgenommen, da hier keine Beratungstätigkeit im engeren Sinne vorliegt. Entsprechende Definitionen zu diesen Wertpapierdienstleistungen finden sich im § 1 WAG 2007: An-

10 *Obst/Hintner*, 2000, S. 860 und 926.
11 WAG 2007 BGBl. I 2007/60 i.d.F. BGBl. I 2015/117.
12 Das WAG 2007 verwendet den Begriff „Portfolioverwaltung".

lageberatung ist demnach definiert als die Abgabe persönlicher Empfehlungen über Geschäfte mit Finanzinstrumenten[13] an einen Kunden, sei es auf dessen Aufforderung oder auf Initiative des Erbringers der Dienstleistung. Unter Vermögensverwaltung ist die Verwaltung von Portfolios auf Einzelkundenbasis mit einem Ermessensspielraum im Rahmen einer Vollmacht des Kunden, sofern das Kundenportfolio ein oder mehrere Finanzinstrumente enthält, zu verstehen. Die Abschlussvermittlung entspricht der Annahme und Übermittlung von Aufträgen, sofern diese Tätigkeiten ein oder mehrere Finanzinstrumente zum Gegenstand haben. Die Abgrenzung der Begriffe Anlageberatung und Abschlussvermittlung stellt sich in der Praxis als problematisch dar. Zum einen setzt die reine Abschlussvermittlung eine entsprechende Beratungstätigkeit voraus, andernfalls könnte die persönliche Situation des Kunden nicht berücksichtigt werden. Zum anderen wünscht der Kunde im Rahmen der Anlageberatung einen entsprechenden Abschluss. Eine Möglichkeit der begrifflichen Trennung ist, die Abschlussvermittlung als Realisation der Beratungsergebnisse aufzufassen und die Anlageberatung als zeitlich vorgelagerte Phase zu definieren[14].

Der Vollständigkeit halber sei an dieser Stelle erwähnt, dass bis zum Inkrafttreten des WAG 2007 das gewerbliche Erbringen von Wertpapierdienstleistungen als ein eigenes Bankgeschäft im Bankwesengesetz geregelt war. Es handelte sich dabei um das so genannte Finanzdienstleistungsgeschäft und war – wenngleich es sich um ein Bankgeschäft handelte – bereits damals nicht nur Kreditinstituten vorbehalten[15].

3.2. Betriebliche Finanzierungsberatung

Als Unternehmensfinanzierung (Corporate Finance) werden alle Möglichkeiten und Grundlagen zur Bereitstellung von Finanzmitteln für Unternehmen bezeichnet[16]. Dabei ist zwischen der Innen- und der Außenfinanzierung zu unterscheiden. Im Rahmen der Innenfinanzierung werden die finanziellen Mittel durch die Tätigkeit des Unternehmens am Markt erwirtschaftet. Bei der Außenfinanzierung wird das Kapital entweder von den Eigentümern bzw. Gesellschaftern (Eigenfinanzierung) oder Dritten (Fremdfinanzierung) zur Verfügung gestellt.[17] Der Eigenfinanzierung lassen sich Kapitalerhöhungen und Zuschüsse zuordnen. Zu den wichtigsten Fremdfinanzierungsinstrumenten zählen Lieferantenkredite, die unterschiedlichsten Kreditfinanzierungen seitens der Banken, Garantien und Haftungen, Factoring, Leasing und die Emission von Unternehmensanleihen[18].

13 Unter Finanzinstrumenten sind gemäß § 1 Z 6 WAG 2007 insbesondere folgende Wertpapiere zu verstehen: Übertragbare Wertpapiere wie Aktien, Aktienzertifikate und Anleihen mit Ausnahme von Zahlungsmitteln; Geldmarktinstrumente mit Ausnahme von Zahlungsmitteln; Anteile an in- oder ausländischen Kapitalanlage- oder Immobilienfonds; derivative Wertpapiere wie Optionen, Futures, Swaps und Forward Rate Agreements.

14 *Richter*, 2001, S. 39 f.

15 *Lucius* et al., 2004, S. 37.

16 *Obst/Hintner*, 2000, S. 938.

17 Um die Vollständigkeit zu wahren, seien auch die so genannten hybriden Finanzierungsformen (Mezzaninkapitalfinanzierung) genannt. Darunter sind alle jene Finanzierungsformen zu verstehen, die rechtlich und wirtschaftlich eine Mischform zwischen Eigen- und Fremdkapital darstellen.

18 *Röhrenbacher*, 2008, S. 184 ff.

Mangels gesetzlicher Definition des Begriffs Finanzierungsberatung wird in Anlehnung an *Richter*[19] folgende Begriffsbestimmung verwendet: Unter Finanzierungsberatung kann die Summe aller jener Dienstleistungen verstanden werden, die mit dem Ziel erbracht werden, Unternehmen in die Lage zu versetzen, eine Entscheidung bezüglich bestehender oder künftiger Finanzierungen zu fassen.

Um als Unternehmen langfristig am Markt bestehen zu können, sind wiederkehrende Investitionen unumgänglich. Reichen dafür die eigenen Mittel nicht aus, so ist eine externe Finanzierungsquelle heranzuziehen. Dabei stellen sich für die Geschäftsführung folgende Fragen: Welche Auswirkungen haben Basel II und Basel III auf die Kreditkonditionen und wie kann der Ratingprozess im Unternehmen als Chance genützt werden? Welche konkreten Maßnahmen zur Bonitätsverbesserung können gesetzt werden? Welche Kreditmodalitäten sollen gewählt werden? Auf welche öffentlichen Fördermittel kann zurückgegriffen werden? Ist es aus Steuergründen sinnvoller, die Finanzierungsform Leasing zu wählen? Welche Voraussetzungen müssen erfüllt werden, um am Kapitalmarkt erfolgreich eine Unternehmensanleihe platzieren zu können? Neben langfristigen Investitionen müssen aber auch kurzfristige Ausgaben beispielsweise für Betriebsmittel oder Rohstoffe finanziert werden. Dabei stellt sich die Frage nach dem optimalen Limit des Betriebsmittelkredits, damit stets die finanzielle Flexibilität des Unternehmens sichergestellt ist. Insbesondere für Unternehmen, die international tätig sind, könnten zusätzlich Garantien und Haftungen interessant sein. Neben dem „Förderdschungel" stellt sich auch dieser Bereich als äußerst unübersichtlich dar. Hat ein Unternehmen eine lange Außenstandsdauer bei seinen Forderungen, kann Factoring (= wiederkehrender Verkauf kurzfristiger Forderungen) als mögliche Finanzierungsquelle in Betracht gezogen werden.

Wie die Ausführungen zeigen, setzt die Erstellung eines optimalen Finanzierungskonzepts umfassendes Know-how voraus, über das nicht jede Geschäftsführung in ausreichendem Umfang verfügen kann. Insbesondere bei komplexen Sachverhalten wird diese Aufgabe häufig an einen qualifizierten Finanzierungsberater übertragen, dessen Tätigkeiten weit über die bloße Vergabe bzw. Vermittlung eines Bankkredits hinausgehen – vielmehr ist ein auf den Beratungsauftrag und die speziellen Bedürfnisse des Unternehmens angepasstes Finanzierungskonzept zu entwickeln unter Einbeziehung bzw. Prüfung aller am Markt verfügbaren Finanzierungsquellen. Dabei sollte die Beratung zu den Themen Basel II und Basel III, Rating und Bonität stets einen hohen Stellenwert einnehmen.

3.3. Betriebliche Versicherungsberatung/-vermittlung

Ein Unternehmen ist zahlreichen unterschiedlichen Risiken ausgesetzt; beispielhaft seien hier eine mögliche Beschädigung von betrieblichen Sachwerten wie Büroräumlichkeiten oder Maschinen, eine Betriebsunterbrechung aufgrund von Krankheit oder Rechtsstreitigkeiten mit Lieferanten oder Kunden genannt. Ohne eine entspre-

19 2001, S. 35.

chende Absicherung kann der Eintritt eines dieser Ereignisse im schlimmsten Fall auch die Existenz des Unternehmens gefährden. Welchen Gefahren ist das Unternehmen ausgesetzt? Welche dieser Risiken sollen vom Unternehmen getragen bzw. welche müssen jedenfalls versichert werden? Welche der am Markt angebotenen Versicherungslösungen bieten das beste Preis-Leistungs-Verhältnis?

Auch bei diesen Fragestellungen setzen Unternehmen zunehmend auf Spezialisten. Hauptaufgaben des unabhängigen Versicherungsberaters sind die optimale Beratung des Versicherungskunden und die Vermittlung des bestmöglichen Versicherungsschutzes. Dabei sind – abhängig vom Umfang des jeweiligen Beratungsauftrages – folgende Tätigkeiten umfasst: Erstellung einer angemessenen Risikoanalyse und eines Deckungskonzepts, Gestaltung des bestmöglichen Versicherungsschutzes, Überprüfung der übersandten Polizzen und Prämienvorschreibungen, Beratung im Schadensfall, Versicherungscontrolling und Verwaltung der Polizzen[20].

Bei der Tätigkeit der Versicherungsvermittlung gemäß § 94 Z 76 Gewerbeordnung 1994[21] handelt es sich um ein reglementiertes Gewerbe. Es beinhaltet nach § 137 GewO 1994 das Anbieten, Vorschlagen oder Durchführen anderer Vorbereitungsarbeiten zum Abschließen von Versicherungsverträgen oder das Abschließen von Versicherungsverträgen selbst oder das Mitwirken bei deren Verwaltung und Erfüllung, insbesondere im Schadensfall. Die Versicherungsvermittlung kann entsprechend der tatsächlichen Beziehung zum Versicherungsunternehmen in der Form „Versicherungsagent“ oder als „Versicherungsmakler und Berater in Versicherungsangelegenheiten“[22] erfolgen. Ein Versicherungsagent ist an die Produktpalette eines Versicherungsunternehmens gebunden, Versicherungsmakler und Berater in Versicherungsangelegenheiten hingegen agieren als unabhängige Experten und sind neben der Versicherungsvermittlung auch zur Versicherungsberatung berechtigt[23]. Dabei sind sie gesetzlich dazu verpflichtet, ihrem Auftraggeber den bestmöglichen Versicherungsschutz zu vermitteln[24].

Eine ausführliche Abhandlung, welche Anbieter diese Beratungsleistungen in welchem Umfang erbringen dürfen, findet sich im Kapitel 7. Marktstruktur: Angebot und Nachfrage.

4. Rollenverständnisse und typische Beratungsprozesse

Wie im Beitrag zur Kompetenzentwicklung und Professionalisierung im Beratungskontext dargelegt, müssen Berater eine Vielzahl von Rollen erfüllen, um ihren Klien-

20 Wirtschaftskammer 2008, S. 1 f., Stand 31.5.2016.
21 GewO 1994 BGBl. 1994/194 i.d.F. BGBl. I 2015/155.
22 Werden diese Tätigkeiten jedoch von einem Versicherungsunternehmen selbst oder einem Angestellten eines Versicherungsunternehmens, der unter dessen Verantwortung tätig wird, ausgeübt, so gelten sie gemäß § 137a GewO 1994 nicht als Versicherungsvermittlung.
23 *Lucius* et al., 2004, S. 44.
24 Wirtschaftskammer 2008, S. 2, Stand 31.5.2016.

ten professionell helfen zu können. Dabei bewegt sich das mögliche Rollenspektrum zwischen Fachberatung und Prozessberatung. Bei der Finanzberatung handelt es sich primär um Fachberatung, somit ist der Fokus auf die Aufgabe und Ergebnisse gerichtet, weniger auf die Beobachtung und Begleitung von Abläufen und Prozessen. Die gewählten Rollen sind daher als mehr ergebnisorientiert anzusehen und in weiterer Folge durch eine stärkere Einflussnahme durch den Berater gekennzeichnet. Demnach kann ein Finanzberater, der als Experte über umfassendes Fachwissen verfügt, bei der Suche nach dem besten Lösungsweg für den Kunden relativ eigeninitiativ handeln. Welche unterschiedlichen Kompetenzen dabei notwendig sind, wird im Kapitel 5. Spezifische Beratungskompetenzen abgehandelt.

Die größte Gefahr für einen Finanzberater besteht in der *„Einnahme von Rollen aufgrund unreflektierter Antizipation möglicher Erwartungen des Rollensenders“*[25]. Ein den situativen Anforderungen entsprechendes Verhalten wird dadurch unmöglich. Was die Rolle des Finanzberaters aus Kundensicht betrifft, interessiert die Frage, welche Rollenerwartungen der Kunde an ihn hat. Diese Frage lässt sich jedoch nur dann klären, wenn bekannt ist, welche Bedürfnisse beim Kunden stark ausgeprägt sind. Dabei ist die Beziehung zwischen der Wichtigkeit der Bedürfnisse und ihrer Zufriedenheit zu berücksichtigen. Eine einmalig getätigte Klassifizierung des Kunden muss jedoch laufend überprüft und im Bedarfsfall entsprechend adaptiert werden[26].

In der Finanzberatung kommen unterschiedliche Beratungsansätze zur Anwendung.[27] Es handelt sich dabei um die produktorientierte, die problemlösungsorientierte, die lebenszyklusbasierte und die individuell bedarfsorientierte Beratung[28].

Im Rahmen der produktorientierten (objektorientierten) Finanzberatung steht das Produkt im Mittelpunkt, wobei der Verkauf Priorität vor der Beratung hat. Die individuellen Bedürfnisse der Kunden treten somit in den Hintergrund – Beratung findet lediglich punktuell im Rahmen des Verkaufsprozesses statt. Dieser Ansatz entspricht dem klassischen Vertrieb über Kreditinstitute und Versicherungen und ist mit dem Allfinanzgedanken[29] nur schwer in Einklang zu bringen. Für den Auftraggeber gibt es keine Möglichkeit des unmittelbaren Produktvergleichs nach mehreren Kriterien, er kann sich lediglich unter Berücksichtigung eines für ihn wichtigen Kriteriums (Rendite, Risiko etc.) nach einem Alternativangebot am Markt umsehen. Was den Beratungsprozess anlangt, so orientiert sich dieser an den Vorgaben des Kunden. Im Falle einer betrieblichen Veranlagung wären dies beispielsweise Rendite, Risiko und Liquidität. Der Finanzberater wählt in weiterer Folge aus dem ihm zur Verfügung stehenden Produktangebot ein den Kundenanforderungen entspre-

25 *Wottawa*, 2002, S. 95.
26 *Wottawa*, 2002, S. 95 ff.
27 Es sei darauf hingewiesen, dass diesbezügliche Abhandlungen in der einschlägigen Literatur nahezu ausschließlich im Kontext der privaten Finanzberatung abgefasst wurden. Es sollen daher nur die wesentlichen Kernaussagen aufgegriffen werden, sofern diese auch auf die Finanzberatung von Unternehmen übertragbar sind.
28 *Lucius* et al., 2004, S. 45 ff.
29 Der Allfinanzgedanke steht hier für die Zielsetzung, Kunden durch umfassende Beratung mit den ihren Bedürfnissen entsprechenden Finanzdienstleistungen zu versorgen.

chendes Produkt aus und bietet es dem Klienten an. Dabei ist die Produktpalette, auf die der Berater zurückgreifen kann, meist fest vorgegeben. Große Institute wie Banken oder Versicherungen verfügen für fast alle Kundenanforderungen über entsprechende Produkte, kleinere Finanzdienstleistungsunternehmen müssen häufig auf die Angebote eben dieser großen Unternehmen zurückgreifen[30].

Die problemlösungsorientierte Finanzberatung ist gekennzeichnet durch das Vorhandensein standardisierter Produkte für bestimmte typische Problemstellungen, die dem Kunden meist als Bündel offeriert werden (betriebliche Altersvorsorge, betriebliche Sach- und Rechtsschutzversicherung etc.). Typischerweise kommt dieser Beratungsansatz in großen Strukturvertrieben[31] zur Anwendung. Aufgrund der breiten Fassung der Zielgruppen können jedoch auch bei diesem Ansatz die individuellen Bedürfnisse des Auftraggebers oftmals nicht ausreichend berücksichtigt werden[32]. Der Beratungsprozess im Zuge der problemlösungsorientierten Finanzberatung ist dadurch gekennzeichnet, dass zu Beginn des Beratungsgesprächs der Bedarf an einer Vermittlung von Finanzdienstleistungen erhoben wird (Finanz- und Subventionsanalyse). Zu diesem Zweck wird die aktuelle Ist-Situation des Kunden geklärt und dargestellt und seinen Zielsetzungen/Vorhaben gegenübergestellt. Ergeben sich dabei Diskrepanzen, so wird dem Kunden gemäß seinen Vorgaben für jedes definierte Ziel ein standardisiertes Produktpaket angeboten[33].

Während das Konzept der lebenszyklusbasierten Finanzberatung ausschließlich im Rahmen der Finanzberatung von Privaten Anwendung finden kann, wäre die Umsetzung der individuellen bedarfsorientierten Finanzberatung, im deutschsprachigen Raum auch als Financial Planning bezeichnet, auch im Kontext Wirtschaft vorstellbar. Dabei verzichtet der Finanzberater vollständig auf Standardisierung und kann gezielt die individuellen Bedürfnisse des Auftraggebers berücksichtigen. Dieser ganzheitliche Beratungsprozess setzt sich dabei aus folgenden Hauptschritten zusammen: Akquisitionsgespräch, Datenaufnahme, Analyse der Ist-Situation, Konzeption und schriftliche Dokumentation des Finanzplanes, Präsentation und Diskussion des Finanzplans im Rahmen eines Strategiegesprächs, Vereinbarungen über die Verantwortlichkeit und den Zeitplan für die notwendigen Maßnahmen, Umsetzung der Finanzplanung und Aktualisierung des Finanzplans zumindest alle zwei Jahre[34].

5. Spezifische Beratungskompetenzen

Um professionell beraten zu können, wurden im einleitenden Beitrag 1.2. Kompetenzentwicklung und Professionalisierung im Beratungskontext Basisqualifikatio-

30 *Kruschev*, 1999, S. 10 ff.

31 Bei einem Strukturvertrieb handelt es sich um eine Sonderform des Direktvertriebs. Der Unterschied zum klassischen Direktvertrieb besteht darin, dass Untervermittler unter anderem die Aufgabe haben, als selbstständige Vertriebspartner neue Vermittler anzuwerben.

32 *Kruschev*, 1999, S. 11.

33 *Stracke/Geitner*, 1992, S. 595; zitiert nach: *Lucius* et al., 2004, S. 48.

34 *Dembowski/Ehrlich*, 2002, S. 19 f.

nen vorausgesetzt, die in der Praxis gemeinsam mit anderen „weichen" Faktoren zum Einsatz kommen. Davon abgeleitet benötigen Finanzberater ausgeprägte Fähigkeiten in allen vier Grundkompetenzen des *Erpenbeck/Rosenstiel*-Modells (personale, aktivitäts- und umsetzungsorientierte, sozial-kommunikative Kompetenzen, Fach- und Methodenkompetenz). In weiterer Folge soll das Augenmerk auf die notwendigen spezifischen Kompetenzen professioneller Finanzberater gelegt werden. Es handelt sich dabei um intellektuelle, verhaltensspezifische bzw. zwischenmenschliche und spartenspezifische Kompetenzen.

Zu den intellektuellen Kompetenzen eines Finanzberaters zählt unter anderem die Fähigkeit der Problemanalyse. So müssen beispielsweise Anlageberater in der Lage sein, die Bedürfnisse und Ziele ihrer Kunden zu analysieren und zu bewerten sowie das vom WAG 2007 geforderte Kundenprofil sachgerecht und zweckdienlich zu erstellen[35]. Hierzu zählt auch die Registrierung relevanter Umweltveränderungen, wie etwa rechtlicher Neuerungen oder allgemeiner Veränderungen der makroökonomischen Rahmenbedingungen. Darüber hinaus sind aufgrund der Zunahme der Vielfalt und Komplexität der Finanzprodukte Wissbegier und eine Selbstverpflichtung zur laufenden Weiterbildung essentielle Merkmale professioneller Finanzberater. Diese diagnostischen Fähigkeiten werden durch eine professionelle Auftrittskompetenz, ausgereifte Gesprächsführungs-, Frage- und Verhandlungstechniken sowie Beeinflussungs- und Überzeugungsfähigkeiten eines Finanzberaters abgerundet. Einfacher ausgedrückt: Der Berater muss sein Produkt „verkaufen" können. Der Übergang zu den verhaltensspezifischen bzw. zwischenmenschlichen Fähigkeiten ist dabei fließend.

Kern dieser sozialen Fähigkeiten ist es, einerseits eine vertrauensbasierte Beziehung zum Kunden aufbauen zu können und andererseits eine vertrauenswürdige Vermittlung vorzunehmen. Beides ist eng miteinander verknüpft. Der durch die Finanzmarktkrise ausgelöste Vertrauensverlust spiegelt sich auch im Kleinen der Finanzberatung wider. Der Kunde darf nicht das Gefühl bekommen, dass ihm im Sinne der einseitigen Vorteilnahme nur ein Produkt „angedreht" werden soll; vielmehr muss speziell bei Veranlagungsprodukten Transparenz über Renditemöglichkeiten und die damit verbundenen Risiken und Kosten hergestellt werden – und das nicht nur im Kleingedruckten. Diese ethische Komponente der Berater-Kunden-Beziehung ist das Fundament langfristig erfolgreicher Finanzberatung und zeigt sich auch in MiFID und anderen europarechtlichen Vorgaben, die stets das Kundeninteresse an die erste Stelle setzen[36].

Das alles gründet auf einem fundierten Fachwissen, da Finanzberatung primär Fachberatung ist. Details zu den Zugangsvoraussetzungen der unterschiedlichen Finanzberater finden sich im Kapitel 7. Marktstruktur: Angebot und Nachfrage. Der Finanzberater sollte hierbei über die Fähigkeit verfügen, komplexe Sachverhalte in einfachen und verständlichen Worten wiederzugeben. Das ist eine Problematik, die

35 Österreichischer Verband Financial Planners & Finanzplaner Forum Österreich 2015, Stand 13.6.2016.
36 Österreichischer Verband Financial Planners & Finanzplaner Forum Österreich 2015, Stand 13.6.2016.

sich in zahlreichen Servicebeziehungen findet (z.B. Arzt–Patient). Nicht jeder Experte auf seinem Fachgebiet ist zugleich ein guter kommunikativer Vermittler und „Übersetzer". Die Schulung kommunikativer Fähigkeit ist daher unerlässlich. Dies unterstreicht nochmals, dass intellektuelle, soziale und fachliche Kompetenzen letztlich eine Einheit bilden müssen und nur in der Theorie getrennt voneinander betrachtet werden können.

6. Arten der Vergütung

Wie bereits im Kapitel 2. Definition: Finanzberatung in der Wirtschaft angesprochen, ist die Beratung in Geldangelegenheiten, insbesondere das Erbringen von Wertpapierdienstleistungen, stets mit der Frage verknüpft, welcher Art die Vergütung eines Beraters sein soll. In kaum einer anderen Branche ist das Spannungsfeld zwischen Eigen- und Kundeninteresse derart stark ausgeprägt wie in der Finanzwelt[37]. Die Verrechnung der Beratungsleistung kann auf drei unterschiedliche Arten erfolgen: Reines Honorar, Provision oder Mischform[38]. Während mit Honorarberatung jene Finanzberatung bezeichnet wird, bei welcher der Berater vollständig auf Provisionen der Produkteanbieter verzichtet und stattdessen ein Honorar vom Klienten erhält, bedeutet Provisionsberatung, dass ausschließlich Provisionen die Vergütung des Beraters ausmachen.

Teilweise wird die Meinung vertreten, dass Entlohnungssysteme auf Provisionsbasis stets in Widerspruch zu einer objektiven Wertpapierberatung stehen. So wurde beispielsweise in der Publikation „Finanzberatung in Österreich" aus dem Jahr 2004 die Art der Leistungsvergütung als ein wichtiges Kriterium für die Beurteilung der Beratungsqualität genannt und deutlich gemacht, dass nur die reine Beratung auf Honorarbasis den Berater vor dem Zielkonflikt zwischen dem Bestreben, das eigene Einkommen zu maximieren, und dem Wunsch des Kunden, seine Interessen bestmöglich gewahrt zu sehen, schützen könne. Selbst eine Mischform, bestehend aus Honorar mit Provisionselementen, könne diesem Konflikt nicht beikommen und sei problematisch[39].

Auch der europäische Gesetzgeber ist der Meinung, dass Beratung auf Provisionsbasis durchaus problembehaftet sein kann. So stellt die Markets in Financial Instruments Directive (MiFID)-Durchführungsrichtlinie[40] fest, dass eine Wertpapierfirma nicht ehrlich, redlich und professionell im bestmöglichen Interesse eines Kunden handelt, wenn sie im Zusammenhang mit der Erbringung der Wertpapierdienstleistung und Nebendienstleistung eine Gebühr oder Provision zahlt oder erhält[41]. Die Durchführungsrichtlinie durchbricht jedoch durch eine Reihe von Ausnahmen

37 *Hammer*, 2010, S. 12.
38 *Lucius* et al., 2004, S. 99.
39 *Lucius* et al., 2004, S. 99 f.
40 Die Regelungen der MiFID sind am 1. November 2007 in Österreich in Kraft getreten und wurden vorrangig im WAG 2007 umgesetzt.
41 *Ferstl*, 2009, S. 38.

dieses generelle Verbot von Anreizversprechen[42]. So ist weiterhin die Provisionsvergütung beispielsweise in Form von Ausgabeaufschlägen oder Bestandsprovisionen zulässig, entscheidend ist jedoch, dass durch das Anbieten oder Annehmen von Anreizversprechen kein Nachteil für den Kunden entstehen darf. Zusätzlich sind gemäß der MiFID-Rahmenrichtlinie (potenzielle) Kunden in verständlicher Weise über die Kosten und Nebenkosten zu informieren. Diese Regelung gilt sowohl für Privatkunden als auch für professionelle Kunden und ist im § 40 Abs. 1 Z 4 WAG 2007 umgesetzt. Präzisiert werden die erforderlichen Informationspflichten für Privatkunden im Artikel 33 der Durchführungsrichtlinie. Die Anlage 4 zu § 40 WAG 2007 setzt diesen Artikel um und regelt, welche Angaben die Informationen zu beinhalten haben:

1. Gesamtpreis, den der Kunde im Zusammenhang mit dem Finanzinstrument, der Wertpapierdienstleistung oder der Nebendienstleistung zu zahlen hat, einschließlich aller damit verbundenen Gebühren, Provisionen, Entgelte und Auslagen sowie aller über den Rechtsträger zu entrichtenden Abgaben, oder, wenn die Angabe eines genauen Preises nicht möglich ist, die Grundlage für die Berechnung des Gesamtpreises, damit der Kunde diesen überprüfen kann. Die vom Berater in Rechnung gestellten Provisionen sind in jedem Fall gesondert anzuführen.
2. Falls ein Teil des genannten Gesamtpreises in einer Fremdwährung zu zahlen ist oder einen Betrag in einer Fremdwährung darstellt, so sind die betreffende Währung, der anzuwendende Wechselkurs und die damit verbundenen Kosten dem Kunden mitzuteilen.
3. Gegebenenfalls einen Hinweis auf die Möglichkeit, dass dem Kunden aus Geschäften in Zusammenhang mit dem Finanzinstrument oder der Wertpapierdienstleistung noch weitere Kosten und Abgaben entstehen, die nicht über den Rechtsträger gezahlt oder in Rechnung gestellt werden.
4. Bestimmungen über die Zahlung oder sonstige Gegenleistungen.

Aus der Tatsache, dass sich der Artikel 33 der Durchführungsrichtlinie explizit nur an Privatkunden richtet, könnte der falsche Schluss gezogen werden, der europäische Gesetzgeber sei der Meinung, bei professionellen Kunden würde kein entsprechendes Informationsbedürfnis bezüglich der Kosten vorliegen. Dies ist jedoch insofern nicht richtig, als – wie bereits oben erwähnt – auch alle anderen Kunden in angemessener und verständlicher Weise über die Kosten und Nebenkosten zu informieren sind[43].

Um künftig die unabhängige Honorarberatung europaweit zu fördern, hat die Europäische Kommission im Rahmen der Neufassung der MiFID festgelegt, dass es zur Vermeidung von Interessenkonflikten künftig unabhängigen Finanzberatern nicht erlaubt sein wird, monetäre Vorteile anzunehmen[44].

42 *Brandl/Klausberger*, 2010b, S. 410.
43 Brandl/Klausberger, 2008, S. 297.
44 *Obermair*, 2016, Stand 10.6.2016.

7. Marktstruktur: Angebot und Nachfrage

Wie bereits in der Einleitung dieses Beitrags angesprochen, tragen neben der Vielzahl an Anbietern in der österreichischen Finanzberatungsbranche auch die unterschiedlichen Beratungsberechtigungen und Zugangsvoraussetzungen dazu bei, dass sich der Markt für Finanzberatung als äußerst unübersichtlich darstellt – dies gilt insbesondere für die Anbieterstruktur. Im Folgenden wird daher sowohl die Angebots- als auch die Nachfrageseite näher beleuchtet.

7.1. Angebotsstruktur

Aktuell finden sich am Markt für Finanzberatung in Österreich folgende wichtige Anbieter: Kreditinstitute, Finanzinstitute, Wertpapierfirmen, Wertpapierdienstleistungsunternehmen, Wertpapiervermittler, vertraglich gebundene Vermittler, gewerbliche Vermögensberater, Versicherungsunternehmen und Versicherungsvermittler. Aus dieser Vielzahl an Marktteilnehmern in der österreichischen Finanzberatungsbranche ergibt sich auch das Faktum der unterschiedlichen Beratungsberechtigungen und Zugangsvoraussetzungen. Um diesbezügliche Gemeinsamkeiten bzw. Unterschiede herausarbeiten zu können, werden folgend die einzelnen Anbieter einer genaueren Untersuchung unterzogen.

Zusammenfassend finden sich in der nachstehenden Tabelle die in Österreich zur Ausübung der Finanzberatung berechtigten wichtigsten Anbieter:

Anbieter	Grundlage
Kreditinstitute	Konzession nach BWG
Finanzinstitute	Konzession nach BWG
Wertpapierfirmen	Konzession nach WAG 2007
Wertpapierdienstleistungsunternehmen	Konzession nach WAG 2007
Wertpapiervermittler	Konzession nach GewO 1994
Vertraglich gebundene Vermittler	Konzession nach GewO 1994
Gewerbliche Vermögensberater	Konzession nach GewO 1994
Versicherungsunternehmen	Konzession nach VAG 2016
Versicherungsvermittler	Konzession nach GewO 1994

Tab. 1: Konzessionsgrundlagen (eigene Darstellung)

7.1.1. Kreditinstitute

Die 1. EU-Bankrechtskoordinierungs-Richtlinie aus dem Jahr 1977 definiert Kreditinstitute als Unternehmen, deren Tätigkeit darin besteht, Einlagen oder andere rückzahlbare Gelder des Publikums entgegenzunehmen und Kredite auf eigene Rechnung zu gewähren[45].

Bei der Umsetzung dieser EU-Richtlinie in nationales Recht hat der österreichische Gesetzgeber jedoch wesentlich mehr Geschäfte zu Bankgeschäften erklärt. Der § 1 Abs. 1 Bankwesengesetz [46]enthält eine taxative Aufzählung, welche Tätigkeiten – sofern sie gewerblich durchgeführt werden – Bankgeschäfte sind. Zu nennen sind hier vorrangig das Einlagen-, Giro-, Kredit-, Diskont-, Depot-, Devisen- und Valutengeschäft, der Handel mit Finanzinstrumenten und Wertpapieren (auf eigene oder fremde Rechnung) sowie das Emissions- und Investmentgeschäft. § 1 Abs. 4 BWG regelt ferner, dass die Liste der Bankgeschäfte durch den Bundesminister für Finanzen durch Verordnung geändert oder ergänzt werden kann, *„wenn dies auf Grund von inhaltlich ausreichend bestimmten Verpflichtungen der Republik Österreich, die sich aus dem Beitritt zur Europäischen Union ergeben, erforderlich ist"*. Gemäß § 1 Abs. 1 BWG ist ein Kreditinstitut, wer berechtigt ist, eben diese Bankgeschäfte zu betreiben.

Über diese den Kreditinstituten vorbehaltenen Bankgeschäfte hinausgehend sind Kreditinstitute gemäß § 1 Abs. 3 BWG auch zur Erbringung der in § 3 Abs. 2 Z 1 bis 3 WAG 2007 genannten Wertpapierdienstleistungen berechtigt. Es handelt sich dabei um die Anlageberatung, die Vermögensverwaltung und die Abschlussvermittlung.

Neben dem Wechselstubengeschäft und den den Finanzinstituten zugeordneten Geschäften ist ein Kreditinstitut auch zur Ausübung aller sonstigen Tätigkeiten berechtigt, die mit ihrer Banktätigkeit in unmittelbarem Zusammenhang stehen oder Hilfstätigkeiten in Bezug auf diese darstellen. Dabei handelt es sich primär um die Vermittlung von Bausparverträgen, Unternehmen und Betrieben und Investmentfonds- bzw. Eigenmittelanteilen, die Erbringung von Dienstleistungen im Bereich der automatischen Datenverarbeitung sowie den Vertrieb von Kreditkarten. Ferner dürfen Kreditinstitute mit Münzen, Medaillen und Barren aus Gold handeln sowie Schrankfächer vermieten. Unter bestimmten Voraussetzungen sind Kreditinstitute auch zur Ausgabe von „E-Geld"[47] berechtigt[48].

Im § 5 Abs. 1 BWG finden sich detaillierte Kriterien für die Konzessionserteilung. So muss unter anderem jedes Kreditinstitut in der Rechtsform einer Kapitalgesellschaft, einer Genossenschaft oder einer Sparkasse geführt werden, das Anfangskapital oder die Anfangsdotation hat mindestens fünf Millionen Euro zu betragen und muss den Geschäftsleitern unbeschränkt und ohne Belastung im Inland zur freien Verfügung stehen. Ein Kreditinstitut muss ferner über mindestens zwei auf Grund

45 *Lucius* et al., 2004, S. 36.
46 BWG BGBl. 1993/532 i.d.F. BGBl. I 2015/159.
47 Gemäß § 1 Abs. 1 E-Geldgesetz 2010 (BGBl. I 2010/107 i.d.F. BGBl. I 2015/68) ist unter „E-Geld" jeder elektronisch gespeicherte monetäre Wert in Form einer Forderung gegenüber dem E-Geld-Emittenten, der gegen Zahlung eines Geldbetrags ausgestellt wird, zu verstehen.
48 FMA 2016, Stand 2.6.2016.

ihrer Vorbildung fachlich geeignete Geschäftsleiter verfügen, welche die für den Betrieb eines Kreditinstitutes erforderlichen Erfahrungen aufzuweisen haben. Gemäß § 4 Abs. 2 BWG hat die Erteilung der Konzession durch die Finanzmarktaufsichtsbehörde (FMA) zwingend schriftlich zu erfolgen und kann mit entsprechenden Bedingungen und Auflagen versehen werden, nur auf einzelne oder mehrere Bankgeschäfte lauten sowie Teile von einzelnen Bankgeschäften aus dem Konzessionsumfang ausnehmen. Um in angemessener Frist Auskünfte über den aktuellen Konzessionsumfang von Kreditinstituten erteilen zu können, hat die FMA gemäß § 4 Abs. 8 BWG eine adäquate Datenbank zu führen, wobei die Abfrage dieser Daten auch über das Internet ermöglicht werden muss.

Kreditinstitute unterliegen der Aufsicht durch die österreichische Finanzmarktaufsichtsbehörde.

7.1.2. Finanzinstitute

Gemäß § 1 Abs. 2 BWG ist ein Finanzinstitut, wer kein Kreditinstitut im Sinne obiger Definition ist und berechtigt ist, eine oder mehrere der folgenden Tätigkeiten gewerbsmäßig durchzuführen, sofern diese als Haupttätigkeit betrieben werden: Den Abschluss von Leasingverträgen (Leasinggeschäft), die Beratung von Unternehmen über die Kapitalstruktur, die industrielle Strategie und die damit verbundenen Fragen sowie die Beratung und die Erbringung von Dienstleistungen auf dem Gebiet der Zusammenschlüsse und Übernahme von Unternehmen, die Erteilung von Handelsauskünften, die Erbringung von Schließfachverwaltungsdiensten, die Erbringung von Zahlungsdiensten und die Ausgabe von E-Geld.

§ 1 Abs. 4 BWG bestimmt, dass – unter denselben Voraussetzungen wie bei den Kreditinstituten – auch diese Liste der Tätigkeiten vom Bundesminister für Finanzen durch Verordnung geändert oder ergänzt werden kann, jedoch im Einvernehmen mit dem Bundesminister für Wissenschaft, Forschung und Wirtschaft.

7.1.3. Wertpapierfirmen

Gemäß § 3 Abs. 1 WAG 2007 ist eine Wertpapierfirma eine juristische Person, die ihren Sitz und ihre Hauptverwaltung in Österreich hat und aufgrund des WAG 2007 berechtigt ist, Wertpapierdienstleistungen und Anlagetätigkeiten zu erbringen. Dabei ist zu beachten, dass die Wertpapierfirma explizit von jenen Rechtsträgern abgegrenzt wird, deren Berechtigung zur Erbringung von Wertpapierdienstleistungen sich aus anderen Rechtsgrundlagen ergibt, wie etwa Kreditinstitute oder Wertpapierdienstleistungsunternehmen[49].

Gemäß § 3 Abs. 2 Z 1 bis 4 WAG 2007 ist das Kerngeschäft einer Wertpapierfirma die Erbringung folgender Wertpapierdienstleistungen: Anlageberatung, Vermögensverwaltung, Abschlussvermittlung und Betrieb eines multilateralen Handelssystems.

---

49 *Brandl/Klausberger*, 2010a, S. 59.

§ 3 Abs. 3 WAG 2007 regelt ferner, dass Wertpapierfirmen (und Kreditinstitute) auch zur Wertpapier- und Finanzanalyse und zu sonstigen allgemeinen Empfehlungen zu Geschäften mit Finanzinstrumenten berechtigt sind. Alle anderen Wertpapiergeschäfte bedürfen einer Konzession nach dem BWG; somit wurde die bis zum Inkrafttreten des WAG 2007 geltende Abgrenzung zwischen BWG und WAG-Konzessionen beibehalten[50]. Wertpapierfirmen dürfen – im Unterschied zu Kreditinstituten – zu keiner Zeit Schuldner ihrer Kunden werden, da das Halten von Geld, Wertpapieren oder sonstigen Instrumenten der Kunden gemäß § 3 Abs. 5 Z 4 WAG 2007 verboten ist.

Gemäß § 3 Abs. 2 WAG 2007 bedarf die gewerbliche Erbringung oben angeführter Wertpapierdienstleistungen einer Konzession der FMA, die umfangreichen Konzessionsvoraussetzungen finden sich im § 3 Abs. 5 und 6 WAG 2007. So muss unter anderem eine Wertpapierfirma in der Rechtsform einer Kapitalgesellschaft oder Genossenschaft geführt werden. Das Mindestkapital ist abhängig vom Umfang des Geschäftsgegenstands der Wertpapierfirma, es hat bei der reinen Anlageberatung und/oder Abschlussvermittlung zumindest 50.000 Euro zu betragen und steigt auf 125.000 bzw. 730.000 Euro, sofern der Geschäftsgegenstand die Vermögensverwaltung bzw. den Betrieb eines multilateralen Handelssystems umfasst. Das Eigenkapital muss den Geschäftsleitern, welche auf Grund ihrer Vorbildung fachlich geeignet sein und die für die Erbringung von Wertpapierdienstleistungen erforderlichen Eigenschaften und Erfahrungen aufweisen müssen, unbeschränkt und ohne Belastung zur freien Verfügung stehen. Gemäß § 3 Abs. 8 WAG 2007 hat die Erteilung der Konzession durch die FMA zwingend schriftlich zu erfolgen und kann wiederum mit entsprechenden Bedingungen und Auflagen versehen werden, nur auf einzelne oder mehrere Wertpapierdienstleistungen lauten sowie Teile von einzelnen Dienstleistungen aus dem Konzessionsumfang ausklammern.

7.1.4. Wertpapierdienstleistungsunternehmen

Von der Wertpapierfirma abzugrenzen ist das so genannte Wertpapierdienstleistungsunternehmen gemäß § 4 WAG 2007. Dabei handelt es sich um Unternehmen, die als Geschäftstätigkeit ausschließlich die Anlageberatung und/oder Abschlussvermittlung zum Gegenstand haben, sofern der jährliche Gesamtumsatz aus Wertpapierdienstleistungen zwei Millionen Euro nicht übersteigt. Für diese Unternehmen sieht der Gesetzgeber erleichterte Konzessionsvoraussetzungen vor; so gelten beispielsweise die unter Punkt „Wertpapierfirmen“ angeführten Mindestkapitalanforderungen nicht, wenn das Wertpapierdienstleistungsunternehmen durch eine entsprechende Berufshaftpflichtversicherung abgesichert ist. Wertpapierdienstleistungsunternehmen ist es jedoch untersagt, sich als Wertpapierfirma zu bezeichnen, und sie dürfen ihre Dienstleistungen ausschließlich im Inland erbringen.

50 *Brandl/Klausberger*, 2010a, S. 60.

Wertpapierfirmen und Wertpapierdienstleistungsunternehmen werden, wie auch Kreditinstitute, von der österreichischen Finanzmarktaufsichtsbehörde beaufsichtigt.

7.1.5. Wertpapiervermittler

Am 1. September 2012 hat das Gewerbe des Wertpapiervermittlers den so genannten Finanzdienstleistungsassistenten abgelöst. Es handelt sich nunmehr um ein reglementiertes Gewerbe mit Weiterbildungsverpflichtungen. Folgende Regelungen waren in der Übergangsphase zu beachten: Seit September 2012 war die Eintragung einer neuen Gewerbeberechtigung als Finanzdienstleistungsassistent nicht mehr möglich; Finanzdienstleistungsassistenten, die bereits zu diesem Zeitpunkt ein Jahr bestanden hatten, konnten ihre Tätigkeit während der Übergangsfrist von zwei Jahren noch weiter ausüben, danach verloren jedoch diese Gewerbeberechtigungen ihre Gültigkeit[51].

§ 2 Abs. 1 Z 15 WAG 2007 regelt den so genannten Wertpapiervermittler. Demnach benötigen natürliche Personen mit der Gewerbeberechtigung „Wertpapiervermittler", welche die Anlageberatung und/oder Abschlussvermittlung im Namen und auf Rechnung einer Wertpapierfirma oder eines Wertpapierdienstleistungsunternehmen erbringen, keine Konzession nach dem WAG 2007. Dies gilt analog für natürliche Personen mit der Gewerbeberechtigung „Gewerbliche Vermögensberatung". In beiden Fällen ist jedoch zu beachten, dass der Beratungs-/Leistungsumfang auf übertragbare Wertpapiere und Anteile an in- oder ausländischen Kapitalanlagefonds, in- oder ausländischen Immobilienfonds oder ähnlichen Einrichtungen, die Vermögenswerte mit Risikostreuung zusammenfassen, beschränkt ist. Der Wertpapiervermittler agiert selbständig als Erfüllungsgehilfe und darf seine Dienstleistungen nur für Wertpapierfirmen und Wertpapierdienstleistungsunternehmen erbringen, wobei er maximal für drei Unternehmen tätig werden darf. Gemäß § 136c GewO 1994 haben sich Wertpapiervermittler regelmäßig – spätestens innerhalb von drei Jahren – fortzubilden, wobei der Gesetzgeber Schulungen mit mindestens vierzig Stunden an einschlägigen Lehrgängen bei einer unabhängigen Ausbildungsinstitution als angemessen ansieht. Der Wertpapiervermittler ist gemäß § 136d GewO 1994 bei jeder Geschäftsaufnahme zur eindeutigen Offenlegung des jeweiligen Geschäftsherrn verpflichtet, darüber hinaus muss er auf die Eintragung im Register bei der FMA hinweisen, welches auf der Internetseite der FMA abrufbar ist.

Die Wertpapiervermittlung gemäß § 94 Z 77 GewO 1994 ist ein reglementiertes Gewerbe, dessen Ausübung an einen Befähigungsnachweis gebunden ist. Gemäß § 1 Abs. 1 Wertpapiervermittlungsverordnung[52] gilt die fachliche Qualifikation für den Antritt des uneingeschränkten Gewerbes des Wertpapiervermittlers durch fol-

---

51 Wirtschaftskammer Österreich 2015, Stand 3.6.2016.
52 BGBl. II 2012/88, ausgegeben am 28. März 2012.

gende Belege als erfüllt: Zeugnisse über die erfolgreich abgelegte Befähigungsprüfung oder den erfolgreichen Abschluss eines fachlich einschlägigen wirtschaftswissenschaftlichen Studiums, den erfolgreichen Abschluss eines fachlich einschlägigen, mindestens viersemestrigen Fachhochschul-Studienganges oder eines fachlich einschlägigen, mindestens viersemestrigen Universitätslehrganges oder eines fachlich einschlägigen, mindestens viersemestrigen Lehrganges universitären Charakters mit einem Ausbildungsumfang von je mindestens 75 ECTS und eine mindestens einjährige fachlich einschlägige Tätigkeit. § 1 Abs. 2 der Verordnung regelt, dass die fachlich einschlägige Ausbildung zwingend Lehrveranstaltungen im Bereich Investition beinhalten muss. Als fachlich einschlägige Tätigkeiten gelten die im Gewerbe oder in anderen Unternehmen (insbesondere in Kreditinstituten, Wertpapierfirmen oder Wertpapierdienstleistungsunternehmen) anfallenden einschlägigen Beratungs- und Vermittlungstätigkeiten. Im Rahmen dieses Praxisjahres muss der künftige Wertpapiervermittler Erfahrungen im Bereich Investitionen gesammelt haben, wobei sich im Falle einer Teilzeitbeschäftigung die Mindestdauer der Tätigkeit anteilig verlängert.

7.1.6. Vertraglich gebundene Vermittler

Der Begriff des vertraglich gebundenen Vermittlers findet sich im § 1 Z 20 WAG 2007. Darunter ist jede natürliche oder juristische Person zu verstehen, die als Erfüllungsgehilfe oder sonst unter vollständiger und unbedingter Haftung einer einzigen Wertpapierfirma oder eines einzigen Kreditinstituts selbständig Wertpapierberatungs- und Wertpapiervermittlungsdienstleistungen erbringt. Ein vertraglich gebundener Vermittler ist per Definition somit keine Wertpapierfirma und benötigt daher auch keine Konzession nach dem WAG 2007. Gemäß § 28 Abs. 1 WAG 2007 umfasst sein Dienstleistungsspektrum folgende Tätigkeiten: die Förderung des Dienstleistungsgeschäfts des Haftungsträgers, die Akquisition neuer Geschäfte, die Abschlussvermittlung, das Platzieren von Finanzinstrumenten und die Anlageberatung hinsichtlich der Finanzinstrumente und Dienstleistungen, die vom Haftungsträger angeboten werden.

Ein vertraglich gebundener Vermittler darf nicht gleichzeitig auch Wertpapiervermittler sein. Bezüglich Finanzinstrumenten nach dem WAG 2007 bestehen für den vertraglich gebundenen Vermittler keine Einschränkungen, solange sein Haftungsträger diese auch anbietet. Er agiert als so genannter Exklusivvermittler, er darf daher als Erfüllungsgehilfe nur für eine Wertpapierfirma oder für ein Kreditinstitut tätig werden. Bei der Kontaktaufnahme mit Kunden oder vor dem Geschäftsabschluss ist der vertraglich gebundene Vermittler zur Mitteilung der Tatsache verpflichtet, dass er ausschließlich im Namen und Auftrag des Haftungsträgers seine Dienstleistungen erbringt[53].

53 Wirtschaftskammer Österreich 2013, S. 3 ff., Stand 6.6.2016.

Um oben angeführte Tätigkeiten als vertraglich gebundener Vermittler ausüben zu können, sind gemäß § 28 Abs. 5 WAG 2007 folgende Voraussetzungen erforderlich: der Gewerbeschein der Gewerblichen Vermögensberatung, die Eintragung in das öffentliche Register der FMA und die erforderliche Zuverlässigkeit und entsprechende allgemeine, kaufmännische und berufliche Kenntnisse, um alle relevanten Informationen über die angebotene Dienstleistung korrekt an den Kunden weiterzuleiten zu können – letzterer Punkt wird in aller Regel durch die erste Voraussetzung erfüllt sein.

7.1.7. Gewerbliche Vermögensberater

Gemäß § 136a GewO 1994 hat der gewerbliche Vermögensberater die Berechtigung zur Beratung bei Aufbau, Sicherung und Erhaltung von Vermögen und über Finanzierungen, mit Ausnahme der Anlageberatung in Bezug auf Finanzinstrumente. Des Weiteren ist er zur Vermittlung von Veranlagungen und Investitionen (ausgenommen Finanzinstrumente), Personalkrediten, Hypothekarkrediten, Finanzierungen sowie Lebens- und Unfallversicherungen berechtigt. Die Ausübung dieses Gewerbes setzt zwingend den Abschluss einer entsprechenden Vermögensschadenhaftpflichtversicherung voraus. Ein gewerblicher Vermögensberater ist somit nicht zur Erbringung von Wertpapierdienstleistungen berechtigt, diese Dienstleistungen sind ausschließlich Kreditinstituten und Wertpapierfirmen bzw. eingeschränkt auch Wertpapierdienstleistungsunternehmen vorbehalten. Möchte ein gewerblicher Vermögensberater daher beispielsweise auch über Finanzinstrumente nach WAG 2007 beraten, so darf er dies nur als Wertpapiervermittler oder als vertraglich gebundener Vermittler tun. Ein gewerblicher Vermögensberater, der als Wertpapiervermittler tätig ist, darf außerdem nicht zugleich als vertraglich gebundener Vermittler tätig sein und vice versa.

Bei der gewerblichen Vermögensberatung handelt es sich wie beim Wertpapiervermittler um ein reglementiertes Gewerbe, dessen Ausübung an einen Befähigungsnachweis gebunden ist. Gemäß § 1 Abs. 1 Gewerblicher Vermögensberater-Verordnung [54]gelten zum Antritt des uneingeschränkten Gewerbes grundsätzlich dieselben Zugangsvoraussetzungen wie jene für den Wertpapiervermittler, folgende umfangreichere Regelungen sind jedoch zu beachten: § 1 Abs. 2 der Verordnung regelt, dass die fachlich einschlägige Ausbildung nicht nur Lehrveranstaltungen im Bereich Investitionen, sondern auch in den Themengebieten Finanzierungen sowie Lebens- und Unfallversicherungen beinhalten muss. Im Rahmen des Praxisjahres müssen über den Bereich Investitionen hinausgehend auch Erfahrungen bei Finanzierungen und Lebens- und Unfallversicherungen gesammelt werden. Für das auf die Personal- und Hypothekarkreditvermittlung eingeschränkte Gewerbe gelten erleichterte Zugangsvoraussetzungen.[55]

54 BGBl. II 2012/87, ausgegeben am 28. März 2012.
55 Details dazu siehe § 2 Gewerblicher Vermögensberater-Verordnung.

7.1.8. Versicherungsunternehmen

Versicherungsunternehmen betreiben das Geschäft der Sach- und/oder Personenversicherung oder sind als so genannte Kompositversicherer tätig. Gemäß § 6 Abs. 3 Versicherungsaufsichtsgesetz 2016 [56] dürfen außer der Vertragsversicherung nur solche Geschäfte betrieben werden, die mit dieser in unmittelbarem Zusammenhang stehen. Das kann unter anderem die Vermittlung von Bausparverträgen, Leasingverträgen und Investmentfondsanteilen sein. Im Rahmen der Versicherungsberatung bzw. -vermittlung setzen Versicherungsunternehmen entweder eigene Angestellte (Innendienstmitarbeiter) ein oder sie bedienen sich der unten angeführten Versicherungsvermittler (Versicherungsagent, Versicherungsmakler und Berater in Versicherungsangelegenheiten). Versicherungsunternehmen unterliegen dem Versicherungsaufsichtsgesetz und werden wie Kreditinstitute, Wertpapierfirmen und Wertpapierdienstleistungsunternehmen von der FMA beaufsichtigt.[57]

7.1.9. Versicherungsvermittler

Gemäß § 137a GewO 1994 ist ein Versicherungsvermittler jede natürliche oder juristische Person oder eingetragene Personengesellschaft, die die Tätigkeit der Versicherungsvermittlung gegen Vergütung aufnimmt oder ausübt. Wie bereits im Kapitel 3. Zentrale Aufgaben und Fragestellungen dargelegt, ist die Versicherungsvermittlung definiert als das Anbieten, Vorschlagen oder Durchführen anderer Vorbereitungsarbeiten zum Abschließen von Versicherungsverträgen oder das Abschließen von Versicherungsverträgen selbst oder das Mitwirken bei deren Verwaltung und Erfüllung, insbesondere im Schadensfall. Die Versicherungsvermittlung kann nach § 137 Abs. 2 GewO 1994 entsprechend der tatsächlichen Beziehung zum Versicherungsunternehmen in der Form „Versicherungsagent“ oder als „Versicherungsmakler und Berater in Versicherungsangelegenheiten“ erfolgen.

Das Gewerbe der Versicherungsvermittlung ist ein reglementiertes und bedarf daher entsprechender Nachweise[58]. Während direkt bei Versicherungsvermittlern beschäftigte Mitarbeiter die fachliche Qualifikation durch geeignete Ausbildungen (beispielsweise die Prüfung zur Erlangung des Außendienstzertifikats bei der Bildungsakademie der Österreichischen Versicherungswirtschaft – BÖV-Prüfung) oder den Nachweis umfangsmäßig und inhaltlich vergleichbarer interner Schulungen erlangen, ist für den Antritt der Gewerbe Versicherungsagent bzw. Versicherungsmakler und Berater in Versicherungsangelegenheiten eine eigene Befähigungsprüfung vorgesehen. Zusätzlich sind weitere Nachweise zu erbringen.[59] Bezüglich der Vermittlung von Lebens- und Unfallversicherungen im Rahmen der gewerblichen Vermögensberatung gilt die fachliche Qualifikation durch die Absol-

56 VAG 2016 BGBl. I 2015/34 i.d.F. BGBl. I 2015/159.
57 *Lucius* et al., 2004, S. 24 und 39.
58 Versicherungsvermittler-Verordnung, BGBl. II 2010/156, ausgegeben am 1. Juni 2010.
59 Details dazu siehe § 4 bzw. § 6 Versicherungsvermittler-Verordnung.

vierung des jeweils entsprechenden Teiles der Befähigungsprüfung für den gewerblichen Vermögensberater als erfüllt.

§ 137c Abs. 1 GewO 1994 setzt für die Ausübung dieses Gewerbes den Abschluss einer entsprechenden Berufshaftpflichtversicherung voraus.

7.2. Nachfragestruktur

Im Jahr 2008 veröffentlichte die Fachhochschule Wiener Neustadt eineempirische Studie zur Angebots- und Nachfragestruktur der Wirtschaftsberatung in Österreich, wobei folgende Branchen berücksichtigt wurden: Unternehmensberatung, IT-Beratung, Marketingberatung, Steuerberatung & Wirtschaftsprüfung, Finanzberatung und Immobilienberatung. Im Folgenden werden die Kernaussagen betreffend der Nachfrageseite von Finanzberatung zusammengefasst[60][61]:

Den Ergebnissen der Studie zufolge haben alle sechs Beratungsbranchen gemeinsam, dass sie vorwiegend kleine und mittelständische Unternehmen beraten. Die Verteilung der Kunden in der gewählten Stichprobe spiegelt somit im Großen und Ganzen die gesamtösterreichische Unternehmensstruktur wider. Rund drei Viertel der Unternehmen, die Wirtschaftsberatung in Anspruch nehmen, sind Klein- und Mittelbetriebe und beschäftigen im Durchschnitt vier Mitarbeiter.

In der Finanzberatungsbranche werden die meisten Projekte in der Dienstleistungsbranche durchgeführt, gefolgt von den Branchen Handel und Gewerbe/Handwerk. Beratungsaufträge von Telekommunikationsunternehmen und Unternehmen der Medien- bzw. Unterhaltungsbranche spielen hingegen eine deutlich untergeordnete Rolle, nur etwa jeder zehnte Finanzberater zählt diese Unternehmen zu seinen Kunden. Interessant ist die Tatsache, dass Finanzberater kaum Projekte außerhalb Österreichs durchführen – nicht einmal jedes zehnte befragte Beratungsunternehmen gibt an, für ausländische Unternehmen Finanzberatung angeboten zu haben.

Als Hauptgrund für die Inanspruchnahme von Finanzberatung wird die Analyse der aktuellen finanziellen Situation genannt. Während auch fehlendes internes Knowhow häufig ein Anlass für Finanzberatung ist, wird das Kriterium „fehlende Ressourcen" am seltensten genannt.

Was die in Anspruch genommenen Beratungsleistungen betrifft, verzeichnet die Finanzberatung – neben der IT-Beratung – die stärksten Zuwächse. Mehr als ein Viertel (28 %) aller befragten Unternehmen, die sich beraten lassen, greift auch auf Beratungsleistungen im Bereich der Finanzberatung zurück, der Anteil konnte gegenüber dem Jahr 2006 somit nahezu verdoppelt werden. Werden hingegen die geplanten künftigen Ausgaben für Finanzberatung betrachtet, fällt auf, dass die überwiegende Mehrheit der befragten Unternehmen (89 %) keine Änderungen plant.

60 Die Ergebnisse beziehen sich auf das letzte abgeschlossene Geschäftsjahr zum Zeitpunkt der Befragung.
61 *Kainz/Torggler*, 2008, S. 255 ff.

8. Neufassung der MiFID: MiFID II

Was die Entwicklungen der letzten Jahre betrifft, so standen diese eindeutig im Lichte der Stabilisierung und Regulierung der Finanzmärkte. So hat beispielsweise – auf Basis europarechtlicher Vorgaben und Beschlüsse – der österreichische Gesetzgeber im Oktober 2008 ein umfassendes und nachhaltiges Maßnahmenpaket zur Sicherung und Stabilisierung des österreichischen Finanzmarktes verabschiedet. Die zentralen Inhalte dieses Maßnahmenpakets zum Schutz der Sparer und zur Absicherung und Stärkung der Kreditinstitute und Versicherungen waren folgende: Belebung des Interbankmarktes, Stärkung und Stabilisierung einzelner Institute und Stärkung der Aufsicht[62].

Bezüglich Neuregulierung der Finanzberatung, im Speziellen der Anlageberatung, ist die Neufassung der MiFID von zentraler Bedeutung. „MiFID" steht für „Markets in Financial Instruments Directive" (deutsch: Richtlinie über Märkte für Finanzinstrumente, ebenso amtlich in Kurzform: Finanzmarktrichtlinie) und ist eine Richtlinie der EU zur Harmonisierung der Finanzmärkte im europäischen Binnenland.[63] Hauptziel dieser Richtlinie ist es, die Anleger durch erhöhte Transparenz, detailliertere Informationen sowie durch strengere Vorschriften für die beratenden Unternehmen zu schützen[64]. Die Regelungen der MiFID tragen am 1. November 2007 in Österreich in Kraft und wurden vorrangig im WAG 2007 umgesetzt.

Die Marktentwicklung der letzten Jahre hat jedoch Mängel bei einigen der Grundprinzipien aufgezeigt. Zielsetzung von MiFID II ist es, diese Schwächen zu beheben und die derzeit geltenden Regelungen für Wertpapiermärkte zu verstärken oder zu ersetzen. Am 20. Oktober 2011 wurde der Vorschlag zur Neuregelung der MiFID veröffentlicht. Die Europäische Kommission verfolgt mit dem Regelwerk MiFID II, das sich aus einer Richtlinie und einer Verordnung zusammensetzt, folgende zentrale Ziele: Gestaltung widerstandsfähiger und effizienter Markstrukturen (Handel auf regulierten Plattformen, Einführung von Vorschriften für den Hochfrequenzhandel), Erhöhung der Transparenzvorschriften, Ausweitung der Befugnisse der Aufsichtsbehörden, stärkere Regulierung der Warenderivatemärkte, Verbesserung der Wettbewerbsbedingungen für den Handel mit Finanzinstrumenten und deren Clearing sowie eine weitere Verbesserung des Anlegerschutzes durch die Implementierung neuer organisatorischer Anforderungen und verschärfter Wohlverhaltensregeln[65]. Die Neufassung der MiFID wird die Finanzmärkte effizienter, widerstandsfähiger und transparenter machen und für ein stabileres Umfeld für Wertpapiermärkte, Anlagevermittler und Handelsplätze in der Europäischen Union sorgen[66].

---

62 Bundesministerium für Finanzen 2016, Stand 8.6.2016.
63 *Schwintowski*, 2007, S. 11.
64 *Schwintowski*, 2007, S. 11 ff.
65 Die Wohlverhaltensregeln nach dem WAG 2007 regeln Verhaltenspflichten, die ein Anbieter bei der Erbringung von Wertpapierdienstleistungen gegenüber seinen Kunden einzuhalten hat.
66 Europäische Kommission 2016, Stand 10.6.2016 und *Saric*, 2012, S. 2, Stand 10.6.2016.

Um den Anlegerschutz nachhaltig stärken zu können, legt die Richtlinie besonderes Augenmerk auf die Anlageberatung, Dokumentation der an Kunden erbrachten Dienstleistungen und Qualität der Auftragsausführung. Dabei kommen der Grundsatz des ehrlichen, redlichen und professionellen Handelns und die Verpflichtung, fair und klar gegenüber Kunden zu agieren, zur Anwendung. Zur Vermeidung von Interessenkonflikten wird es wie bereits erwähnt künftig unabhängigen Finanzberatern nicht erlaubt sein, monetäre Vorteile anzunehmen[67].

Aus derzeitiger Sicht haben die Mitgliedstaaten die Vorschriften von MiFID II spätestens bis zum 3. Januar 2018 umzusetzen[68].

Folgendes Zitat des ehemaligen Regierungsbeauftragten für den Kapitalmarkt *Richard Schenz* aus dem Jahr 2004 soll abschließend aufgegriffen werden:

> „Zunehmende Geldvermögen, eine rasant steigende Vielfalt an Anlageinstrumenten, Unsicherheit an den Finanzmärkten, ein stetig wachsendes Bedürfnis nach privater Altersvorsorge – es gibt zahlreiche Gründe, die eine qualifizierte Finanzberatung immer wichtiger erscheinen lassen."

Auch mehr als zehn Jahre später hat sich an dieser zentralen Botschaft wohl kaum etwas geändert. Ganz im Gegenteil, die Vielfalt und Komplexität der Finanzprodukte haben weiter zugenommen und die Unsicherheit an den Finanzmärkten hat sich durch den Ausbruch der Finanzkrise im Jahr 2007 noch deutlich verschärft. Das sind nur zwei Gründe, warum auch in Zukunft ein hoher Bedarf an qualifizierter Finanzberatung gegeben sein wird.

Literatur

Brandl, Ernst/Klausberger, Philipp (2010a): § 3: Wertpapierfirmen. In *Brandl, Ernst/Saria, Gerhard* (Hrsg.), WAG Wertpapieraufsichtsgesetz. Kommentar (S. 54–65). 2., aktualisierte und überarbeitete Auflage, Wien: Springer-Verlag.

Brandl, Ernst/Klausberger, Philipp (2010b): § 39: Gewährung und Annahme von Vorteilen. In *Brandl, Ernst/Saria, Gerhard* (Hrsg.), WAG Wertpapieraufsichtsgesetz. Kommentar (S. 404–420). 2., aktualisierte und überarbeitete Auflage, Wien: Springer-Verlag.

Brandl, Ernst/Klausberger, Philipp (2008): 6. Abschnitt: Information für Kunden. In *Brandl, Ernst/Saria, Gerhard* (Hrsg.), WAG Wertpapieraufsichtsgesetz. Kommentar (S. 285–304). Wien: Springer-Verlag.

Brandl, Ernst/Saria, Gerhard (Hrsg.) (2010): WAG Wertpapieraufsichtsgesetz. Kommentar. 2., aktualisierte und überarbeitete Auflage, Wien: Springer-Verlag.

67 *Obermair*, 2016, Stand 10.6.2016.
68 Europäische Kommission 2016, Stand 10.6.2016.

Brandl, Ernst/Saria, Gerhard (Hrsg.) (2008): WAG Wertpapieraufsichtsgesetz. Kommentar. Wien: Springer-Verlag.

Breiting, Frank (2008): Vermittlungsprovision: ein Reizthema. In: bank und markt (Heft 1/Januar 2008), S. 36–38.

Bundesministerium für Finanzen (2016): Finanzmarkt. Finanzmarktstabilitätspaket. Internetadresse: https://www.bmf.gv.at/finanzmarkt/finanzmarktstabilitaet/finanzmarkt-stabilitaet-paket.html, Stand 8.6.2016.

Carl, Reinhard/Letzing, Marc (Hrsg.) (2002): Finanzberatung. Persönlichkeit und Know-how für die umfassende Kundenbetreuung. Stuttgart: Schäffer-Poeschel Verlag.

Dembowski, Anke/Ehrlich, Bernhard (2002): Financial Planning. Ganzheitliche Finanzkonzepte für gehobene Privatanleger. Düsseldorf/Berlin: Metropolitan Verlag.

Egger, Walter/Häfke-Schönthaler, Johanna/Hasenzagl, Rupert/Stocker, Ferry (Hrsg.) (2008): Wirtschaftsberatung in Österreich. Markt und Branche, Struktur und Entwicklungen. Wien: Facultas Verlag.

Europäische Kommission (2016): Kommission verlängert Anwendungsfrist für MiFID II um ein Jahr. 10.02.2016, Internetadresse: http://europa.eu/rapid/press-release_IP-16-265_de.htm?locale=de, Stand 10.6.2016.

Ferstl, Eric (2009): Vergütungssysteme und MiFID: bisher kein Paradigmenwechsel. In: bank und markt, (Heft 7/Juli), S. 37-39.

FMA (2016): Unternehmen/Banken: Kurzübersicht. 26.4.2016, Internetadresse: http://www.fma.gv.at/de/unternehmen/banken.html, Stand 2.6.2016.

Hammer, Markus (2010): Zwischen Rendite und Moral: Gesellschaftliche Ansprüche und Anforderungen an die Finanzberatung. In *Walter, Thomas/Greunke, Uwe* (Hrsg.), Finanzberatung 2015. Warum sich die Finanzindustrie jetzt nachhaltig neu erfinden muss (S. 11–23). 2. Auflage, Düsseldorf: Corporate Publishing Services.

Kainz, Günther/Torggler, Michael (2008): Zusammenfassende Darstellung der Angebots- und Nachfragestruktur am österreichischen Markt für Beratung 2008. In *Egger, Walter/Häfke-Schönthaler, Johanna/Hasenzagl, Rupert/Stocker, Ferry* (Hrsg.), Wirtschaftsberatung in Österreich. Markt und Branche, Struktur und Entwicklungen (S. 255-284). Wien: Facultas Verlag.

Kruschev, Wesselin (1999): Private Finanzplanung. Die neue Dienstleistung für anspruchsvolle Anleger. Wiesbaden: Gabler Verlag.

Lippe, Gerhard/Esemann, Jörn/Tänzer, Thomas (Hrsg.) (2004): Qualifizierte Finanzberatung in Banken und Sparkassen. Individualkunden, Selbständige, Mittelständler umfassend und kompetent betreuen. Wiesbaden: Gabler Verlag/GWV Fachverlage.

Lippe, Gerhard/Esemann, Jörn/Tänzer, Thomas/Leid, Sylvia/Priester-Wolf, Hilke/Daufenbach, Stefan/Maaß, Michael (2004): Vorwort. In *Lippe, Gerhard/Esemann, Jörn/Tänzer, Thomas* (Hrsg.), Qualifizierte Finanzberatung in Banken und Sparkassen. Individualkunden, Selbständige, Mittelständler umfassend und kompetent betreuen (S. V–VI). Wiesbaden: Gabler Verlag/GWV Fachverlage.

Lucius, Otto/Hofstädter, Andreas/Kirschner, Stefan (2004): Finanzberatung in Österreich. Wien: Bank Verlag Wien.

Obermair, Christoph (2016): Stärkere Regulierung für sichere Märkte – MiFID II im Endspurt. Internetadresse: http://www.pwc.at/herausforderung/staerkere-regulierung-fuer-sichere-maerkte.html, Stand 10.6.2016.

Obst, Georg/Hintner, Otto (2000): Geld-, Bank- und Börsenwesen. 40., völlig überarbeitete Auflage, Stuttgart: Schäffer-Poeschel Verlag.

Österreichischer Verband Financial Planners & Finanzplaner Forum Österreich (2015): Anforderungen an Anlageberater. 23.3.2015, Internetadresse: http://www.cfp.at/afp/afp.nsf/sysPages/10A5696FEFF4A654C1257E9E00449717/$file/Anforderungen_an_Anlageberater.pdf, Stand 13.6.2016.

Richter, Jörg (2001): Grundsätze ordnungsmäßiger Finanzberatung. Normensystem zur Gestaltung und Prüfung von Finanzberatungen. Bad Soden/Taunus.: Uhlenbruch Verlag.

Röhrenbacher, Hans (2008): Finanzierung und Investition (mit Excel und HP). 3. überarbeitete Auflage, Wien: Linde Verlag Wien.

Saric, Vidac (2012): Stärkere Regulierung für sichere Märkte – MiFID II verlangt weitreichende Umstellungen. 7.3.2012, Internetadresse: http://www.pwc.com/at/de/newsletter/financial-services/2012/68-staerkere-regulierung-fuer-sicheremaerkte-mifid-2-verlangt-weitreichende-umstellung.pdf, Stand 10.6.2016.

Schwintowski, Hans-Peter (2007): MiFID. VVR – Zeit für (die) Neuorientierung bei den deutschen Finanzdienstleistern. Baden-Baden: Nomos Verlagsgesellschaft.

Stracke, Guido/Geitner, Dirk (1992): Finanzdienstleistungen. Handbuch über den Markt und die Anbieter. Heidelberg: Verlag Recht und Wirtschaft.

Walter, Thomas/Greunke, Uwe (Hrsg.) (2010): Finanzberatung 2015. Warum sich die Finanzindustrie jetzt nachhaltig neu erfinden muss. 2. Auflage, Düsseldorf: Corporate Publishing Services.

Wirtschaftskammer Österreich (2015): Berufsbild: Wertpapiervermittler. Berufsbild Wertpapiervermittler und zusätzliche Informationen für die Berufsgruppe. 28.12.2015, Internetadresse: http://portal.wko.at/wk/format_detail.wk?stid= 626478&dstid=5105&angid=1, Stand 3.6.2016.

Wirtschaftskammer Österreich (2013): WAG 2007: Der vertraglich gebundene Vermittler. 22.1.2013, Internetadresse: https://www.wko.at/Content.Node/branchen/oe/sparte_iuc/Finanzdienstleister/Rechtsartikel/Artikel_vertraglich_gebundene_Vermittler_22-01-2013.pdf, Stand 6.6.2016.

Wirtschaftskammer Österreich (2008): Berufsbild der österreichischen Versicherungsmakler und Berater in Versicherungsangelegenheiten. 29.2.2008, Internetadresse: https://www.wko.at/Content.Node/branchen/oe/sparte_iuc/Versicherungsmakler-und-Berater-in-Versicherungsangelegenheiten/Berufsbild_Versicherungsmakler.pdf, Stand 31.5.2016.

Wottawa, Heinrich (2002): Die Rolle des Finanzberaters – Psychologie der Finanzberatung. In *Carl, Reinhard/Letzing, Marc* (Hrsg.), Finanzberatung. Persönlichkeit und Know-how für die umfassende Kundenbetreuung (S. 93–106). Stuttgart: Schäffer-Poeschel Verlag.

Teil 2:
Beratungsfelder in der Wirtschaft

2.2. Steuerberatung und Wirtschaftsprüfung

Döne Studnitzka/Rafael Krendelsberger/Yvonne Zierlinger

1. Einleitung

1.1. Ausgangssituation und Zielsetzung

Dieser Beitrag soll einen Einblick in die Charakteristika des Wirtschaftstreuhandwesens geben. Dabei beschränkt er sich auf die „klassischen" Wirtschaftstreuhandberufe, nämlich Steuerberater und Wirtschaftsprüfer. Es sind folgende Fragen zu klären: Was sind Wirtschaftstreuhandleistungen? Welche betriebswirtschaftlichen und welche rechtlichen Aufgabenstellungen sind zu erfüllen? Welche Auswirkungen ergeben sich daraus auf das Rollenmodell und den Beratungs- beziehungsweise den Dienstleistungsprozess? Wie lässt sich der Markt für Wirtschaftstreuhandleistungen beschreiben, insbesondere im Hinblick auf Marktzugang, Marktverhalten und Marktperformance?

1.2. Aufbau

Kapitel 2 zeigt anhand der historischen Entwicklung des Berufsstandes, auf welchen Faktoren die Nachfrage nach Wirtschaftstreuhandleistungen beruht. In Kapitel 3 erfolgt die Darstellung der gesetzlichen Aufgabenstellungen, getrennt nach Wirtschaftsprüfung und Steuerberatung. Im Anschluss daran beschäftigt sich Kapitel 4 mit den Rollenmodellen, die den Wirtschaftstreuhanddienstleistungen zugrunde liegen, sowie mit den spezifischen Beratungskompetenzen. Einen Einblick in den Markt für Wirtschaftstreuhandleistungen gewährt Kapitel 5, gegliedert in Beschreibungen der Markstruktur, der Verhaltensparameter und der Marktperformance. Kapitel 6 widmet sich den Entwicklungstendenzen der Wirtschaftstreuhandbranche. Die Zusammenfassung in Kapitel 7 schließt die Untersuchung ab.

2. Historische Entwicklung und Bedarf an Wirtschaftstreuhandleistungen

2.1. Steuerberatung

Die historische Entwicklung zeigt eine stetige Zunahme der Steuerbelastung. So stieg etwa der Einkommensteuerhöchstsatz, der zu Zeiten *Eugen Böhms Ritter von Bawerk*[1] in den im Reichsrat vertretenen Königreichen und Ländern Österreich-Ungarns („Cisleithanien") 5 Prozent betragen hatte,[2] im Laufe des 20. Jahrhunderts

1 *Eugen Böhm Ritter von Bawerk* war ein Ökonom der Österreichischen Schule der Nationalökonomie und mehrfacher Finanzminister der im Reichsrat vertretenen Königreiche und Länder. Sein Porträt zierte die letzte 100-Schilling-Banknote.

2 Vgl. § 172 Gesetz vom 25. October 1896, betreffend die directen Personalsteuern, Reichsgesetzblatt für die im Reichsrath vertretenen Königreiche und Länder, RGBl. 1896/220.

auf eine Größenordnung von 50 Prozent an[3]. Schon alleine die bloßen Zahlen legen nahe, dass die Motivation zur Steuergestaltung gestiegen sein muss. Hinzu kommt noch, dass das Steuerrecht aus politischen und historischen Gründen umfangreich und kompliziert aufgebaut ist, sodass auch die Möglichkeit zu Steuergestaltungen besteht. Damit ist sehr bald der Punkt erreicht, an dem sich durch Inanspruchnahme von Steuerberatung leichter ein Nachsteuereinkommen erzielen lässt als durch eigene Mehrarbeit.

Ein weiterer Aspekt ist, dass die Komplexität der Steuergesetzgebung eine Interpretation ohne kundige Hilfe oft sehr schwierig macht. Aus der Vielzahl der gesetzlichen Quellen müsste der Steuerzahler die für ihn relevanten Gesetze, Durchführungsverordnungen, Richtlinien und Urteile finden, um seinen Pflichten zu genügen, noch bevor sich die Frage nach einer Minimierung oder Optimierung der Steuerlast überhaupt gestellt hat.[4] Der Mandant eines Steuerberaters erwartet wegen des Umfangs und des Schwierigkeitsgrades der gesetzlichen Bestimmungen zum einen Hilfestellung bei der Erfüllung der ihm persönlich auferlegten gesetzlichen Pflichten, zum anderen eine Verminderung der Steuerlast.

In der Praxis überträgt der Steuerzahler häufig die ihm persönlich auferlegten gesetzlichen Pflichten, das sind in diesem Zusammenhang vor allem Aufzeichnungs- und Dokumentationspflichten, insgesamt auf den Steuerberater, wodurch Letzterer vom Beratenden zum Ausführenden wird. Infolge dieser Aufgabenverlagerung ist eine durchschnittliche Steuerberatungskanzlei derart mit Buchführungs- und Organisationsarbeiten beschäftigt, dass kaum Zeit für Beratung des Klienten im engeren Sinn bleibt.[5]

2.2. Wirtschaftsprüfung

Die eigentliche Aufgabe der Wirtschaftsprüfung besteht darin, Rechnungsabschlüsse von Unternehmen daraufhin zu überprüfen, ob die Geschäftsführung die Abschlüsse regelkonform erstellt und darüber hinaus ein möglichst getreues Bild der Lage des Unternehmens geliefert hat. Bedarf nach solchen Prüfungsdienstleistungen kann nur dann entstehen, wenn die Eigentümer das Management nicht selbst wahrnehmen und auch keinen guten Einblick in die laufende Tätigkeit eines Unternehmens haben. Diese so genannte „Informationsasymmetrie" führt dazu, dass die Kapitalgeber Kompensation (in Form höherer Dividenden beziehungsweise Zinsen) für das Risiko verlangen, das ihnen dadurch entsteht. Prüfen unabhängige Sachverständige die Rechnungsabschlüsse, so kann ihr Urteil die Informationsasymmetrie reduzieren und in weiterer Folge die Kapitalkosten senken.[6]

Eine solche Situation ist typischerweise bei Aktiengesellschaften gegeben, die historisch betrachtet mit dem Wachsen des Eisenbahnnetzes während der Industriellen

3 Vgl. § 33 Abs. 1 Einkommensteuergesetz 1988 (EStG 1988), BGBl. 1988/400 i.d.F. BGBl. I 2018/16.
4 Vgl. *Stahl* (1989), S. 103 ff.
5 Vgl. *Stahl* (1989), S. 103 ff.
6 Vgl. *Rückle* (2005), S. 13.

Revolution in großer Zahl entstanden. Wegen des hohen Investitionsbedarfs in die Infrastruktur waren diese Gesellschaften auf Außenfinanzierung angewiesen, vor allem auf Einlagen von Aktionären, um das benötigte Kapital aufzubringen. Damit entstand eine Schicht von Eigentümern, die nicht unbedingt an den laufenden Geschäften, sondern an den Erträgen ihrer Einlagen interessiert waren. Da sich Eisenbahnaktien mitunter hoher Beliebtheit bei einem breit gestreuten Publikum erfreuten,[7] konnte man nicht davon ausgehen, dass die Eigentümer über die Kompetenz und die Gelegenheit verfügten, sich selbst ein Bild von der Gebarung der Gesellschaft zu machen.

Unregelmäßigkeiten und sogar Betrug bei Gründung und laufendem Betrieb von Aktiengesellschaften führten zur Einsicht, dass es im Interesse des Aktionärs- und/oder des Gläubigerschutzes geboten sei, eine Überprüfungsinstanz einzuführen. Diese Überprüfungen wurden entweder von den Aufsichtsorganen der Gesellschaften oder von Aktionären durchgeführt und waren von Beschlüssen der Gesellschafter oder gesetzlichen Vorgaben veranlasst.[8]

In Österreich–Ungarn[9] regelte § 10 des Aktienregulativs von 1899 die Abschlussprüfungen von Aktiengesellschaften, der jedoch nur freiwillige Prüfungen des Gründungsvorganges und der Jahresabschlüsse durch externe Revisoren vorsah.[10] Für die 1906 in Cisleithanien eingeführten Gesellschaften mit beschränkter Haftung war ebenso wenig eine Prüfungspflicht vorgesehen, eine qualifizierte Minderheit von zehn Prozent des Stammkapitals konnte jedoch die Prüfung des Jahresabschlusses durch Sachverständige beantragen.[11] Erwerbs- und Wirtschaftsgenossenschaften hingegen waren ab 1903 dazu verpflichtet, sich zumindest alle zwei Jahre einer Überprüfung durch einen externen Revisor zu unterziehen.[12]

An dieser Rechtslage sollte sich bis zum Ende der Monarchie nichts Wesentliches ändern. Auch in der Ersten Republik ergaben sich keine einschneidenden Änderungen. Erst der „Anschluss" 1938 brachte mit der Einführung deutscher Rechtsnormen deutliche Umgestaltungen. Im Deutschen Reich hatte eine Verordnung des Reichspräsidenten über Aktienrecht, Bankenaufsicht und über eine Steueramnestie vom 19. September 1931 die Verpflichtung zur Jahresabschlussprüfung von Aktiengesellschaften normiert. Aufgrund dieser Notverordnung gilt dieser Tag als Geburtsstunde des Wirtschaftsprüferberufes.[13] Ergänzend dazu hatte das deutsche Aktiengesetz von 1937 zudem Bewertungs- und Gliederungsvorschriften für den Jah-

7 So soll bei der Gründung der Baltimore&Ohio-(B&O-)Eisenbahngesellschaft im Jahre 1827 fast jeder Bürger von Baltimore B&O-Aktien erworben haben, vgl. *Previts/Samson/Flesher* (o. J.) und die darin zitierte Literatur, S. 4.

8 Vgl. *Previts/Samson/Flesher* (o. J.) bzw. *Boockholdt* (1983), S. 71.

9 Genauer genommen nur in den im Reichsrat vertretenen Königreichen und Ländern Österreich–Ungarns („Cisleithanien"), d.h. Österreich–Ungarn ohne das Königreich Ungarn und ohne Bosnien–Herzegowina.

10 Vgl. Verordnung der Ministerien des Innern, der Finanzen, des Handels, der Justiz und des Ackerbaues vom 20. September 1899, mit welcher ein Regulativ für die Errichtung und Umbildung von Actiengesellschaften auf dem Gebiete der Industrie und des Handels verlautbart wird, Nr. 1899/175.

11 Vgl. *Koch* (1983), S. 100 ff.

12 Vgl. Gesetz vom 10. Juni 1903, betreffend die Revision der Erwerbs- und Wirtschaftsgenossenschaften und anderer Vereine, Reichsgesetzblatt für die im Reichsrate vertretenen Königreiche und Länder. RGBl. 1903/133.

13 Vgl. *Weyershaus* (2007), S. 90 f.

resabschluss von Aktiengesellschaften und Kommanditgesellschaften auf Aktien gebracht und damit auch die Prüfungspflichten der Wirtschaftsprüfer präzisiert.[14]

Der Einführung der Wirtschaftsprüfer als Freier Beruf im Jahr 1931 mit gesetzlich geregelten Zulassungsvoraussetzungen lag jedoch ein neues Motiv zugrunde. Die Informationsdienstleistung für die Eigentümer trat in den Hintergrund, stattdessen wurde dem Zeitgeist entsprechend die öffentliche Aufgabe der Wirtschaftstreuhandberufe betont.[15]

Diese Fokussierung auf das öffentliche Interesse stellt eine wesentliche Triebkraft für die Entwicklung der Wirtschaftsprüfung dar, da „die Öffentlichkeit" mit schöner Regelmäßigkeit nach jeder Wirtschaftskrise eine Ursache für Unternehmenszusammenbrüche in mangelnder Prüfung ortet und eine Verschärfung der Regulierungen fordert. So brachten vor allem die Weltwirtschaftskrise ab 1929, das Dotcom-Debakel von 2000 und die aktuelle Wirtschaftskrise Neuregelungen und Verschärfungen der gesetzlichen Bestimmungen zur Wirtschaftsprüfung in Europa und den USA.[16]

An dieser Beschreibung lassen sich die prinzipiellen Schwierigkeiten erkennen, mit denen die Arbeit der Wirtschaftsprüfer behaftet ist: Sie sollen den Anspruchsgruppen[17] des Unternehmens, dazu gehören neben den existierenden und potentiellen Eigentümern u.a. Fremdkapitalgeber, Lieferanten, Mitarbeiter und generell die „Öffentlichkeit", ein Urteil darüber liefern, ob die Geschäftsführung ein getreues Bild der Unternehmenslage geboten hat. Allerdings können die Anspruchsgruppen die Überprüfung des Managements genauso wenig beurteilen wie die Rechtschaffenheit des Managements.

Hinzu kommt folgendes praktisches Problem: Wirtschaftsprüfer agieren im Interesse der Anspruchsgruppen, werden aber vom Management als Organ des Unternehmens beauftragt und müssen bei ihrer Überprüfungsarbeit auch mit diesem zusammenarbeiten. Wesentlich für die Qualität der Überprüfung ist daher die Unabhängigkeit der Wirtschaftsprüfung vom Management, zum einen die wirtschaftliche, zum anderen die persönliche. Der Prüfer kann nur dann ein vertrauenswürdiges Urteil abgeben, wenn er selbst bei negativen Schlussfolgerungen seine wirtschaftlichen Interessen nicht schädigt und insbesondere nicht um sein weiteres berufliches Fortkommen fürchten muss.[18] Daher darf ein Abschlussprüfer u.a. kein Unternehmen prüfen, für das er Managementaufgaben wahrnimmt oder dessen Jahresabschluss er selbst erstellt hat (Verbot der Selbstprüfung). Ebenso ist es zum Beispiel verboten, Prüfungsaufträge anzunehmen, die einen zu großen Anteil des Einkommens des Prüfers ausmachen würden, weil dadurch eine zu große wirtschaftliche Abhängigkeit von einem Auftraggeber bestünde und der Prüfer in seiner Urteilsfindung beeinflussbar würde. Im Detail listet das UGB[19] in den §§ 271 und § 271a sowie § 271b die Ausschlussgründe auf.

14 Vgl. *Weyershaus* (2007), S. 162 ff.
15 Vgl. *Weyershaus* (2007), S. 127 ff.
16 Vgl. SEC (2013) und *Akçay/Krendelsberger* (2008), S. 133 ff.
17 Engl. Stakeholder.
18 Vgl. *Rückle* (2005), S. 18 f.
19 Vgl. Unternehmensgesetzbuch (UGB), dRGBl. S 1897/219 i.d.F. BGBl. I 2018/17.

3. Aufgabenstellung der Wirtschaftstreuhänder

Wirtschaftstreuhänder (Steuerberater und Wirtschaftsprüfer) sind gemäß § 1 Abs. 2 Wirtschaftstreuhandberufsgesetz (WTBG)[20] freiberuflich tätig. Freie Berufe zeichnen sich durch folgende Merkmale aus:[21]

- Erbringen persönlicher, meist ideeller geistiger Leistungen im Interesse des Auftraggebers
- Eigenverantwortliche und selbst bestimmte Tätigkeit
- Enge persönliche Bindung zum Auftraggeber, geprägt durch ein besonderes Vertrauensverhältnis, das auch durch das Berufsgeheimnis geschützt wird
- Reglementierung der Tätigkeit durch Berufs- und Standesrecht, insbesondere Erfordernis einer gesetzlich geregelten qualifizierten (i. A. akademischen) Ausbildung

So ist für die Wirtschaftstreuhänder gesetzlich festgelegt, welche Tätigkeiten sie ausführen dürfen beziehungsweise welche Tätigkeiten ihnen vorbehalten sind. Der Begriff „vorbehalten" ist jedoch cum grano salis zu verstehen, da die Wirtschaftstreuhänder kein Berufsausübungsmonopol auf diese so genannten „Vorbehaltsaufgaben" besitzen. Es kann in diesen Bereichen zu Überschneidungen mit anderen rechtsberatenden Berufen wie etwa Rechtsanwälten oder Notaren kommen.[22]

3.1. Aufgaben eines Steuerberaters

Das Tätigkeitsfeld des Steuerberaters legt § 2 WTBG fest, und zwar getrennt in Vorbehaltsaufgaben und weiterführende Aufgaben. Zu den Vorbehaltsaufgaben von Steuerberatern gehören die Beratung und Hilfestellung im Abgabenrecht und in der Rechnungslegung, zudem die Vertretung in Abgabeangelegenheiten u.a. vor Finanzbehörden, Gebietskörperschaften und Sozialversicherungen. Ebenso führt das Gesetz unter den Vorbehaltsaufgaben die Durchführung von Prüfungen, die keinen Bestätigungsvermerk erfordern, und die Erstellung von Gutachten auf den Gebieten des Abgabenrechts, des Buchführungs- und Bilanzwesens an.

Bei den weiterführenden Tätigkeiten sind in § 2 Abs. 2 und 3 WTBG im Wesentlichen die Beratungsfelder aufgelistet, in denen der Steuerberater tätig werden kann. Dazu gehören sämtliche Beratungsleistungen im Zusammenhang mit dem betrieblichen Rechnungswesen einschließlich Einrichtung und Organisation des internen Kontrollsystems; Beratung in Beitrags-, Versicherungs- und Leistungsangelegenheiten der Sozialversicherungen; Sanierungsberatung. Es finden sich auch die Treuhandleistungen in dieser Liste.

20 Vgl. Wirtschaftstreuhandberufsgesetz 2017 (WTBG 2017), BGBl. I 2017/137, zuletzt geändert durch BGBl. I 2018/32.
21 Vgl. *Schürmann* (1997), S. 6 ff.
22 Vgl. *Pauger/Klemenz* (1989), S. 457.

3.2. Aufgaben eines Wirtschaftsprüfers

Für den Wirtschaftsprüfer nennt § 3 Abs. 1 WTBG keine konkreten Vorbehaltsaufgaben. Stattdessen weist das WTBG darauf hin, dass andere Gesetze den Wirtschaftsprüfern manche wirtschaftstreuhänderischen Arbeiten vorbehalten. Als Beispiele seien die Folgenden genannt:

- Die Abschlussprüfung von Kapitalgesellschaften (AG und GmbH, ausgenommen kleine GmbHs) sowie deren Konzernabschlussprüfungen, die laut § 268 Unternehmensgesetzbuch (UGB) nur Wirtschaftsprüfer durchführen können
- Die Prüfung von Verschmelzungen von Aktiengesellschaften gemäß § 220b Aktiengesetz (AktG)[23]
- Die Prüfung von Privatstiftungen laut Art. 1 § 20 Privatstiftungsgesetz (PSG)[24]
- Die Prüfung der Abschlüsse von Banken (neben dem Sparkassen-Prüfungsverband beziehungsweise den genossenschaftlichen Prüfungsverbänden) laut § 61 Bankwesengesetz (BWG)[25]
- Prüfung von Kapitalmarktprospekten (neben dem Sparkassen-Prüfungsverband beziehungsweise den genossenschaftlichen Prüfungsverbänden) laut § 8 Kapitalmarktgesetz (KMG)[26]
- Prüfung der Rechenschaftsberichte von Parteien laut §§ 5, 8, 9 Parteiengesetz (PartG).[27]

Der Katalog der weiterführenden Aufgaben des Wirtschaftsprüfers nach § 3 Abs. 2 WTBG deckt sich im Wesentlichen mit den Aufgaben des Steuerberaters. Darüber hinausgehende Aufgaben des Wirtschaftsprüfers umfassen beispielsweise die Durchführung von Prüfungsaufgaben mit der Erteilung eines förmlichen Bestätigungsvermerkes sowie die Beratung und Vertretung in Devisensachen.

4. Rollenmodell und Beratungs-/Dienstleistungsprozess der Wirtschaftstreuhänder

Bei Wirtschaftstreuhandleistungen handelt es sich im Allgemeinen um Beratungsleistungen im weiteren Sinn beziehungsweise um unternehmensberatungsnahe Dienstleistungen, da sie periodisch wiederkehrende Leistungen darstellen, die zudem vom Beratungsgebiet her weitgehend gleich bleibende Aufgaben beinhalten.[28]

---

23 Vgl. Aktiengesetz (AktG) BGBl. 1965/98 i.d.F. BGBl. I 2017/107.
24 Vgl. Privatstiftungsgesetz (PSG) BGBl. 1993/694 i.d.F. BGBl. I 2015/112.
25 Vgl. Bankwesengesetz (BWG) BGBl. 1993/532, zuletzt geändert durch BGBl. I 2018/17.
26 Vgl. Kapitalmarktgesetz (KMG) BGBl. 1991/625 i.d.F. BGBl. I 2017/149.
27 Vgl. Parteiengesetz (PartG) BGBl. I 2012/56 i.d.F. BGBl. I 2018/25.
28 Vgl. *Wagner* (2004).

4.1. Rollenmodell der Steuerberater

Steuerberatung ist als Fachberatung in der Klassifizierung nach *Titscher* einzuordnen. Darunter ist eine Form der Beratung zu verstehen, die sich auf die inhaltliche Bearbeitung von Aufgabenstellungen beschränkt.[29] Diese Aufgabenstellung ist zumeist vom Auftraggeber definiert. Mit der Erwartung, dass der Berater die „richtige Lösung" kennt, wird er beauftragt. Der Begriff der Fachberatung schließt hier nicht nur das Erstellen des Konzepts der richtigen Lösung ein, sondern geht bis zur Begleitung der Umsetzung der „Sollvorstellungen". Diese Form der Beratungsdienstleistungen ist dann angebracht, wenn es um die Bearbeitung sachlicher und eng begrenzter Problemstellungen geht, für die es in der Klientenorganisation kein Know-how gibt und auch keines aufgebaut werden soll. Durch die Konzentration auf die Aufgabenstellung bleibt somit die soziale Organisation des Klientensystems unberührt.[30]

Es ist jedoch zu beachten, dass auch in der Fachberatung die vom Berater zu lösende Aufgabenstellung nicht unbedingt begrenzt sein beziehungsweise bleiben muss. Die sachgerechte Lösung von Klientenproblemen kann strategische Entscheidungen erfordern, die weit über den Rahmen der ursprünglichen Aufgabe hinausgehen. In diesem Fall sind die Kompetenzen des Beraters gefordert.[31] So können steuerliche Begünstigungen wie zum Beispiel ein investitionsbedingter Gewinnfreibetrag nur dann in Anspruch genommen werden, wenn dafür auch tatsächlich eine dem Gesetz entsprechende Investition getätigt wird. Die Auswirkungen solcher Maßnahmen gehen jedoch über die rein steuerlichen Aspekte hinaus. Der Steuerberater muss hier die Konsequenzen über die reine Steueroptimierung hinaus abschätzen und mit dem Klienten gangbare Handlungsalternativen entwickeln können.

4.2. Rollenmodell der Wirtschaftsprüfer

Wirtschaftsprüfer haben im Interesse der Stakeholder, vor allem der Eigenkapitalgeber, ein Urteil darüber abzugeben, ob ein geprüfter Jahresabschluss den relevanten gesetzlichen Vorschriften und der Satzung bzw. dem Gesellschaftsvertrag entspricht und unter Berücksichtigung der Rechnungslegungsgrundsätze ein getreues Bild der Finanz-, Vermögens- und Ertragslage des Unternehmens (beziehungsweise des Konzerns) liefert. De facto agieren Wirtschaftsprüfer als externe Gutachter, jedoch unter ganz speziellen Rahmenbedingungen. Sie sind nämlich regelmäßig auf die Mitarbeit derjenigen (d.h. des Managements) angewiesen, über deren Tätigkeit sie urteilen. Damit entsteht automatisch ein Interessenkonflikt zwischen dem Kooperationsbedürfnis und der Pflicht zur Unabhängigkeit. Ein weiteres Dilemma, vor dem Wirtschaftsprüfer in ihrer Rolle als Abschlussprüfer öfter stehen, ist ihr Mitwirken an den zu prüfenden Abschlüssen. Zum einen ist dieses wegen des Verbots der

29 Vgl. *Titscher* (2001), S. 43 ff.
30 Vgl. *Titscher* (2001), S. 46.
31 Vgl. *Titscher* (2001), S. 46.

Selbstprüfung untersagt, zum anderen ist wirtschaftliche und steuerrechtliche Beratung in dieser Situation zwecks Fehlerkorrektur unumgänglich und deswegen gestattet. Eine zulässige Beratungstätigkeit liegt jedenfalls dann vor, wenn Wirtschaftsprüfer ihre Klienten (in dieser Situation sind das die zu Prüfenden) über Alternativen aufklären, deren Auswirkungen beschreiben, die Entscheidung für eine Alternative jedoch dem Klienten überlassen.[32]

Wie bereits erwähnt, können neben den Vorbehaltsaufgaben auch die Leistungen des Wirtschaftsprüfers bzw. Steuerberaters auf den Gebieten der Unternehmens- und Wirtschaftsberatung oder als Sachverständiger/Gutachter sowie als Treuhänder nachgefragt werden.[33] Klein- und Mittelbetriebe in Österreich nehmen für eine betriebswirtschaftliche Beratung bevorzugt das Know-how der Wirtschaftstreuhänder in Anspruch.[34] Den höchsten Anteil an der Arbeitszeit der Wirtschaftstreuhänder machen jedoch die klassischen Wirtschaftstreuhandleistungen wie die Steuerberatung bzw. Abschlussprüfung aus, wie eine von der Fachhochschule Wiener Neustadt im Jahre 2007 durchgeführte Studie zeigte.[35]

4.3. Spezifische Beratungskompetenzen

Neben den diversen fachlichen Anforderungen an Steuerberater und Wirtschaftsprüfer, die in den Folgekapiteln detailliert behandelt werden, sind auch zahlreiche *soft skills* zur Ausübung des Wirtschaftstreuhandberufes erforderlich. In weiterer Folge soll deshalb auf relevante „weiche" Kompetenzen der Wirtschaftstreuhänder eingegangen werden.

Mitunter die wichtigste Eigenschaft eines Wirtschaftstreuhänders ist die Vertrauenswürdigkeit und Gewissenhaftigkeit. Dies ergibt sich alleine aus der Tatsache, dass Wirtschaftstreuhänder Einblick in die Strukturen und Abläufe ihrer Klienten gewinnen. Neben der Vertrauenswürdigkeit kommt in diesem Zusammenhang auch der Verschwiegenheit essentielle Bedeutung zu. Diese bildet die Grundlage jedes treuhänderischen Handelns und gilt generell gegenüber Dritten.[36]

Als Hauptzielsetzung verfolgen Steuerberater die Steueroptimierung für ihre Klienten. Dies wird neben der Aus- und Fortbildung vor allem durch die Erfahrung des Steuerberaters sichergestellt. Die aktive Wahrnehmung der Mittlerfunktion zwischen dem Klienten und den relevanten Behörden prägt ebenfalls den Berufsalltag des Steuerberaters und erfordert daher ausgeprägte Kommunikationsfähigkeiten.[37]

32 Vgl. *Nowotny* (1997), S. 433.
33 Vgl. *Küpper/Wagenhofer* (2002), S. 2143.
34 Vgl. *Riklin* (1989), S. 139.
35 Vgl. *Akçay/Krendelsberger* (2008), S. 156. Details dazu folgen im Kapitel 5.5.
36 Vgl. Kammer der Steuerberater und Wirtschaftsprüfer (KSW) (2018c), http://www.ksw.or.at/ desktopdefault.aspx/tabid-103/238_read-64/, Abruf 5.6.2018.
37 Vgl. Kammer der Steuerberater und Wirtschaftsprüfer (KSW) (2018f), http://www.ksw.or.at/ desktopdefault.aspx/tabid-50/, Abruf 5.6.2018.

Wirtschaftsprüfer sehen sich in ihrer Tätigkeit durch stetige Gesetzesneuerungen sowie aktuelle Rechtsprechung und Neuerungen in den Informationstechnologien laufend mit Herausforderungen konfrontiert. Hieraus resultiert auch die Notwendigkeit der Innovationsbereitschaft und eines flexiblen Denkens für den Berufsalltag eines Abschlussprüfers. In ihrer Rolle als Abschlussprüfer werden Wirtschaftsprüfer als Personen des öffentlichen Vertrauens wahrgenommen, was vor allem durch ihre Objektivität, Unabhängigkeit sowie Eigenverantwortlichkeit untermauert wird.[38]

5. Der Markt für Wirtschaftstreuhandleistungen

Für Steuerberater und Wirtschaftsprüfer ist die Mitgliedschaft bei der Kammer der Steuerberater der Wirtschaftstreuhänder (KSW) verpflichtend. Auch Berufsanwärter sind bei der Kammer zu registrieren und werden als außerordentliche Mitglieder geführt.

Die Kammer nimmt Aufgaben als Interessenvertretung und Aufgaben als Behörde wahr.

Zu ihren Aufgaben als Behörde gehören:[39]

- die Abhaltung der Prüfungen zum Steuerberater und zum Wirtschaftsprüfer,
- die Erteilung der Berufsbefugnis,
- die öffentliche Bestellung von Personen als Wirtschaftstreuhänder,
- die Anerkennung von Gesellschaften als Wirtschaftstreuhänder,
- Evidenz und Erfassung aller berufsrechtlich relevanten Daten der Mitglieder,
- verschiedene berufsrechtliche Verwaltungsverfahren.

Zu ihren Aufgaben als Interessenvertretung gehören:[40]

- die Begutachtung von Gesetzen,
- die Förderung der beruflichen Weiterbildung,
- die fachliche Information der Mitglieder, besonders über steuerrechtliche Neuerungen und
- der Mitglieder-Service.

---

38 Vgl. Institut Österreichischer Wirtschaftsprüfer (iwp)/Kammer der Wirtschaftstreuhänder (KWT) (o. J.), S. 4 f., Abruf 14.12.2016.

39 Vgl. Kammer der Steuerberater und Wirtschaftsprüfer (KSW) (2018a), http://www.ksw.or.at/desktopdefault.aspx/tabid-30/, Abruf 5.6.2018.

40 Vgl. Kammer der Steuerberater und Wirtschaftsprüfer (KSW) (2018a), http://www.ksw.or.at/desktopdefault.aspx/tabid-30/, Abruf 5.6.2018.

5.1. Marktstruktur im Allgemeinen

Folgende Grafik zeigt in einer Zeitreihe die Umsätze und das Umsatzwachstum der Wirtschaftstreuhandbranche.

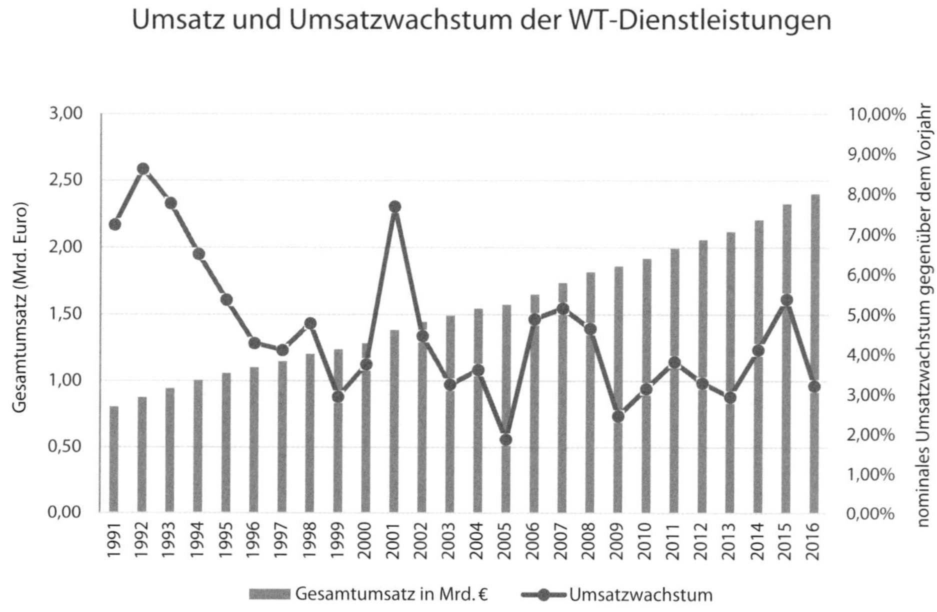

Abbildung 1: Umsatz und Umsatzwachstum der WT-Dienstleistungen. Eigene Darstellung in Anlehnung an: Kammer der Steuerberater und Wirtschaftsprüfer (KSW) (2018e), S. 2, Abruf 5.6.2018.

Der mit Wirtschaftstreuhandleistungen in Österreich erzielte Umsatz betrug im Jahr 2016 etwa 2,4 Milliarden Euro.[41] Seit 1991 ist Jahr für Jahr ein positives nominales Umsatzwachstum zu beobachten.

Zum 1.1.2018 zählte die Kammer der Steuerberater und Wirtschaftsprüfer 7.626 physische Mitglieder[42] sowie 3.015 Mitgliedsgesellschaften[43]. Dabei ist zu bedenken, dass Doppelzählungen möglich sind, da Wirtschaftstreuhänder sowohl als Person als auch über ihre Gesellschaften als Mitglieder gezählt werden können. Die häufigste Rechtsform der Wirtschaftstreuhandunternehmen ist die GmbH mit der Anzahl von 2.404. Die Aktiengesellschaft hat lediglich ein Unternehmen als Rechtsform gewählt. Mit großem Abstand folgt die Kommanditgesellschaft, sie ist bei 426 Wirtschaftstreuhandunternehmen vertreten. Folgende Abbildung zeigt die prozentuelle Aufteilung der Rechtsformen in der Wirtschaftstreuhandbranche:[44]

41 Vgl. Kammer der Steuerberater und Wirtschaftsprüfer (KSW) (2018e), S. 2, Abruf 5.6.2018.
42 Vgl. Kammer der Steuerberater und Wirtschaftsprüfer (KSW) (2018e), S. 11, Abruf 5.6.2018.
43 Vgl. Kammer der Steuerberater und Wirtschaftsprüfer (KSW) (2018e), S. 25, Abruf 5.6.2018.
44 Vgl. Kammer der Steuerberater und Wirtschaftsprüfer (KSW) (2018e), S. 25, Abruf 5.6.2018.

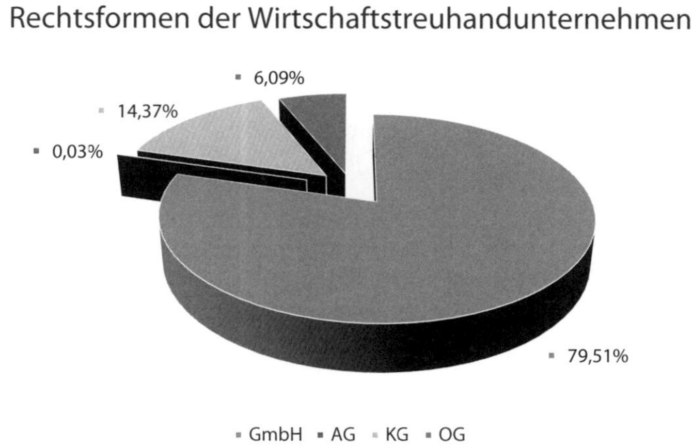

Abbildung 2: Rechtsformen der WT-Unternehmen. Eigene Darstellung in Anlehnung an: Kammer der Steuerberater und Wirtschaftsprüfer (KSW) (2018e), S. 25, Abruf 5.6.2018.

5.2. Marktstruktur im Speziellen

Für eine Marktbeschreibung ist die Frage interessant, wie sich der Gesamtumsatz auf Mitglieder verschiedener Umsatzgrößenklassen verteilt. Die Aufteilung der Umsätze in Umsatzstufen mit der dazugehörigen Anzahl an Mitgliedern ergibt für das Jahr 2016 folgendes Bild:

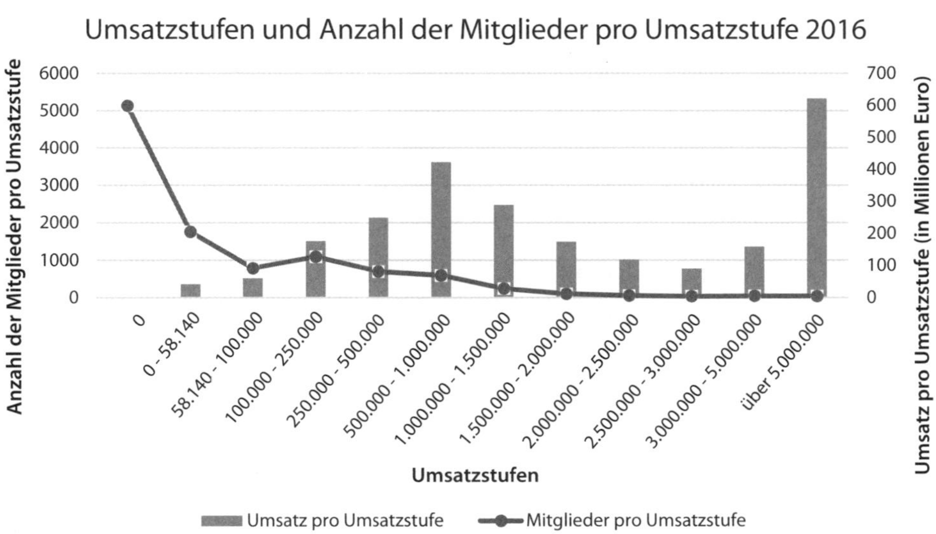

Abbildung 3: Umsatzstufen und Kammermitglieder pro Umsatzstufe. Eigene Darstellung in Anlehnung an: Kammer der Steuerberater und Wirtschaftsprüfer (KSW) (2018e), S.4, Abruf 5.6.2018.

Die größten Umsätze erzielte die Gruppe der Wirtschaftstreuhänder (Gesellschaften und natürliche Personen), deren Jahresumsatz in einem Bereich über 5.000.000 Euro pro Mitglied lag, nämlich an die 621 Millionen Euro; das entsprach 26 Prozent der Gesamtumsätze der Branche. Kammermitglieder mit Umsätzen zwischen 500.000 und 1.000.000 Euro pro Jahr erzielten in Summe etwas weniger als 18 Prozent der Gesamtumsätze der Branche, nämlich 422 Millionen Euro pro Jahr. Da der Umsatz der Umsatzstufe über 5.000.000 Euro von lediglich 38 Mitgliedern erreicht wurde, war der durchschnittliche Umsatz pro Mitglied um den Faktor 23 höher als derjenige der Mitglieder mit Umsätzen zwischen 500.000 und 1.000.000 Euro.[45] Dabei ist jedoch zu berücksichtigen, dass sich in der höchsten Umsatzstufe international tätige große Wirtschaftstreuhandunternehmen befinden, wie etwa die so genannten „Big Four", das sind (in alphabetischer Reihung) Deloitte, Ernst & Young (EY), KPMG sowie PriceWaterhouseCoopers (PwC). Die hohe Mitgliederanzahl bei der Stufe ohne Umsätze bezieht sich auf angestellte Wirtschaftstreuhänder.

Der Markt für Wirtschaftstreuhandleistungen ist international vor allem im Bereich der Wirtschaftsprüfung anbieterseitig durch eine hohe Konzentration gekennzeichnet. Besonders deutlich lässt sich diese Tatsache anhand der Abschlussprüfer der an internationalen Börsen notierten Unternehmen illustrieren. So prüften im Jahr 2017 die „Big Four" (Deloitte, EY, KPMG, PwC) 99 von 100 Unternehmen des Financial Times Stock Exchange Index 100 (FTSE 100) und 340 von 350 Unternehmen des FTSE 350.[46] Ähnliche Ergebnisse lieferte ein Bericht des United States Government Accountability Office (GAO) über Konzentration und Wettbewerb im Abschlussprüfungsmarkt für börsennotierte Unternehmen in den USA. Im Jahr 2006 hatten die „Big Four" einen Anteil von 86 Prozent der Abschlussprüfungsmandate gelisteter Unternehmen inne. Bezogen auf die Summe der geprüften Umsätze betrug ihr Anteil sogar 94 Prozent.[47]

Die gleichen Effekte lassen sich auch in Österreich beobachten. Eine Analyse des Abschlussprüfungsmarktes aus dem Jahr 2008 für Unternehmen im „Prime-Market"-Segment der Wiener Börse zeigte, dass der Löwenanteil des Marktes auf zwei Wirtschaftsprüfernetzwerke entfiel, nämlich KPMG und Deloitte.[48] Sie nahmen 60 Prozent der Prüfungsmandate wahr, das entsprach 77 Prozent des geprüften Umsatzes dieses Segments beziehungsweise 94 Prozent der geprüften Bilanzsummen. Danach folgte weit abgeschlagen der Wirtschaftsprüfer Grant Thornton mit rund neun Prozent der geprüften Umsätze.[49] Dabei hatten die so genannten „Second-tier"[50]-

45 Kammer der Steuerberater und Wirtschaftsprüfer (KSW) (2018e), S. 4, Abruf 5.6.2018.

46 Vgl. *Alberts* (2018), https://themarketmogul.com/audit-market-big-four/, Abruf 5.6.2018.

47 Vgl. United States Government Accountability Office (GAO) (2008), S. 19 sowie S. 40.

48 International tätige Wirtschaftsprüfer sind als Netzwerke von Unternehmen organisiert, die im Wesentlichen den Markennamen und Qualitätsstandards miteinander teilen.

49 Vgl. *Akçay/Krendelsberger* (2008), S. 146 f.

50 Als Second- oder Mid-tier-Wirtschaftsprüfer werden die Unternehmen in der Größenklasse unterhalb der „Big-Four"-Gesellschaften bezeichnet.

Wirtschaftstreuhandunternehmen jedoch immerhin die Mandate für die Prüfung des dritt- und des achtgrößten Unternehmens im „Prime Market" inne. Neuere Studien zeigen, dass sich die Konzentration in diesem Segment nicht wesentlich verändert hat.[51]

Der Markt für die Abschlussprüfungen von GmbHs ist im Vergleich anbieterseitig weniger konzentriert. Generell gilt: Je geringer die Anzahl der Nachfrager (d.h. der zu prüfenden Unternehmen), desto geringer ist die Konzentration der Wirtschaftsprüfer.[52]

5.3. Zugangsvoraussetzungen

Wirtschaftstreuhandberufe sind so genannte freie Berufe. Das bedeutet jedoch nicht, dass es jeder Person freisteht, Wirtschaftstreuhandleistungen anzubieten. Der Berufszugang ist vielmehr – wie bei vielen freien Berufen – stark reglementiert. § 8 WTBG nennt die allgemeinen Voraussetzungen für eine öffentliche Bestellung als (selbständiger) Wirtschaftstreuhänder:

- Volle Handlungsfähigkeit (im Sinne von Geschäftsfähigkeit und Deliktsfähigkeit)
- Besondere Vertrauenswürdigkeit
- Geordnete wirtschaftliche Verhältnisse
- Vermögensschaden-Haftpflichtversicherung
- Berufssitz
- Erfolgreich abgelegte Fachprüfung(en) als Steuerberater und/oder Wirtschaftsprüfer

Besondere Vertrauenswürdigkeit ist gemäß § 9 WTBG nicht mehr gegeben, wenn der Berufswerber rechtskräftig zum Beispiel wegen einer mit Vorsatz begangenen strafbaren Handlung zu einer mehr als dreimonatigen Freiheitsstrafe verurteilt worden ist.

Zu den Voraussetzungen für geordnete wirtschaftliche Verhältnisse gehört laut § 10 WTBG u.a., dass über das Vermögen des Berufswerbers innerhalb der letzten zehn Jahre kein Insolvenzverfahren eröffnet wurde.

Selbstständige Wirtschaftstreuhänder müssen laut § 11 WTBG über eine Vermögensschaden-Haftpflichtversicherung verfügen. Die Versicherungssumme darf dabei 72.673 Euro für jeden einzelnen Versicherungsfall nicht unterschreiten.

Wirtschaftstreuhänder müssen nach § 12 WTBG einen Berufssitz in einem EU- oder EWR-Mitgliedstaat vorweisen. Unter einem Berufssitz ist bei einem selbstständigen Wirtschaftstreuhänder eine feste Einrichtung zu verstehen, die die Berufsausübung ermöglicht.

51 Vgl. *Baldauf/Steller* (2012), S. 160 ff.
52 Vgl. *Geirhofer* (2005), S. 284 f.

Für die Zulassung zur Steuerberater- beziehungsweise Wirtschaftsprüfer-Fachprüfung ist gemäß § 13 Abs. 1 WTBG ein facheinschlägiges Hochschul- oder Fachhochschulstudium mit einem Arbeitsaufwand von zumindest 180 ECTS-Punkten erfolgreich zu absolvieren. Als facheinschlägige Hochschul- oder Fachhochschulstudien gelten gemäß § 13 Abs. 4 WTBG solche, die die für die Ausübung des Berufes Steuerberater oder Wirtschaftsprüfer erforderlichen grundlegenden Kenntnisse vermitteln. Diese Voraussetzung ist mit dem erfolgreichen Abschluss folgender Studien erfüllt:[53]

- Hochschul- oder Fachhochschulstudien der Studienrichtungen der Rechtswissenschaften sowie der Sozial- und Wirtschaftswissenschaften,
- Hochschul- oder Fachhochschulstudien der Studienrichtungen der Ingenieurwissenschaften sowie der Naturwissenschaften, wenn sie in den Fachgebieten der Rechtswissenschaften sowie der Sozial- und Wirtschaftswissenschaften einen Arbeitsaufwand von zumindest 90 ECTS-Punkten aufweisen. Weist ein Studium weniger als 90 ECTS-Punkte auf, so können bis zu 30 ECTS-Punkte über eine weitere universitäre oder Fachhochschulausbildung nachgewiesen werden.

Unter anderen erfüllt das Bachelorstudium „Wirtschaftsberatung“ mit der Spezialisierung „Unternehmensrechnung & Wirtschaftsprüfung“ an der FH Wiener Neustadt dieses Kriterium.

Für die Zulassung zur Fachprüfung sind laut § 13 Abs. 1 WTBG neben dem verlangten Hochschul- bzw. Fachhochschulstudienabschluss eineinhalb Jahre Praxiszeiten als Berufsanwärter bei einem Wirtschaftstreuhänder nachzuweisen. Danach ist der Antritt zur Steuerberater- oder zur Wirtschaftsprüferfachprüfung möglich. Bis 2005 umfasste die Berufsanwartschaft einen Zeitraum von drei Jahren. Zudem war zuerst die Steuerberaterprüfung zu absolvieren, erst nach einer weiteren Berufsanwärterzeit von drei Jahren war der Antritt zur Fachprüfung zum Wirtschaftsprüfer möglich. Die Novelle des WTBG ermöglicht es nun, die Reihenfolge selbst zu bestimmen beziehungsweise sich allein auf die Qualifikation als Wirtschaftsprüfer zu beschränken.

Die Praxiszeiten als Berufsanwärter haben für die Zulassung zur Fachprüfung, wie bereits erwähnt, eineinhalb Jahre zu betragen. Diese entfällt, wenn bereits eine Berufsberechtigung nach dem WTBG besteht. Das heißt, wenn die Berufsberechtigung zum Steuerberater oder Wirtschaftsprüfer besteht, kann ohne zusätzliche Berufsanwärterzeit die jeweils andere Fachprüfung abgelegt werden. Ebenfalls zur Fachprüfung für Steuerberater zugelassen ist, wer nach der öffentlichen Bestellung zum Bilanzbuchhalter mindestens dreieinhalb Jahre hauptberuflich selbstständig bzw. unselbstständig als Bilanzbuchhalter tätig war.[54]

53 Vgl. § 1 Verordnung der Kammer der Wirtschaftstreuhänder über die Zulassung zur Fachprüfung 2017 (Fachprüfungszulassungsverordnung 2017), Stammfassung ABl-KWT Sondernummer II/2017 vom 22.12.2017.

54 Vgl. § 13 Abs. 1 und 2 WTBG.

Folgende Abbildung soll die unterschiedlichen Ausbildungswege verdeutlichen:

Varianten	Der Weg zur Fachprüfung
Steuerberater	1,5 Jahre Berufsanwartschaft → Hochschulabschluss – Antritt Steuerberaterprüfung
Wirtschaftsprüfer	1,5 Jahre Berufsanwartschaft → Hochschulabschluss – Antritt Wirtschaftsprüferprüfung
Wirtschaftsprüfer bzw. Steuerberater (bei bereits vorliegender Berufsberechtigung)	ohne zusätzliche Berufsanwartschaft → Antritt Steuerberaterprüfung → Antritt Wirtschaftsprüferprüfung
Wirtschaftsprüfer bzw. Steuerberater (bei öffentlicher Bestellung zum Bilanzbuchhalter)	3,5 Jahre Berufsausübung → Bestellung zum Bilanzbuchhalter – Antritt Steuerberaterprüfung

Abbildung 4: Berufsanwartschaft und Berufsberechtigung. Quelle: Eigene Darstellung.

Die genannten Berufsanwärterzeiten beziehen sich auf ein volles Beschäftigungsausmaß. Tätigkeiten, welche die bei Wirtschaftstreuhändern festgesetzte Arbeitszeit nicht erreichen, sind gemäß § 13 Abs. 3 WTBG nur anteilsmäßig anzurechnen.

Für die öffentliche Bestellung zum Steuerberater ist gem. § 8 Abs. 2 Z 1 WTBG neben den allgemeinen Voraussetzungen des Abs. 1 und der erfolgreich abgelegten Fachprüfung für Steuerberater eine insgesamt zumindest dreijährige Praxiszeit als Berufsanwärter erforderlich. Mindestens zwei Jahre davon muss eine hauptberufliche steuerberatende Tätigkeit in Österreich ausgeübt werden.

Ähnlich gestalten sich gem. § 8 Abs. 2 Z 2 WTBG die Voraussetzungen für die Bestellung zum Wirtschaftsprüfer mit dem Zusatz, dass ein facheinschlägiges Hochschul- bzw. Fachhochschulstudium im Umfang von zumindest 180 ECTS-Punkten erfolgreich absolviert sein muss und eine zumindest zweijährige wirtschaftsprüfende Tätigkeit in einem Mitgliedstaat der EU oder einem Vertragsstaat des Abkommens über den Europäischen Wirtschaftsraum im Rahmen der dreijährigen Berufsanwartschaft nachgewiesen werden kann.

5.4. Berufsgrundsätze

Bei ihrer Tätigkeit haben Wirtschaftstreuhänder Regeln einzuhalten, die mitunter über die gesetzlichen Bestimmungen hinausgehen. Die Gesamtheit dieser Regelungen bilden die so genannten Berufsgrundsätze.[55] Ihre Existenz wird damit begründet, dass sie dazu dienen, das Vertrauen der Öffentlichkeit in die Qualität der Leistungen der Wirtschaftstreuhänder aufrechtzuerhalten. Klienten können die Leistungen der Steuerberater wegen deren Komplexität nicht beurteilen, sie müssen auf die Leistungsqualität vertrauen. Aktionäre und andere am Jahresabschluss interessierte Stakeholder können die Ordnungsmäßigkeit des Jahresabschlusses kaum selbst beurteilen und sind darauf angewiesen, dem vom Abschlussprüfer erteilten Prüfungsurteil zu glauben.[56]

Die Berufsgrundsätze sind Normen zur Verhaltenssteuerung der Berufsangehörigen, die durch gesetzliche Vorschriften, Rechtsprechung, Richtlinien und Empfehlungen der nationalen und internationalen Berufsorganisationen, wissenschaftliche Erkenntnissen und Usancen von Wirtschaftstreuhändern konkretisiert werden. Beispiele dafür stellen die Verpflichtung zu Unabhängigkeit, Gewissenhaftigkeit, Verschwiegenheit, Unbefangenheit und Unparteilichkeit, Treue und Eigenverantwortlichkeit dar.[57]

Eine wesentliche Erweiterung der Berufsgrundsätze bildet die gesetzliche Verpflichtung zu einer hohen Prüfungsqualität sowie deren Überprüfung. Zu diesem Zweck haben sich Abschlussprüfer (bzw. Prüfungsgesellschaften) einer externen Qualitätsprüfung laut § 23 Abs. 3 Abschlussprüfer-Aufsichtsgesetz (APAG)[58] zu unterziehen. Diese muss gemäß § 25 APAG mindestens alle sechs Jahre stattfinden. Weiters unterliegen gemäß § 23 Abs. 3 APAG Abschlussprüfer und Prüfungsgesellschaft einer zusätzlichen Inspektion laut §§ 43 bis 50 APAG, sofern sie Unternehmen von öffentlichem Interesse prüfen. Die zeitlichen Intervalle der Inspektionen sind von der Größe der Prüfungsgesellschaft i.S.d. § 221 UGB abhängig. Große Gesellschaften gemäß § 221 Abs. 3 UGB haben sich alle drei Jahre einer Inspektion zu unterziehen. Bei Gesellschaften i.S.d. § 221 Abs. 1 und 2 UGB ist eine Inspektion hingegen nur alle sechs Jahre durchzuführen.

Als Qualitätssicherungsprüfer fungieren natürliche Personen oder Prüfungsgesellschaften, die die Voraussetzungen laut § 26 Abs. 2 und 3 APAG erfüllen. Dazu zählen unter anderem eine fünfjährige Berufspraxis, das Absolvieren von Schulungen über Qualitätssicherung beziehungsweise einschlägige Erfahrungen auf diesem Gebiet. Gegenstand der Prüfung sind unter anderem die Einhaltung der Regelungen zur allgemeinen Organisation des Prüfungsbetriebs sowie der Regelungen zur Auftragsabwicklung und auch der Regelungen zur Überwachung der Angemessenheit und Wirksamkeit des Qualitätssicherungssystems gemäß § 23 Abs. 2 APAG. Für die

55 Vgl. *Mandl/Kleiner* (1989), S. 25.
56 Vgl. *Mandl/Kleiner* (1989), S. 25.
57 Vgl. *Buchinger* (1999), S. 66.
58 Vgl. Abschlussprüfer-Aufsichtsgesetz (APAG), BGBl. I 2016/83 i.d.F. BGBl. I 2018/30.

Durchführung der Aufsicht über Abschlussprüfer und Prüfungsgesellschaften wurde mit dem APAG unter der Bezeichnung „Abschlussprüferaufsichtsbehörde“ (APAB) eine Anstalt öffentlichen Rechts mit eigener Rechtspersönlichkeit eingerichtet.

Eine weitere Verhaltensvorschrift für Wirtschaftstreuhänder besteht in der Verpflichtung zur Weiterbildung. Die Wirtschaftstreuhänder sind laut § 3 der Allgemeinen Richtlinie über die Ausübung der Wirtschaftstreuhandberufe (WT-AARL 2017-KSW)[59] zu einer Fortbildung im Ausmaß von 120 Stunden, verteilt auf drei Jahre, verpflichtet. Pro Kalenderjahr sind mindestens 30 Fortbildungsstunden zu absolvieren. Bis 31. März des Folgejahres sind die absolvierten Fortbildungsmaßnahmen der Kammer der Steuerberater und Wirtschaftsprüfer zu melden. Unter den Fortbildungsmaßnahmen ist die Teilnahme an entsprechend gekennzeichneten Seminaren etwa der Akademie der Steurberater und Wirtschaftsprüfer oder vergleichbarer Anbieter zu verstehen. Auch ein Selbststudium wird im Ausmaß von maximal zehn Stunden pro Jahr angerechnet. Für Abschlussprüfer und deren Mitarbeiter, sofern sie maßgeblich und in leitender Position an Abschlussprüfungen mitwirken, gilt eine eigene Fortbildungsverpflichtung laut § 56 APAG. Auch hier beträgt das vorgeschriebene Fortbildungspensum 120 Stunden, verteilt auf drei Jahre mit mindestens 30 Stunden pro Kalenderjahr in vorgeschriebenen Fachgebieten. Zusätzlich besteht das Erfordernis, dass 60 der 120 Stunden in den Fachgebieten Rechnungslegung und Abschlussprüfung zu erfolgen haben.

5.5. Arbeitszeitverteilung

Abbildung 5 zeigt, wie sich die Arbeitszeit eines Wirtschaftstreuhänders auf die einzelnen Aufgabengebiete im Jahr 2007 verteilt hat. Es ist festzuhalten, dass trotz der mangelnden Aktualität der Daten die Aussagekraft der durchgeführten Umfrage unverändert gegeben ist.

Betrachtet man die Verteilung der Arbeitszeit über die einzelnen Dienstleistungsfelder der Wirtschaftstreuhänder, dann ergibt sich folgendes Bild: Sowohl Wirtschaftsprüfer als auch Steuerberater verwenden mehr als 80 Prozent ihrer Arbeitszeit für „klassische“ Dienstleistungen, welche von Buchhaltung und Lohnverrechnung bis zur Wirtschaftsprüfung reichen. Der Wirtschaftsprüfer wendet 16 Prozent seiner Arbeitszeit für die Wirtschaftsprüfung auf und ist somit nicht so intensiv wie der Steuerberater mit Buchhaltung, Lohnverrechnung, Bilanzierung und Jahresabschlusserstellung beschäftigt.

Auch Steuerberatern ist im Übrigen nach § 2 Abs. 1 Z 5 WTBG die Durchführung von Prüfungsaufgaben erlaubt, sofern dafür kein Bestätigungsvermerk zu erfolgen hat. So erklärt sich der einprozentige Arbeitszeitaufwand der Steuerberater in diesem Feld.

59 Vgl. Verordnung der Kammer der Steuerberater und Wirtschaftsprüfer über die Allgemeine Richtlinie über die Ausübung der Wirtschaftstreuhandberufe der Kammer der Steuerberater und Wirtschaftsprüfer (WT-AARL 2017-KSW), Stammfassung ABl-KWT Sondernummer II 2017 vom 22.12.2017.

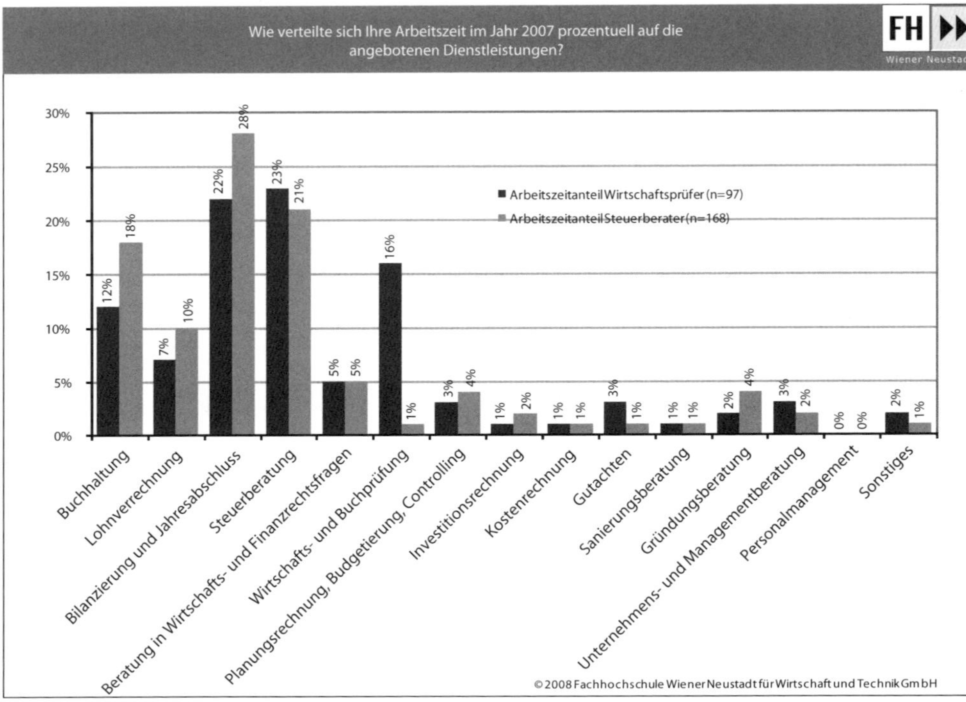

Abbildung 5: Anteil der Dienstleistungsangebote an der Gesamtarbeitszeit der Wirtschaftstreuhänder. Quelle: *Akçay/Krendelsberger* (2008), S.157.

Bei den speziellen Dienstleistungen fällt auf, dass Wirtschaftsprüfer mehr mit gutachterlichen Tätigkeiten befasst sind als Steuerberater, während diese sich mehr mit Gründungsberatung beschäftigen.

Ein neues Tätigkeitsfeld der letzten Jahre für Wirtschaftsprüfer ist die Durchführung der Spendengütesiegelprüfungen. Spendenorganisationen können sich freiwillig einer unabhängigen externen Prüfung unterziehen und sich somit die Einhaltung der Kriterien des jeweils aktuellen Kooperationsvertrags zwischen der Kammer der Steuerberater und Wirtschaftsprüfer und mehreren NPO-Dachverbänden bescheinigen lassen.[60]

5.6. Stundensatz

Die verrechneten Stundensätze der Wirtschaftstreuhänder hängen von der Art der Dienstleistung ab und differieren je nach notwendiger Qualifikation und Wettbewerbssituation.

Folgende Abbildung zeigt anhand einer in den Jahren 2006 und 2008 von der Fachhochschule Wiener Neustadt durchgeführten Umfrage, wie hoch der Stundensatz

60 Vgl. Kammer der Steuerberater und Wirtschaftsprüfer (KSW) (2018d), http://www.ksw.or.at/ desktopdefault.aspx/tabid-60/149_read-46/, Abruf 5.6.2018.

der Wirtschaftstreuhänder bei den angebotenen Dienstleistungen zu diesen Zeitpunkten war:

Wie hoch ist der Stundensatz, den Sie typischerweise verrechnen?						
Dienstleistungen		Wirtschafts-prüfung	Steuerberatung	Bilanzierung	Buchhaltung/LV	Beratung
2008	n	85	232	223	215	212
	25% Perzentile	€ 110	€ 90	€ 70	€ 45	€ 90
	50% Perzentile	€ 130	€ 100	€ 80	€ 50	€ 100
	75% Perzentile	€ 150	€ 120	€ 99	€ 60	€ 120
2006	n	56	128	125	117	117
	25% Perzentile	€ 100	€ 83	€ 63	€ 43	€ 81
	50% Perzentile	€ 125	€ 100	€ 75	€ 50	€ 100
	75% Perzentile	€ 153	€ 125	€ 100	€ 60	€ 125

Tabelle 1: Verrechnete Stundensätze nach Dienstleistungen. Quelle: *Akçay/Krendelsberger* (2008), S.158 sowie *Akçay/Krendelsberger* (2006), 24.

Die Mediane der angegebenen Stundensätze unterscheiden sich in Abhängigkeit von der Art der Dienstleistung. Der höchste Stundensatz, nämlich 130 €, lässt sich mit Wirtschaftsprüfung erzielen, während mit Buchhaltung und Lohnverrechnung der niedrigste erzielbar ist (50 €). Für Bilanzierung liegt der Median des Stundensatzes bei 80 €, für sonstige Beratung bei 100 € und für Steuerberatung ebenfalls bei 100 €. Für die Ableitung aktueller Stundensätze ist die inflationäre Anpassung entsprechend zu berücksichtigen.

6. Entwicklungstendenzen

Wie die vorherigen Ausführungen deutlich gezeigt haben, ist die Wirtschaftstreuhandbranche durch eine hohe Regelungsdichte geprägt, wobei eher mit einer weiteren Zu- als mit einer Abnahme zu rechnen ist. Die wesentlichen Impulse gehen dabei nicht von den nationalen Gesetzgebern der EU-Mitgliedstaaten, sondern von der Europäischen Union aus. Die wichtigsten Normen des Gemeinschaftsrechts stellen in diesem Fall die Achte Richtlinie Gesellschaftsrecht[61], die so genannte Abschlussprüferrichtlinie i.V.m. der EU-Verordnung 537/2014[62] über spezifische Anforderungen an die Abschlussprüfung bei Unternehmen von öffentlichem Interesse, die Vierte Richtlinie 78/660/EGW[63] i.d.F. der Richtlinie 2009/49/EG[64] (Jahresabschlüsse) und

61 Vgl. Richtlinie 2014/56/EU des Europäischen Parlaments und des Rates vom 16. April 2014 zur Änderung der Richtlinie 2006/43/EG über Abschlussprüfungen von Jahresabschlüssen und konsolidierten Abschlüssen, EU-Amtsblatt Nr. L 158/196 vom 27.5.2014.

62 Vgl. Verordnung (EU) Nr. 537/2014 des Europäischen Parlaments und des Rates vom 16. April 2014 über spezifische Anforderungen an die Abschlussprüfung bei Unternehmen von öffentlichem Interesse und zur Aufhebung des Beschlusses 2005/909/EG der Kommission, EU-Amtsblatt Nr. L 158/77 vom 27.5.2014.

63 Vierte Richtlinie 78/660/EWG des Rates vom 25. Juli 1978 aufgrund von Artikel 54 Absatz 3 Buchstabe g) des Vertrages über den Jahresabschluß von Gesellschaften bestimmter Rechtsformen, EU-Amtsblatt Nr. L 222 vom 14.8.1978.

64 Vgl. Richtlinie 2009/49/EG des Europäischen Parlaments und des Rates vom 18. Juni 2009 zur Änderung der Richtlinien 78/660/EWG und 83/349/EWG des Rates im Hinblick auf bestimmte Angabepflichten mittlerer Gesellschaften sowie die Pflicht zur Erstellung eines konsolidierten Abschlusses (Text von Bedeutung für den EWR), EU-Amtsblatt Nr. L 164/42 vom 26.6.2009.

die Richtlinie 2013/34/EU über den Jahresabschluss, den konsolidierten Abschluss und damit verbundene Berichte von Unternehmen bestimmter Rechtsformen[65] i.d.F. der Richtlinie 2014/95/EU[66] dar. Die Abschlussprüferrichtlinie wurde 2006 erstmals erlassen. Damals wurden als Reaktion auf die Dotcom-Krise und den US-amerikanischen Sarbanes-Oxley Act die Bestimmungen zur öffentlichen Aufsicht über Wirtschaftsprüfer, über die Qualitätssicherungsmaßnahmen und über die Zulassung von Abschlussprüfern innerhalb der Union neu geregelt.

Da, kaum dass die Tinte auf diesen Richtlinienänderungen getrocknet war, bereits die nächste Wirtschaftskrise begann, standen in der jüngsten Vergangenheit bereits neue, weiterreichende Reformvorschläge auf der Agenda. Den Anstoß für die Änderungswünsche lieferte die Beobachtung, dass zwischen Oktober 2008 und Oktober 2009 über 4,5 Billionen Euro an Steuergeldern für die Stützung von Banken aufzubringen waren, denen die Abschlussprüfer zuvor Bestätigungsvermerke ausgestellt hatten.[67]

Eine umfassende Reform der Abschlussprüfung wurde 2014 mit der EU-Audit-Reform[68] durchgeführt, welche es in den Mitgliedstaaten bis 17. Juni 2016 umzusetzen galt. Das Ziel dieser Reform war die Stärkung des Vertrauens in die Abschlussprüfung, die Steigerung der Qualität der Prüfung sowie der Unabhängigkeit der Abschlussprüfer bzw. der Prüfungsgesellschaften.[69] Die EU-Richtlinie 2014/56/EU regelt zur Umsetzung der Zielsetzung im Wesentlichen erhöhte Unabhängigkeitsanforderungen an den Abschlussprüfer, die Erhöhung der Aussagekraft des Bestätigungsvermerkes und den Ausbau der Kompetenzen der Aufsichtsbehörde über die Abschlussprüfer. Zusätzlich wurde die Europäische Kommission durch die EU-Richtlinie 2014/56/EU zur Übernahme der International Standards on Auditing auf EU-Ebene ermächtigt. Die EU-Verordnung Nr. 537/2014 richtet sich nur an Unternehmen von öffentlichem Interesse (Public Interest Entities [PIE]) und deren Inhalte sind weitaus umstrittener.[70]

Die Umsetzung der EU-Audit-Reform erfolgte in Österreich durch die Einführung des Abschlussprüfungsrechts-Änderungsgesetzes 2016 (APRÄG 2016)[71] sowie des APAG, welches mit 17. Juni 2016 das bis dahin geltende Abschlussprüfer-Qualitätssicherungsgesetzes (A-QSG)[72] ablöste. Neue Bestimmungen des APRÄG 2016 betreffen vor allem folgende Bereiche:[73]

65 Vgl. Richtlinie 2013/34/EU des Europäischen Parlaments und des Rates vom 26. Juni 2013 über den Jahresabschluss, den konsolidierten Abschluss und damit verbundene Berichte von Unternehmen bestimmter Rechtsformen und zur Änderung der Richtlinie 2006/43/EG des Europäischen Parlaments und des Rates und zur Aufhebung der Richtlinien 78/660/EWG und 83/349/EWG des Rates, EU-Amtsblatt Nr. L 182/19 vom 29.6.2013.

66 Vgl. Richtlinie 2014/95/EU des Europäischen Parlaments und des Rates vom 22. Oktober 2014 zur Änderung der Richtlinie 2013/34/EU im Hinblick auf die Angabe nichtfinanzieller und die Diversität betreffender Informationen durch bestimmte große Unternehmen und Gruppen, EU-Amtsblatt Nr. L330/1 vom 15.11.2014.

67 Vgl. Europäische Kommission (2010), S. 3.

68 Diese umfasst die EU-Richtlinie 2014/56/EU sowie die EU-Verordnung Nr. 537/2014.

69 Vgl. KPMG (2016b), S. 4, Abruf 19.12.2016.

70 Vgl. *Reiffenstuhl* (2015), S. 8.

71 Vgl. Abschlussprüfungsrechts-Änderungsgesetz 2016 (APRÄG 2016), BGBl. I 2016/43.

72 Vgl. Abschlussprüfer-Qualitätssicherungsgesetz (A-QSG), BGBl. I 2005/84, aufgehoben durch BGBl. I 2016/83.

73 Vgl. KPMG (2016a), S. 1 f., Abruf 19.12.2016.

- Prüfungsausschuss – eine Implementierung des Prüfungsausschusses bei Unternehmen von öffentlichem Interesse bzw. bei „besonders großen" Gesellschaften wird nun im § 92 Abs. 4a AktG bzw. § 30g Abs. 4a GmbHG[74] verpflichtend vorgesehen. In den jeweiligen Gesetzen finden sich auch weitere Bestimmungen zur Zusammensetzung des Prüfungsausschusses sowie zur Ausweitung dessen Aufgaben.
- Nicht-Prüfungsleistungen – in der EU-Verordnung wird zwischen erlaubten und nicht erlaubten Nicht-Prüfungsleistungen unterschieden, wobei den Mitgliedstaaten bei der Umsetzung einige Wahlrechte eingeräumt wurden. In Österreich ändern sich durch die Reform nur wenige Punkte. Grundsätzlich müssen künftig alle solchen Leistungen im Voraus vom Prüfungsausschuss genehmigt werden.
- Externe Rotation – eine verpflichtende externe Rotation ist nach einer Gesamtperiode von zehn Jahren vorgesehen, wobei es für bestehende Aufträge detaillierte Übergangsregelungen gibt.
- Bestätigungsvermerk – in den Bestätigungsvermerken von PIEs soll der Abschlussprüfer über *„besonders bedeutsame Prüfungssachverhalte"* berichten. Diese sind vom Abschlussprüfer selbst anhand der Wesentlichkeit und Komplexität der jeweiligen Themen zu bestimmen.
- Zusätzlicher Bericht an den Prüfungsausschuss –der Abschlussprüfer hat an den Prüfungsausschuss über die relevantesten Sachverhalte der abgeschlossenen Prüfung zu berichten.

Die Maßnahmenvorschläge der Kommission sind jedoch Gegenstand fundamentaler Kritik. So bemängelte etwa die „Impact Assessment Unit" des Europäischen Parlaments, dass die Kommission weder einen kausalen Zusammenhang zwischen niedriger Prüfungsqualität und der Finanzkrise noch mangelhafte Abschlussprüfungen belegen könne, auch nicht im Bankensektor.[75] Darüber hinaus sei es die Aufgabe von Wirtschaftsprüfern, festzustellen, ob präsentierte Abschlüsse mit den geltenden Rechnungslegungsstandards übereinstimmten und ein getreues Bild der Lage des Unternehmens darstellten, nicht aber, ein Urteil über die unternehmerischen Qualitäten der Verantwortlichen abzugeben. Das sei Aufgabe der Eigentümer und der Aufsichtsorgane.[76]

Auch die Vorhaben zur Verringerung der Konzentration im Bereich der Abschlussprüfung und zur Prüferrotation fanden keine ungeteilte Zustimmung. Die Kommission habe, so die Kritik der Impact Assessment Unit, nicht schlüssig zeigen können, dass eine hohe Konzentration per se problematisch sei und zu einer niedrigen Abschlussprüfungsqualität und/oder zu überhöhten Preisen führe.[77]

74 Vgl. GmbH-Gesetz (GmbHG), RGBl. 1906/58, i.d.F. BGBl. I 2017/104.
75 Vgl. IMPA (2012), S. 8 f.
76 Vgl. *Naumann* (2011), S. 1.
77 Vgl. IMPA (2012), S. 9 f. Für eine Diskussion empirischer Studien zur Konzentration am Prüfungsmarkt siehe *Ewert* (2011) sowie *Lenz* (2011).

Das Ergebnis der Steuerberatung hat keine dem Bestätigungsvermerk des Wirtschaftsprüfers vergleichbare Öffentlichkeitswirkung und die Besteuerung fällt – abgesehen von der Umsatzsteuer – in die Kompetenz der Mitgliedstaaten. Daher schien die Berufsgruppe der Steuerberater vom Regelungsdrang der EU bisher ausgenommen zu sein. Lediglich mit der Neufassung der Geldwäscherichtlinie[78] ergaben sich erhöhte Sorgfaltspflichten, die im § 89f WTBG normiert sind.

Hauptanlass für die Novellierung der Geldwäsche-Richtlinie war die Anpassung an die aktuellen FATF-Empfehlungen (Financial Action Task Force on Money Laundering). Die FATF ist ein internationales Gremium zur Bekämpfung der Geldwäsche und Terrorismusfinanzierung. Mit der 4. Geldwäscherichtlinie wurde der risikobasierte Ansatz bei den Vorkehrungen gegen Geldwäsche und Terrorismusfinanzierung weiter präzisiert und die Transparenz von juristischen Personen, Trusts und vergleichbaren Rechtskonstruktionen verbessert.[79] Der risikobasierte Ansatz zielt auf die Identifizierung und Kategorisierung von Geldwäsche- und Terrorismusfinanzierungsrisiken und die Adressierung der identifizierten Risiken durch Einrichtung angemessener Kontrollen ab. Er soll konsequent von allen Verpflichteten und in den Mitgliedstaaten „faktengestützt“ angewandt werden. Ausgangspunkt dafür ist letztlich eine fundierte Risikoanalyse, an die adäquate Sicherungsmaßnahmen anknüpfen können.[80]

Dies wurde mit der Neufassung des WTBG in den §§ 87–90 in nationales Recht umgesetzt. Unter die Sorgfaltspflichten eines Steuerberaters fallen somit unter anderem die Feststellung und die Überprüfung der Identität des Auftraggebers bzw. des Vertreters eines Auftraggebers, die Feststellung der Identität des wirtschaftlichen Eigentümers sowie die Bewertung und kontinuierliche Überwachung der angestrebten Geschäftsbeziehung. Zudem ist vom Steuerberater ein Risikomanagementsystem einschließlich risikobasierter Verfahren zu implementieren, vorrangig, um Aufträge im Zusammenhang mit politisch exponierten Personen (PEP) zu identifizieren, die einer expliziten Genehmigung bedürfen.

Die Europäische Kommission, das Europäische Parlament und der Rat haben sich im Rahmen der Trilogverhandlungen am 15. Dezember 2017 auf die Novellierung der 4. Geldwäscherichtlinie geeinigt und einen Vorschlag für eine 5. Geldwäscherichtlinie[81] vorgelegt. Ob die geplante 5. Geldwäscherichtlinie noch weitere Änderungen in der Berufsausübung vor allem hinsichtlich der Sorgfaltspflichten bringen wird, bleibt abzuwarten.

---

78 Vgl. Richtlinie 2015/849/EU des Europäischen Parlaments und des Rates vom 20. Mai 2015 zur Verhinderung der Nutzung des Finanzsystems zum Zwecke der Geldwäsche und der Terrorismusfinanzierung, zur Änderung der Verordnung (EU) Nr. 648/2012 des Europäischen Parlaments und des Rates und zur Aufhebung der Richtlinie 2005/60/EG des Europäischen Parlaments und des Rates und der Richtlinie 2006/70/EG der Kommission, EU-Amtsblatt Nr. 141/73 vom 5.6.2015.

79 Vgl. *Kunz/Schirmer* (2015), S. 2435 f.

80 Vgl. WKO (2016), S. 5 f., Abruf 14.6.2018.

81 Vgl. Vorschlag für eine Richtlinie des Europäischen Parlaments und des Rates zur Änderung der Richtlinie (EU) 2015/849 zur Verhinderung der Nutzung des Finanzsystems zum Zwecke der Geldwäsche und der Terrorismusfinanzierung und zur Änderung der Richtlinie 2009/101/EG, COM(2016) 450 final 2016/0208 (COD) vom 5.7.2016.

Auch die am 14.4.2016 vom Europäischen Parlament beschlossene Datenschutz-Grundverordnung (DSGVO)[82] hat organisatorische Auswirkungen auf den Berufsstand. Bis 25. Mai 2018 mussten alle Datenanwendungen an die neue Rechtslage angepasst werden, d.h. jede Verarbeitung von personenbezogenen Daten hat auf einem Rechtfertigungsgrund zu basieren (z.B. aufgrund einer gesetzlichen Verpflichtung oder mit Einwilligung der Person). Datenverarbeitende Unternehmen, so auch Steuerberater, müssen somit nachweisen, dass personenbezogenen Daten rechtmäßig verarbeitet werden. Zu diesem Zweck ist ein Verzeichnis aller Prozesse zu führen, welches auf Anfrage der Datenschutzbehörde vorzulegen ist. Betroffene haben gemäß Art. 15, 17 und 20 DSGVO unter anderem auch das Recht auf Auskunft, Löschung und Übertragung ihrer Daten. Zudem dürfen Daten nur so lange gespeichert werden, wie es für den jeweiligen Zweck notwendig ist. Sobald der Zweck erfüllt ist, müssen sie gelöscht werden.

Herausforderungen hinsichtlich der Umsetzung der DSGVO ergeben sich für Steuerberater vor allem im Zusammenhang mit der Lösch- und Auskunftsverpflichtung. Gründe dafür sind, dass gängige Softwareprogramme betreffend Archive und Backups oftmals nur eingeschränkte Löschfunktionen aufweisen und einem Auskunftsbegehren über den Zweck der verarbeiteten Daten mitunter schwierig nachzukommen ist. Zudem gilt es notwendige technische und organisatorische Maßnahmen zur Datensicherheit zu treffen. D.h. die EDV-Systeme sind aktuell zu halten, eine Virensoftware ist einzusetzen und Daten sind regelmäßig zu sichern.[83]

Hinsichtlich der Verpflichtungen im Zusammenhang mit der Umsetzung der DSGVO wurde in der Kammer der Steuerberater und Wirtschaftsprüfer eine Arbeitsgruppe gebildet, die unterstützende Arbeitsbehelfe und Empfehlungen[84] erarbeitet hat, um die Anforderungen der DSGVO unter Beachtung der Berufsgrundsätze der Wirtschaftstreuhänder erfüllen zu können.

7. Zusammenfassung

Anders als die Bezeichnung „freier Beruf" vermuten lässt, handelt es sich bei den Wirtschaftstreuhändern um einen reglementierten Stand. Kaum ein anderer wirtschaftsberatender Beruf wird, um einen angemessenen Qualitätsstandard sicherzustellen, in seiner Ausbildung und seinem Marktverhalten so strikt geregelt. Nicht nur im Rahmen des Berufsrechts, sondern auch durch das Betätigungsfeld stehen die Wirtschaftstreuhänder unter großem Einfluss durch gesetzliche Regelwerke. Die Beratungsfelder umfassen das Steuerrecht, das Unternehmensrecht sowie das Arbeits- und Sozialversicherungsrecht. Gerade diese Rechtsbereiche sind ständigen Veränderungen unterworfen. Der Wirtschaftstreuhänder muss sich daher laufend fortbilden, um seiner Beratungs- bzw. Prüfungsaufgabe gerecht zu werden.

---

82 Vgl. Verordnung (EU) 2016/679 des Europäischen Parlaments und des Rates vom 27. April 2016 zum Schutz natürlicher Personen bei der Verarbeitung personenbezogener Daten, zum freien Datenverkehr und zur Aufhebung der Richtlinie 95/46/EG (Datenschutz-Grundverordnung), EU-Amtsblatt Nr. L 119/1 vom 4.5.2016.

83 Vgl. *Hirth* (2018), http://www.dvo.at/datenschutz-nicht-auf-die-leichte-schulter-nehmen/, Abruf 15.6.2018.

84 Vgl. Kammer der Steuerberater und Wirtschaftsprüfer (KSW) (2018b), Abruf 05.06.2018.

Die Dienstleistungspalette der Wirtschaftstreuhänder ist groß, wobei die klassischen Leistungen wie Wirtschaftsprüfung, Steuerberatung, Buchhaltung und Lohnverrechnung, Bilanzierung und Jahresabschlusserstellung den Großteil der Arbeitszeit in Anspruch nehmen. Die Nachfrage nach den klassischen Dienstleistungen entsteht aus gesetzlicher Verpflichtung regelmäßig, wie beispielsweise die jährlich durchzuführende Jahresabschlussprüfung bzw. Jahresabschlusserstellung. Die Leistungen der Wirtschaftstreuhänder sind inhaltlich aufgrund des hohen erforderlichen Ausbildungsniveaus und rechtlich aufgrund des Berufsrechts nur schwer substituierbar.

Literatur

Akçay, D./Krendelsberger, R. (2006), Steuerberater und Wirtschaftsprüfer, in: *Egger, W./Hasenzagl, R./Stocker, F./Wagner, C.* (Hrsg.), (2006), Wirtschaftsberatung in Österreich 2005/2006. Markt und Branche, Struktur und Entwicklungen, Fachhochschule Wiener Neustadt, Wiener Neustadt.

Akçay, D./Krendelsberger, R. (2008), Wirtschaftstreuhandleistungen in Österreich 2008. Eine empirische Studie zur Angebotsstruktur für Wirtschaftstreuhandleistungen in Österreich, in: *Egger, W./Häfke-Schönthaler, J./Hasenzagl, R./Stocker, F.* (Hrsg.), (2008), Wirtschaftsberatung in Österreich. Markt und Branche, Struktur und Entwicklungen 2007/2008, facultas, Wien, S. 131–164.

Alberts, J. S. (2018), The Audit Market: If the Big Four Became the Big Three, https://themarketmogul.com/audit-market-big-four/, Abruf 5.6.2018.

Altenburger, O. A. (Hrsg.), (2005), Reformbedarf bei der Abschlussprüfung – Umstrittene Rückstellungen, Linde Verlag, Wien.

Baldauf, J./Steller, M. (2012), Konzentration am österreichischen Markt für Abschlussprüfungsleistungen. Eine empirische Untersuchung der Prime Market Prüfungsgesellschaften, in: RWZ 2012/48, S. 157–163.

Bertl, R./Mandl, D./Mandl, G. (Hrsg.), (1989), Handbuch für Wirtschaftstreuhänder, Orac, Wien.

Boockholdt, J. (1983), A Historical Perspective on the Auditor´s Role: The Early Experience of The American Railroads, The Accounting Historians Journal, Vol. 10, Nr. 1, S. 69–86.

Buchinger, S. (1999), Freie Berufe – Regulierungssysteme – Wirtschaftstreuhänder, Architekten und Ingenieurkonsulenten, Patentanwälte, Bundesministerium für Wirtschaft und Arbeit, Publikationen – Sektion Wirtschaftspolitik, Heft Mai.

CFE (Confederation Fiscale Européenne) (2012), Opinion Statement of the CFE on the review of the Anti Money Laundering Directive. Prepared by the CFE Professional Affairs Committee. Submitted to the European Commission in June 2012, Brüssel.

Egger, W./Häfke-Schönthaler, J./Hasenzagl, R./Stocker, F. (Hrsg.), (2008), Wirtschaftsberatung in Österreich. Markt und Branche, Struktur und Entwicklungen 2007/2008, facultas, Wien.

Egger, W./Hasenzagl, R./Stocker, F./Wagner, C. (Hrsg.), (2006), Wirtschaftsberatung in Österreich 2005/2006. Markt und Branche, Struktur und Entwicklungen, Fachhochschule Wiener Neustadt, Wiener Neustadt.

Europäische Kommission (2010), KOM (2010) 561 endgültig. GRÜNBUCH. Weiteres Vorgehen im Bereich der Abschlussprüfung: Lehren aus der Krise, Brüssel, den 13.10.2010.

Europäische Kommission (2011a), KOM (2011) 778 endgültig. Vorschlag für eine Richtlinie des Europäischen Parlaments und des Rates zur Änderung der Richtlinie 2006/43/EG über Abschlussprüfungen von Jahresabschlüssen und konsolidierten Abschlüssen, Brüssel, den 30.11.2011.

Europäische Kommission (2011b), KOM (2011) 779 endgültig, Vorschlag für Verordnung des Europäischen Parlaments und des Rates über spezifische Anforderungen an die Abschlussprüfung bei Unternehmen von öffentlichem Interesse, Brüssel, den 30.11.2011.

Europäische Kommission (2012), COM (2012) 168 final. Report from the Commission to the European Parliament and the Council on the application of Directive 2005/60/EC on the prevention of the use of the financial system for the purpose of money laundering and terrorist financing, Brüssel, den 11.4.2012.

Ewert, R. (2011), Grünbuch und Struktur des Prüfungsmarktes, Zeitschrift für Recht und Rechnungswesen RWZ 2011/7–8, S. 204–210.

Geirhofer, S. (2005), Der Markt für Abschlussprüfungen in Österreich, Linde Verlag, Wien.

Hirth, M. (2018), Datenschutz: Nicht auf die leichte Schulter nehmen! http://www.dvo.at/datenschutz-nicht-auf-die-leichte-schulter-nehmen/, Abruf 15.6.2018.

Hofmann, M./Sertl, W. (Hrsg.), (1989), Management Consulting – ausgewählte Probleme und Entwicklungstendenzen der Unternehmensberatung, ecotext Verlag, Stuttgart.

IMPA (Impact Assessment Unit of the Directorate for Impact Assessment and European Added Value, within the Directorate General for Internal Policies (DG IPOL) of the General Secretariat of the European Parliament, (2012), Statutory audits of public accounts and of public-interest entities. Appraisal by the EP Impact Assessment Unit of the Commission proposals for a Directive amending Directive 2006/43/EC on statutory audits of annual accounts and consolidated accounts and for a Regulation on specific requirements regarding statutory audit of public-interest entities. July 2012, Brüssel.

Institut Österreichischer Wirtschaftsprüfer (iwp), Kammer der Wirtschaftstreuhänder (KWT) (o. J.), Wirtschaftsprüfer in Österreich, http://www.kwt.or.at/PortalData/1/Resources/berufsbild/wp/WP_in_Oesterreich_KURZFASSUNG.pdf, Abruf 14.12.2016.

Kammer der Steuerberater und Wirtschaftsprüfer (KSW) (2018a), Aufgaben, http://www.ksw.or.at/desktopdefault.aspx/tabid-30/, Abruf 5.6.2018.

Kammer der Steuerberater und Wirtschaftsprüfer (KSW) (2018b), Ergänzende Informationen der Arbeitsgruppe zu den übermittelten Vorlagen vom 9.5.2018, https://portal.ksw.or.at/fileredirect/ext/?id=1E0BFDCCE, Abruf 5.6.2018.

Kammer der Steuerberater und Wirtschaftsprüfer (KSW) (2018c), Prinzipien, http://www.ksw.or.at/desktopdefault.aspx/tabid-103/238_read-64/, Abruf 5.6.2018.

Kammer der Steuerberater und Wirtschaftsprüfer (KSW) (2018d), Spendengütesiegel für Non Profit Organisationen, http://www.ksw.or.at/desktopdefault.aspx/tabid-60/149_read-46/, Abruf 5.6.2018.

Kammer der Steuerberater und Wirtschaftsprüfer (KSW) (201e), Statistische Auswertung des Berufsstandes. Statistikreport der Kammer der Steuerberater und Wirtschaftsprüfer, Jänner 2018, https://portal.ksw.or.at/fileredirect/ext/?id=52B473009, Abruf 5.6.2018.

Kammer der Steuerberater und Wirtschaftsprüfer (KSW) (2018f), Steuerberater, http://www.ksw.or.at/desktopdefault.aspx/tabid-50/, Abruf 5.6.2018.

Koch, F. (1983), Das Buchsachverständigenwesen und die Wirtschaftsprüfung in Österreich von ihren Anfängen im 18. Jahrhundert bis 1938, Dissertation zur Erlangung des akademischen Grades eines Doktors der Sozial- und Wirtschaftswissenschaften an der Johannes Kepler Universität Linz.

KPMG (2016a), Abschlussprüfungsrechts-Änderungsgesetz (APRÄG) 2016, in: Express Accounting News, Nr. 9 vom 22. Juni 2016, S. 1–2, https://www.kpmg.at/uploads/media/EAN_2016_9.pdf, Abruf 19.12.2016.

KPMG (2016b), EU Audit Reform und Abschlussprüfungsreformgesetz, Wegweiser durch die Neuregelungen, https://home.kpmg.com/content/dam/kpmg/pdf/2016/06/de-eu-audit-reform-wegweiser-2016-KPMG.pdf, Abruf 19.12.2016.

Kunz, J. H./Schirmer, M. (2015), 4. EU Geldwäsche-RL: Auswirkungen auf Unternehmen, Banken und Berater, in: Betriebsberater (BB), 41/2015, 70. Jg., S. 2435–2443.

Küpper, H./Wagenhofer, A. (Hrsg.), (2002), Enzyklopädie der Betriebswirtschaftslehre Bd. III. Handwörterbuch Unternehmensrechnung und Controlling, 4. Auflage, Schäffer-Poeschel Verlag, Stuttgart.

Lenz, H. (2011), EU-Grünbuch zur Abschlussprüfung: Evidenzbasierte Beurteilung ausgewählter Reformvorschläge durch die Prüfungsforschung, Zeitschrift für Recht und Rechnungswesen RWZ 2011/7-8, S. 198–203.

Mandl, G./Kleiner, F. (1989), Die Berufsgrundsätze der Wirtschaftstreuhänder, in: *Bertl, R./Mandl, D./Mandl, G.* (Hrsg.), (1989), Handbuch für Wirtschaftstreuhänder, Orac, Wien, S. 25–54.

Naumann, K.-P. (2011), o. T. Vortrag auf der von der Kommission organisierten Konferenz „Financial Reporting and Auditing. A Time for Change?“, Brüssel, 9. bis 10.2.2011.

Nowotny, C. (1997), Abschlussprüfung und Steuerberatung. Klärende Worte des BGH, in: Recht der Wirtschaft, Heft 8a, S. 433.

Pauger, D./Klemenz, C. (1989), Befugnisse der Wirtschaftstreuhänder. Abgrenzung zu anderen (freiberuflichen) Tätigkeiten, in: *Bertl, R./Mandl, D./Mandl, G.* (Hrsg.), Handbuch für Wirtschaftstreuhänder, Orac, Wien, S. 457–474.

Previts, G./Samson, W./Flesher, D. (o. J.), Corporate Governance, Auditing and the Origin of Information Rights: The Baltimore & Ohio Railroad 1827–1830, http://www.crefige.dauphine.fr/recherche/histo_compta/previts.pdf, Abruf 18.3.2013.

Reiffenstuhl, W. (2015), EU-Audit Reform: Wer ist betroffen – und wann? in: AC-News, Ausgabe 16, S. 8–9, https://www.kpmg.at/uploads/media/ 150205_ACN_1_2015_FINAL.pdf, Abruf 19.12.2016.

Richtlinie 2015/849/EU des Europäischen Parlaments und des Rates vom 20. Mai 2015 zur Verhinderung der Nutzung des Finanzsystems zum Zwecke der Geldwäsche und der Terrorismusfinanzierung, zur Änderung der Verordnung (EU) Nr. 648/2012 des Europäischen Parlaments und des Rates und zur Aufhebung der Richtlinie 2005/60/EG des Europäischen Parlaments und des Rates und der Richtlinie 2006/70/EG der Kommission, EU-Amtsblatt Nr. 141/73 vom 5.6.2015.

Richtlinie 2014/56/EU des Europäischen Parlaments und des Rates vom 16. April 2014 zur Änderung der Richtlinie 2006/43/EG über Abschlussprüfungen von Jahresabschlüssen und konsolidierten Abschlüssen, EU-Amtsblatt Nr. L 158/196 vom 27.5.2014.

Richtlinie 2014/95/EU des Europäischen Parlaments und des Rates vom 22. Oktober 2014 zur Änderung der Richtlinie 2013/34/EU im Hinblick auf die Angabe nichtfinanzieller und die Diversität betreffender Informationen durch bestimmte große Unternehmen und Gruppen, EU-Amtsblatt Nr. L330/1 vom 15.11.2014.

Richtlinie 2013/34/EU des Europäischen Parlaments und des Rates vom 26. Juni 2013 über den Jahresabschluss, den konsolidierten Abschluss und damit verbundene Berichte von Unternehmen bestimmter Rechtsformen und zur Änderung der Richtlinie 2006/43/EG des Europäischen Parlaments und des Rates und zur Aufhebung der Richtlinien 78/660/EWG und 83/349/EWG des Rates, EU-Amtsblatt Nr. L 182/19 vom 29.6.2013.

Richtlinie 2009/49/EG des Europäischen Parlaments und des Rates vom 18. Juni 2009 zur Änderung der Richtlinien 78/660/EWG und 83/349/EWG des Rates im Hinblick auf bestimmte Angabepflichten mittlerer Gesellschaften sowie die Pflicht zur Erstellung eines konsolidierten Abschlusses (Text von Bedeutung für den EWR), EU-Amtsblatt Nr. L 164/42 vom 26.6.2009.

Riklin, A. (1989), Der Wirtschaftstreuhänder als Unternehmensberater, in: *Hofmann, M./Sertl, W.* (Hrsg.), Management Consulting – ausgewählte Probleme und Entwicklungstendenzen der Unternehmensberatung, ecotext Verlag, Stuttgart, S. 125–153.

Rückle, D. (2005), Zur Unabhängigkeit des Abschlussprüfers, in: *Altenburger, O. A.* (Hrsg.), (2005), Reformbedarf bei der Abschlussprüfung – Umstrittene Rückstellungen, Linde Verlag, Wien, S. 9–33.

Schürmann, B. (1997), Rechtsformwahl freiberuflicher Zusammenarbeit am Beispiel der rechts- und wirtschaftsberatenden Berufe, Deutsches und Internationales Wirtschaftsrecht Band 13, Lit. Verlag, Hamburg.

SEC, U.S. Securities and Exchange Commission, (2013), The Investor's Advocate: How the SEC Protects Investors, Maintains Market Integrity, and Facilitates Capital Formation, http://www.sec.gov/about/whatwedo.shtml#org, Abruf 18.3.2013.

Stahl, V. (1989), Der Steuerberater als Unternehmensberater, in: *Hofmann, M./Sertl, W.* (Hrsg.), Management Consulting – ausgewählte Probleme und Entwicklungstendenzen der Unternehmensberatung, ecotext Verlag, Stuttgart, S. 103–122.

Titscher, S. (2001), Professionelle Beratung: Was beide Seiten vorher wissen sollten, 2., aktualisierte und erweiterte Auflage, Carl Ueberreuter, Frankfurt/Wien.

United States Government Accountability Office (GAO) (2008), Audits of Public Companies – Continued concentration in audit market for large public companies does not call for immediate action, https://www.gao.gov/new.items/d08163.pdf, Abruf 5.6.2018.

Verordnung (EU) 2016/679 des Europäischen Parlaments und des Rates vom 27. April 2016 zum Schutz natürlicher Personen bei der Verarbeitung personenbezogener Daten, zum freien Datenverkehr und zur Aufhebung der Richtlinie 95/46/EG (Datenschutz-Grundverordnung), EU-Amtsblatt Nr. L 119/1 vom 4.5.2016.

Verordnung (EU) Nr. 537/2014 des Europäischen Parlaments und des Rates vom 16. April 2014 über spezifische Anforderungen an die Abschlussprüfung bei Unternehmen von öffentlichem Interesse und zur Aufhebung des Beschlusses 2005/909/EG der Kommission, EU-Amtsblatt Nr. L 158/77 vom 27.5.2014.

Verordnung der Kammer der Steuerberater und Wirtschaftsprüfer über die Allgemeine Richtlinie über die Ausübung der Wirtschaftstreuhandberufe der Kammer der Steuerberater und Wirtschaftsprüfer (WT-AARL 2017-KSW), Stammfassung ABl-KWT Sondernummer II 2017 vom 22.12.2017.

Verordnung der Kammer der Wirtschaftstreuhänder über die Zulassung zur Fachprüfung 2017 (Fachprüfungszulassungsverordnung 2017), Stammfassung ABl-KWT Sondernummer II/2017 vom 22.12.2017.

Verordnung der Ministerien des Innern, der Finanzen, des Handels, der Justiz und des Ackerbaues vom 20. September 1899, mit welcher ein Regulativ für die Errichtung und Umbildung von Actiengesellschaften auf dem Gebiete der Industrie und des Handels verlautbart wird, Nr. 175/1899.

Vierte Richtlinie 78/660/EWG des Rates vom 25. Juli 1978 aufgrund von Artikel 54 Absatz 3 Buchstabe g) des Vertrages über den Jahresabschluß von Gesellschaften bestimmter Rechtsformen, EU-Amtsblatt Nr. L 222 vom 14.8.1978.

Vorschlag für eine Richtlinie des Europäischen Parlaments und des Rates zur Änderung der Richtlinie (EU) 2015/849 zur Verhinderung der Nutzung des Finanzsystems zum Zwecke der Geldwäsche und der Terrorismusfinanzierung und zur Änderung der Richtlinie 2009/101/EG, COM(2016) 450 final 2016/0208 (COD) vom 5.7.2016.

Weyershaus, H. A. (2007), Wirtschaftsprüfung in Deutschland und erster europäischer Zusammenschluß in den Jahren 1931 bis 1961, Inaugural-Dissertation zur Erlangung des akademischen Grades eines Doktors der Philosophie (Dr. phil.) durch die Philosophische Fakultät der Heinrich-Heine-Universität Düsseldorf.

WKO (2016), Die Vierte Geldwäsche-Richtlinie und EU-Verordnungen zur Geldwäsche, https://www.wko.at/branchen/k/information-consulting/finanzdienstleister/Artikel_Vierte-Geldwa-sche-Richtlinie_27-07-2016.pdf, Abruf 14.6.2018.

2.3. Immobilienberatung

Birgit Trofer

1. Einleitung

Neben ihrer fundamentalen Bedeutung als Raum für Wohnen und Arbeiten haben Immobilien in den letzten Jahren auch als Anlageobjekte an Bedeutung gewonnen. Investoren – Private wie auch Unternehmen – haben die Ertragskraft und die Vermögenswirksamkeit von Immobilien erkannt. Immobilien dienen sowohl der Eigennutzung als auch der Einnahmenerzielung, der Werterhaltung und -steigerung. Aufgrund der besonderen Charakteristika von Immobilien sind, um diese Potenziale nutzen zu können, Wissen und Erfahrung in Bezug auf immobilienwirtschaftliche Fragestellungen von Bedeutung. Denn die Risiken, die mit den Kosten für Erwerb, Erhaltung und Bewirtschaftung von Immobilien verbunden sind, sind hoch. Um das Investitionspotenzial zu optimieren und Investitionsentscheidungen gut zu fundieren, greifen Investoren auf das Fachwissen und die Erfahrung eines Experten zurück: den Immobilienberater.

Dieser Beitrag zeigt, wie sich Immobilien und der Immobilienmarkt charakterisieren lassen, welche immobilienwirtschaftlichen Beratungsleistungen angeboten werden, wer die Anbieter sind, wer als Auftraggeber fungiert, welche rechtlichen Rahmenbedingungen es zu berücksichtigen gilt und welche Rolle berufsethische Normen spielen. Abschließend werden Entwicklungstendenzen skizziert, die den Immobilienmarkt im Allgemeinen und die Immobilienberatung im Speziellen beeinflussen werden.

Ziel dieses Beitrags ist es, die vielschichtige und komplexe Welt der Immobilienberatung auf wissenschaftlichem Niveau zu thematisieren. Besonderer Wert wird dabei auf eine verständliche Darstellung gelegt, die Beispiele aus der Unternehmenspraxis integriert.

2. Immobilien und Immobilienmarkt

Immobilien sind von Menschen für Menschen geschaffene unbewegliche, dreidimensionale Objekte, die Flächen und Raum bieten, die für unterschiedliche Zwecke genutzt werden können. Zu diesen Zwecken zählen die Zurverfügungstellung von Raum für Wohnen und Arbeiten, die Freizeitgestaltung, den Konsum, Gesundheit, Pflege und Infrastruktur.

„Immobilien zählen zu den langlebigsten und kostenintensivsten Wirtschaftsgütern, die menschliche Bedürfnisse befriedigen und Raum für deren Befriedigung bieten."[1]

1 *Trofer*, 2013, S. 42.

Der Bedürfnispyramide von *Maslow* (1989) folgend können innerhalb dieses Raums physiologische Grundbedürfnisse wie Schlafen und Essen, Sicherheitsbedürfnisse, soziale Bedürfnisse wie das Familienleben, Individualbedürfnisse nach Ansehen, Unabhängigkeit und Erfolg, und auch das Bedürfnis nach Selbstverwirklichung gelebt werden. Erstere können intuitiv erfasst werden. Insbesondere Wohnimmobilien werden die Bedeutung als Raum für die physische Reproduktion und Regeneration zugeschrieben. Letztere haben sich mit gestiegenen Lebensstandards entwickelt. *Brauer* (2008) bemerkt aus Sicht der Wohnsoziologie eine Veränderung der Bedeutung der Immobilie: von der Zweckorientierung hin zur Immobilie als Ort der Selbstverwirklichung und Möglichkeit der Selbstdarstellung.

> „Über Jahrhunderte hinweg […] war der Wohnraum für die Masse der […] Bevölkerung ein knappes Gut. Der Schutz zunächst vor der natürlichen Umwelt und nachgelagert vor der gesellschaftlichen Umwelt war Ziel und Zweck des Wohnens. Erst in jüngster Vergangenheit vollzieht sich infolge der wirtschaftlichen und demographischen [!] Entwicklung ein Wandel in den Wohnraumanforderungen breiter Bevölkerungskreise. Steigende Einkommen […] führten zu einem steigenden Wohnkonsum bezüglich Quantität und Qualität.“[2]

Nach der Art der Bedürfnisbefriedigung und der Zweckbestimmung können unterschiedliche Immobilienarten identifiziert werden: Wohn-, Büro-, Handels-. Industrie- und Spezialimmobilien[3] (vgl. Abbildung 1).

Immobilienarten				
Wohnimmobilien	Büroimmobilien	Handelsimmobilien	Industrieimmobilien	Spezialimmobilien
Einfamilienhäuser Zweifamilienhäuser Reihenhäuser Wohnhausanlagen mit einzelnen Wohnungen Wohnparks Sonderformen wie Betreutes Wohnen, Studentenheime u.Ä.	solitäre Betriebsformen Bürokomplexe Büro- und Technologieparks	Supermärkte Kaufhäuser Einkaufszentren Fachmarktzentren	Produktions-immobilien Lagerimmobilien Logistikimmobilien	Freizeitimmobilien Infrastruktur-immobilien Hotelimmobilien

Abb. 1: Immobilienarten nach Nutzung

Eine juristische Definition des Begriffs Immobilie existiert nicht. Sie gilt aus juristischer Sicht als Sache, die gemäß § 285 ABGB all das ist, was von einer Person unterschieden wird, und die ihrem Gebrauch dient. Die beiden Begriffe Immobilie und Liegenschaft werden synonym verwendet. Sie umfassen Grundstück und Bebauung.

Eine Immobilie lässt sich im Gegensatz zu anderen Wirtschaftsgütern durch die folgenden Besonderheiten charakterisieren[4]: lange Planungs- und Produktionsdauer,

2 *Brauer*, 2008, S. 17.
3 *Rottke*, 2011a, S. 148 ff.

lange Nutzungsdauer, Heterogenität und Einmaligkeit, Standortgebundenheit, hohe Kosten der Produktion und der Erhaltung, geringe Nutzungsflexibilität, und mangelnde Substitutionsmöglichkeiten. Die Planungs- und Produktionsdauer einer Immobilie umfasst den Zeithorizont der Planung bis zur vollständigen Realisierung und Übergabe an den Nutzer und kann durchaus einige Jahre in Anspruch nehmen[5]. *„Die Nutzungsdauer einer Immobilie umfasst den Zeithorizont, in dem sie entsprechend ihrer Zweckbestimmung genutzt werden kann"*[6], wobei weiters zwischen technischer und wirtschaftlicher Nutzungsdauer differenziert werden kann. Jede Immobilie ist aufgrund ihres Standorts, ihrer Bauweise und ihrer räumlichen Strukturen einmalig und heterogen[7] und standortgebunden. Der Nutzen, den Immobilien stiften, kann nicht substituiert, also durch andere Güter dauerhaft ersetzt werden.

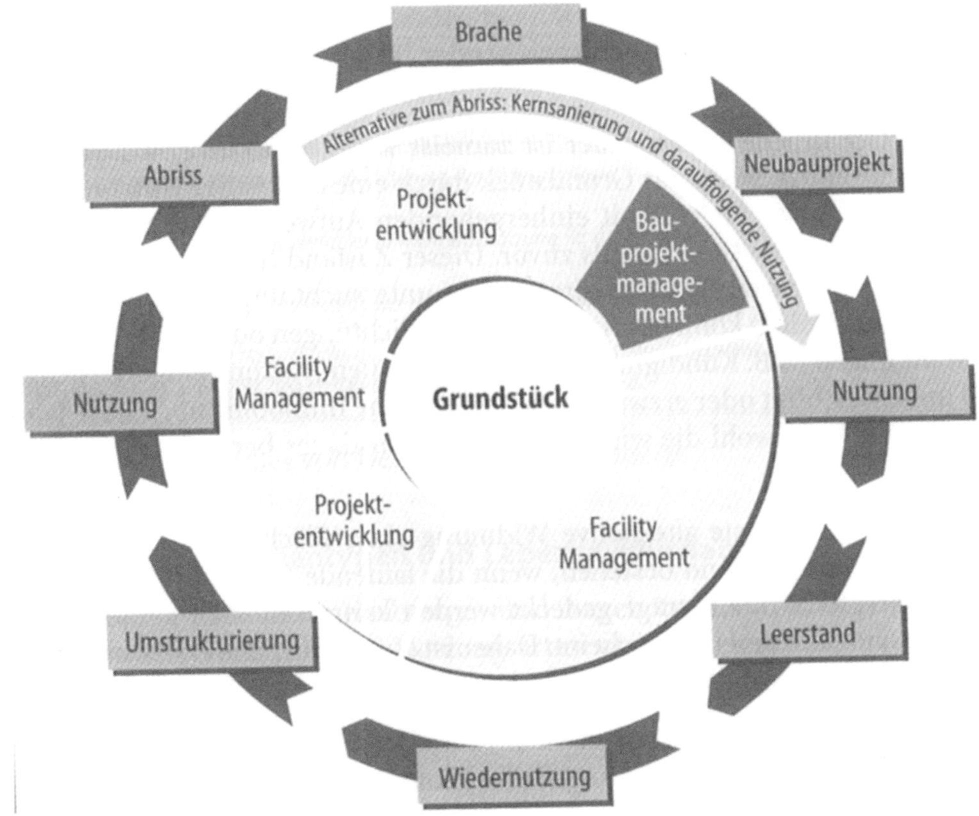

Abb. 2: Immobilienlebenszyklus (*Rottke* 2004, S. 123)

Immobilien sind kostenintensive Wirtschaftsgüter. Der finanzielle Aufwand prägt sämtliche Phasen des Immobilienlebenszyklus (vgl. Abbildung 2): die Planung, die

4 *Bone-Winkel/Schulte/Focke*, 2008, S. 17 ff.; *Gondring*, 2013, S. 17 ff.; *Brauer*, 2013a, S. 10 ff., *Rottke*, 2011a, S. 143 ff.
5 *Gondring*, 2013, S. 17; *Brauer*, 2013b, S. 615 ff.
6 *Trofer*, 2013, S. 42.
7 *Brauer*, 2013a, S. 10 f.

Realisierung, die Bewirtschaftung, die Sanierung und ggf. den Abriss einer Immobilie und die neue Verwertung sowie die damit verbundenen Such- und Transaktionskosten[8]. Üblicherweise ist die Investition kurzfristig beschränkt liquidierbar. Das bedeutet, dass es einige Zeit dauert, bis eine Immobilie veräußert werden kann. Bei Wohnimmobilien beispielsweise geht man von etwa drei bis sechs Monaten Verwertungszeitraum aus, bei gewerblich genutzten Immobilien kann sie, insbesondere bei starker Zweckbindung und damit verbundener geringer Drittverwendungsmöglichkeit, noch länger sein. Investitionsentscheidungen sind von Risiko, Unsicherheit und extensiven Überlegungen geprägt[9]. Die Nutzer von Immobilien – in ihrer rechtlichen Stellung üblicherweise Mieter oder Eigentümer – setzen sich vor dem Erwerb oder der Investition lange und intensiv mit dem Produkt auseinander[10].

Der Immobilienmarkt bildet das Geschehen zwischen Angebot und Nachfrage nach bestimmten Immobilien ab. Nutzungsart, Besitzform und die geografische Einteilung sind die Parameter, nach denen Immobilienteilmärkte unterschieden werden können[11]. Die Besitzform umfasst Miete, Pacht, Eigentum und Spezialformen (z.B. Bittleihe, Sale and Lease Back). Geografisch kann nach Ländern, Regionen, Städten oder Stadtteilen segmentiert werden, die einzelne geografische Immobilienteilmärkte bilden. Der Immobilienmarkt ist unvollkommen. Veränderungen erfolgen langsam. Zu vor- und nachgelagerten Märkten bestehen Interdependenzen. So beeinflusst etwa der Kapitalmarkt als vorgelagerter Markt die Investitionsbereitschaft. Die Bedeutung politisch-rechtlicher Faktoren ist hoch: Mietrecht, Wohnungseigentumsrecht, Wohnungsgemeinnützigkeitsrecht, Grundbuchsrecht, immobilienspezifisches Steuerrecht, um nur einige zu nennen, prägen das Marktgeschehen.

Das aktive Management von Immobilien während des Immobilienlebenszyklus wird als Immobilienmanagement bezeichnet, das *„[…] sämtliche Führungsaufgaben (Planung, Organisation, Durchführung und Kontrolle) für alle Abschnitte des Immobilienlebenszyklus [umfasst], die erforderlich sind, eine Immobilie zielorientiert zu entwickeln, zu bewirtschaften, zu verwerten und zu vermarkten. Dabei sind wirtschaftliche, technische, rechtliche und soziale Aspekte zu berücksichtigen.“*[12] In den letzten Jahren hat sich das Thema der Nachhaltigkeit in der Immobilienbranche festgesetzt. Dies manifestiert *„[…] sich u. a. in der Bedeutung von Gebäudezertifizierungen für ökologische und ökonomische Merkmale“*[13], weshalb die o.a. Definition wohl um diesen Aspekt ergänzt werden muss.

8 *Brauer*, 2013a, S. 13.
9 *Gondring*, 2013, S. 18.
10 *Brauer*, 2013a, S. 12.
11 *Bone-Winkel/Schulte/Focke*, 2008, S. 21 ff.; *Gondring*, 2013, S. 21 f.; *Brauer*, 2013a, S. 13 f.
12 *Volk*, 2003, S. 89 f.
13 *Trofer*, 2013, S. 48.

3. Immobilienberatung

In der Praxis findet man Unternehmen, die den Begriff Immobilienberatung in der Unternehmensbezeichnung führen, selten. Das liegt daran, dass die Beratungsleistungen zumeist ein Teil des Tätigkeitsspektrums eines Immobilienunternehmens sind. Sie haben sich aufgrund der Spezialisierung der Immobilienwirtschaft aus den generischen Tätigkeiten von Immobilienmaklern, Immobilienverwaltern, Bauträgern und Projektentwicklern sowie Immobilienbewertern heraus entwickelt.

Einen ersten Ansatz für eine Bestimmung des Begriffs Immobilienberatung bot *Sailer*[14], der sie als über die *„reine Immobilienvermittlung hinausgehende"* Beratungsleistung sah. Das angloamerikanische Verständnis von Real Estate Consulting ging von einem *„[...] act of providing information, analysis, and recommendation for a proposed real estate decision"*[15] aus. In der Gewerbeordnung fand die Beratung als Teil der Berufstätigkeit in den 1990er Jahren Eingang. Bisher galten Beratungsleistungen als *„selbstverständlicher Bestandteil"*[16] unter professionell agierenden Immobilienfachleuten. Sie wurden daher auch nicht gesondert verrechnet. Nunmehr – nach etwa zwei Jahrzehnten – lässt sich aus dem Marktgeschehen ableiten, dass sich dieses Bild etwas verändert hat. Aus dem selbstverständlichen Bestandteil hat sich ein selbstbewusster, eigenständiger Teil entwickelt. Immobilienunternehmen bieten heute Beratung als eigenständige Dienstleistung an. Die Beratungstätigkeiten sind auf den Auftraggeber individuell zugeschnitten und lassen sich noch schwer allgemeingültig fassen. Ansätze für die Einteilung der Beratungstätigkeiten bieten die Berufsfelder, denen sie entstammen, und die phasenbezogene Betrachtung der Beratungstätigkeiten anhand des Immobilienlebenszyklus. Dennoch kann noch kein klar abgegrenztes Bild wiedergegeben werden. Jedenfalls festzuhalten ist, dass immobilienspezifische Beratungsleistungen umfassender angeboten und vom Markt angenommen werden und nicht nur die Immobilienvermittlung betreffen, sondern alle Berufsfelder, in denen Immobilienunternehmen tätig sind. Was sich nicht verändert hat, ist das Ziel der Immobilienberatung: den Auftraggeber in die Lage zu versetzen, Entscheidungen, die Immobilien betreffen, selbst und gut fundiert zu treffen.

„Gründe für die Inanspruchnahme von immobilienwirtschaftlichen Beratungsleistungen sind seitens der Klienten fehlende Fachkompetenz und mangelnde Ressourcen, diese Kompetenz selbst aufzubauen. Die fehlende Fachkompetenz kann auch in Kombination mit einem einmaligen Beratungsbedarf auftreten."[17]

Die Beratungsleistungen nehmen vorwiegend zwei Formen an: die Fachberatung und die Begutachtung, die *„eine schriftliche Darstellung der Ist-Situation aus Sicht*

14 2001, S. 158.
15 *Friedman* et al., 2000, S. 87.
16 *Volk*, 2004, S. 320.
17 *Volk*, 2004, S. 345.

des Experten"[18] darstellt. Die Einholung einer zweiten Meinung, die Prüfung eines Gutachtens oder einer Analyse auf Plausibilität ist im Hinblick auf die wirtschaftliche Tragweite von Immobilieninvestitionsentscheidungen von Bedeutung. Bewertungsgutachten, Risikoanalysen, Wirtschaftlichkeitsanalysen, Machbarkeitsanalysen und Verwertungskonzepte werden dabei von einem unabhängigen Immobilienberater überprüft.

4. Auftraggeber

Die Auftraggeber, die Immobilienberatung in Anspruch nehmen, tun dies üblicherweise vor dem Hintergrund einer Investition in Immobilien. Unter Immobilieninvestoren werden Privatpersonen, Unternehmen und die öffentliche Hand subsumiert[19], die Kapital zur Eigennutzung oder Veranlagung in Immobilien investieren oder diese veräußern oder verwerten möchten. Unter den Unternehmen sind Banken und Versicherungen, Pensions- und Vorsorgekassen, offene und geschlossene Immobilienfonds, Immobilienaktiengesellschaften, Bauunternehmen und Bauträger, Industrie-, Handels- und Dienstleistungsunternehmen zu finden. Der Zweck der Investition kann Eigenbedarf oder Kapitalanlage sein.

„Während private Investoren ihr eigenes Kapital investieren, akkumulieren institutionelle Investoren das Kapital anderer Akteure. Sie investieren das eingesammelte Kapital und verwalten die getätigten Investitionen für ihre Anleger auf professionelle Art und Weise."[20]

Immobilien können als direkte oder indirekte Investitionsgüter angesehen werden. Direkt investiert man in eine Immobilie, indem man Eigentum an ihr selbst erwirbt. Bei der indirekten Investitionsart werden Beteiligungen an Immobilien oder an Unternehmen erworben, deren Geschäftsfeld die Immobilieninvestition ist. Zu den indirekten Investitionsformen zählen etwa Beteiligungen an Immobilienfonds oder Immobilienaktiengesellschaften. *„Nutzer können, müssen aber nicht, Eigentümer der von ihnen genutzten Immobilien sein."*[21] Die Miete, die Bittleihe, aber auch das Leasing stellen andere Arten des Besitzes von Immobilien dar. Bei den letztgenannten Formen fallen Eigentum und Besitz von Immobilien auseinander.

5. Beratungsleistungen

Volk (2004) hat auf Basis einer empirischen Studie unter österreichischen Immobilienunternehmen Beratungsleistungen identifiziert, die die Preisgestaltung von Im-

18 *Volk*, 2004, S. 345.)
19 *Rottke*, 2011c, S. 183 f.
20 *Rottke*, 2011c, S. 184.
21 *Rottke*, 2011c, S. 186.

mobilien, deren Nutzungs- und Entwicklungsmöglichkeiten, die Vermietungsberatung, die Sanierungs-, Instandhaltungs- und Instandsetzungsberatung, die Verwaltungsberatung, die Immobilienfinanzierungs- und -veranlagungsberatung sowie Infrastruktur-, Informations- und Kommunikationsberatung beinhalten. Das Leistungsspektrum der Immobilienunternehmen ist – nach nunmehr fast zehn Jahren – weiterhin vielschichtig und komplex. Dennoch lassen sich gewisse Beratungsleistungen zusammenfassen. Andere wiederum sind aufgrund geänderter Marktbedingungen neu entstanden. In diesem Kapitel werden die Transaktionsberatung, die Beratung im Rahmen der Preisgestaltung, die Verwertungs-, die Vermietungs-, die Portfolioberatung und die Standortberatung beschrieben. Sie zählen zu den Beratungsleistungen, die immobilienwirtschaftlich gut ausgebildete Experten anbieten. Umrahmt werden diese Beratungsleistungen von der steuerrechtlichen und der Facility-Management-Beratung. Beratung, deren Schwerpunkte anderen Wissenschaftsdisziplinen zuzuordnen ist, wie etwa den Rechts- oder Ingenieurwissenschaften, sind hier nicht umfasst.

5.1. Transaktionsberatung

Immobilientransaktionen umfassen üblicherweise Verkauf und Kauf, Vermietung und Miete oder Spezialformen wie etwa das Immobilienleasing. Dabei kann es um eine oder mehrere Immobilien oder Immobilienportfolios und Beteiligungen an Bau- und Immobilienunternehmen gehen. Steht die Immobilie im Mittelpunkt der Transaktion, wird dies auch als Asset Deal bezeichnet. Steht hingegen ein Unternehmen oder dessen Beteiligung im Mittelpunkt, gilt die Transaktion als Share Deal. Die Aktivitäten der Transaktionsberatung umfassen die Planung und Durchführung der Due-Diligence-Prüfung, die Planung und Koordination des Transaktionsprozesses, ggf. die Integration der geplanten Investition in ein bestehendes Immobilienportfolio, sowie die Beratung und Begleitung des Auftraggebers bei Verhandlungen und bei der Vertragsgestaltung. Unter Due-Diligence-Prüfung wird die sorgfältige Analyse und Bewertung einer (Immobilien-)Investition verstanden. Dies wird in einem sog. Datenraum, der für die Durchführung der Due-Diligence-Prüfung notwendigen Unterlagen enthält, vorgenommen. Die Stärken und Schwächen der Investition werden herausgearbeitet.

Eine Due-Diligence-Prüfung kann unterschiedliche Schwerpunkte aufweisen: wirtschaftliche, technische oder rechtliche. In der Unternehmenspraxis werden die Financial-, Commercial-, Tax-, Legal-, Technical-, Environmental- und Strategic-Due-Diligence-Prüfungen unterschieden. Im Rahmen der Financial Due Diligence stehen Prüfung und Prognose von Vermögen und Ertrag der Immobilieninvestition im Vordergrund. Der Markt wird bei der Commercial-Due-Diligence-Prüfung analysiert. Die steuerlichen Auswirkungen der Immobilieninvestition werden im Rahmen der Tax-Due-Diligence-Prüfung beschrieben. Die Legal-Due-Diligence-Prüfung fokussiert auf die rechtliche Tangente von Share Deals und Asset Deals. Ergebnis der Technical-Due-Diligence-Prüfung ist die Analyse des technischen Zustands der baulichen Anlagen vor dem Hintergrund zukünftiger Investitionen für Instandhaltung und Instandsetzung oder Modernisierungen. Die Environmental-Due-Diligence-Prüfung zielt auf die Begutachtung der Umweltqualität von Grundstücken und Gebäuden und auf die wirtschaftliche Quantifizierung eventueller Verbesserungsmaßnahmen ab. Im Rahmen der Strategic-Due-Diligence-Prüfung wird die Integration der geplanten Investition in ein bestehendes Immobilienportfolio untersucht.

5.2. Beratung im Rahmen der Preisgestaltung

„Das Thema Preisgestaltung ist sowohl im Rahmen des Verkaufs und des Kaufs von Immobilien, als auch für die Vermietung und Miete von Immobilien wesentlich“[22] und hat weitreichende wirtschaftliche Konsequenzen. Die Beratung durch Immobilienexperten ist bei der Festsetzung oder Überprüfung von Verkaufspreisen und Mieten ratsam. Immobilienberater kennen das Marktgeschehen, analysieren die bauliche, rechtliche und wirtschaftliche Situation der Immobilie (z.B. Mieter-, Eigentümerstruktur, Nutzungs- und Verwertungsmöglichkeiten), und berechnen den erzielbaren Preis oder die erzielbare Miete. Die Ermittlung eines Wertes ist als gutachterliche Leistung zu qualifizieren. Darüber hinaus, wie eine Studie aufzeigt, beraten 71 % der Immobilienunternehmen den Auftraggeber noch weiter[23]. Immobilienbewerter, Immobilienmakler und -verwalter zählen zu den drei häufigsten Berufsgruppen, die im Rahmen der Preisgestaltung oder Wertfestlegung beraten[24].

Mag.(FH) Sonja Ressler, CIS Immozert
Sachverständige
Immobilien Dr. Margret Funk, Wien

Liegenschaft: Bei der Liegenschaft handelt es sich um ein Wiener Zinshaus in Innenstadtlage. Die Grundstücksfläche beträgt etwa 900 m^2, die Nutzfläche des Hauses etwa 4.000 m^2. Davon sind ca. 95 % vermietet. Die Wohnhausanlage wurde in den 1890er Jahren errichtet. Das Zinshaus wurde in den letzten Jahren durchgreifend saniert und ist nunmehr voll vermietet.

Eigentümer: Eigentümer der Liegenschaft ist eine Privatperson.

Auftrag: Der Eigentümer ist an die Immobilienbewerterin herangetreten, um den Marktwert der Liegenschaft zu ermitteln und ihn in Hinblick auf mögliche Verwertungsstrategien zu beraten.

Gutachten und Beratungsleistungen: Die Immobilienbewerterin hat zunächst die Ziele und Erwartungshaltungen des Auftraggebers erfragt. Daraus wurde die Definition des Beratungsauftrags abgeleitet. Zunächst führte sie eine Bestandsaufnahme der Liegenschaft durch. Dazu zählten etwa die Analyse der Unterlagen (z.B. Mietverträge, Mietkonditionen, Bestandspläne), Besprechungen mit Mietern und Behörden. Die Mieterträge wurden auf ihre nachhaltige Erzielbarkeit und auf Optimierungspotenziale überprüft. In einem schriftlichen, etwa 30 Seiten umfassenden Gutachten hat die Bewerterin auf nachvollziehbare Weise die Ermittlung

22 *Volk*, 2004, S. 334.
23 *Volk*, 2004, S. 335.
24 *Volk*, 2004, S. 335.

des Marktwertes der Liegenschaft dokumentiert. Im Zuge weiterer Gespräche mit dem Eigentümer ergab sich die Strategie, die gute Marktlage für einen Verkauf der Liegenschaft zu nutzen.

Honorar: Für das Gutachten über die Ermittlung des Marktwertes wurde ein Pauschalhonorar vereinbart. Die weitere Beratungstätigkeit wurde mit vereinbarten Stundensätzen abgegolten.

Das Besondere: *„Jede Immobilie ist anders. Jeder Eigentümer ist anders. In der Immobilienbewertung gibt es jeden Tag besondere Herausforderungen, die den Beruf interessant machen. Dafür notwendig sind ein besonderes Gespür für den Markt und die Menschen." (Mag. (FH) Sonja Ressler)*

5.3. Verwertungsberatung

Ein Verwertungskonzept zielt auf die für den Immobilieninvestor bestmögliche Nutzung eines Grundstücks oder einer Immobilie ab. Basis für das Konzept und die darauf folgenden Entscheidungen ist die Standort- und Marktanalyse. Sie ist eine *„objektive, methodisch aufgebaute, fachlich fundierte Untersuchung der wesentlichen Rahmenbedingungen für eine Immobilieninvestition"*[25], bei der harte und weiche Faktoren auf Makro- und Mikroebene beschrieben werden (z.B. Wirtschafts- und Bevölkerungsstruktur, Umfeldnutzung, Erschließung der Liegenschaft, Flächenwidmung und Bebauungsbestimmungen). *Kinateder* (2011, S. 523) beschreibt das Ziel des Verwertungskonzepts, das auf der Standort- und Marktanalyse aufbaut, eine *„einzigartige, unverwechselbare"* Immobilie auf der Basis von Fakten und Erfahrung zu errichten. Weitere Analysen (z.B. Wirtschaftlichkeits-, Risikoanalysen) runden die Entscheidung ab. Der Immobilienberater, der diese Analysen durchführt, berät den Auftraggeber, der die Entscheidung für die Verwertung des Grundstücks oder der Immobilie trifft.

Ein Verwertungskonzept kann sich auf ein freies Grundstück, aber auch auf eine bestehende Immobilie beziehen. Ist eine bestehende Immobilie involviert, ist ggf. ihre Sanierung zu bedenken. Bauliche oder wirtschaftliche Überalterung kann die Sanierung einer Immobilie bedingen. Ziel der Sanierung einer Immobilie ist es, ihre Nutzungsphase zu verlängern, die Verwertbarkeit der Flächen zu erhöhen und folglich den Leerstand zu minimieren. Bei der Sanierung einer Immobilie wird die Nutzungsart beibehalten. Ein Redevelopment hingegen kann auf die Veränderung der Nutzung abzielen.

„Der Immobilienberater organisiert in diesem Beratungsfeld beispielsweise nicht nur die Erhaltung, Instandsetzung und Sanierung eines Gebäudes, sondern berät den Eigentümer […], zu welchen steuerlich optimalen Zeitpunkten die Immobilie saniert werden soll und welche Fördermöglichkeiten dafür in Anspruch genommen werden können."[26]

25 *Kinateder*, 2011, S. 519.
26 *Volk*, 2004, S. 336.

Auch hier sind wiederum wirtschaftliches, technisches und rechtliches Fachwissen, Erfahrung und soziale Kompetenzen für den Immobilienberater von Bedeutung. Im Bereich des Fachwissens geht es vor allem um Kenntnisse in Bezug auf Gebäude- und Bautechnik, Steuerrecht, Buchhaltung und Kostenrechnung, Immobilienfinanzierung und Immobilienverwaltung.

Mag. (FH) Sigrid Scheucher

Geschäftsführerin

ORE Optimizing Real Estate GmbH, Graz

Liegenschaft: Bei der Liegenschaft handelt es sich um ein Einkaufszentrum in Österreich. Es wurde in den 1980er Jahren errichtet und ist nunmehr über 30 Jahre alt. Mit einer Nutzfläche von ca. 5.000 m^2 und seiner Lage zählt es zu den Nahversorgungszentren. Es hat einen Ankermieter: einen großen Supermarkt. Die restliche Nutzfläche teilt sich auf kleine Mieter auf, die einen guten Branchenmix abbilden: Bekleidung, Schuhe, Gastronomie, Elektronik. Die Lage des Einkaufszentrums ist vielversprechend. Das Stadtviertel, in dem es sich befindet, wurde in den letzten Jahren aufgewertet. Die Erreichbarkeit mit dem öffentlichen Verkehr sowie die Anbindung an den Straßenverkehr sind als sehr gut zu bezeichnen.

Eigentümer: Eigentümer der Liegenschaft ist eine Gruppe von Privatinvestoren. Zu ihren Immobilieninvestitionen zählen hauptsächlich Wohnimmobilien. Die gegenständliche Liegenschaft ist die erste Investition im Einzelhandelsbereich.

Auftrag: Die Eigentümer sind an die Immobilienberaterin herangetreten. Grund dafür war fehlendes Fachwissen in Bezug auf Einzelhandelsimmobilien und fehlende Erfahrung auf diesem speziellen Immobilienteilmarkt. Zum Auftrag zählten inhaltlich die Analyse der Ist-Situation und die Bestandsaufnahme, die Evaluierung des Potenzials des Investments, Empfehlungen für die Neugestaltung des Einkaufszentrums und für die Vermarktung des Relaunches.

Beratungsleistungen: Die Immobilienberaterin hat im Zuge der Bestandsaufnahme sämtliche Mietverträge analysiert und die mietrechtliche Situation beurteilt, den Branchen- und Mietermix abgebildet und eine Stärken- und Schwächenanalyse des Einkaufszentrums durchgeführt. Vernetzt mit einer Standort- und Marktanalyse betrachtet konnte sie die Potenziale für das Einkaufszentrum und für den Standort ableiten. Nach Rücksprache mit den Eigentümern hat sie Nutzungs- und Entwicklungskonzepte für das Einkaufszentrum erarbeitet sowie in weiteren Analysen Risiken und Wirtschaftlichkeit dargestellt. Die Eigentümer haben sich daraufhin für die Erweiterung des Einkaufszentrums entschieden. Im Rahmen des neuen Vermietungskonzeptes hat die Immobilienberaterin Gespräche mit bisherigen Bestandnehmern geführt und für neue oder frei gewordene Flächen neue Mieter angesprochen. Im Hinblick auf die Vermarktung des Einkaufszentrums hat die Immobilienberaterin ein Marketingkonzept entwickelt, das u.a. die Einführung eines Center Managements vorsieht, und einen Marketingplan vorgestellt, von dessen strategischen Zielen operative und mit sämtlichen Mietern abgestimmte Marketingaktivitäten abgeleitet werden können.

Honorar: Die Immobilienberaterin erhielt zunächst für die Bestandsaufnahme einen einmaligen Pauschalbetrag. Die anschließende Beratungstätigkeit wurde in einem weiteren Schritt abgegolten. Dafür hat sie nach tatsächlichem Aufwand zu definierten Stunden- und Tagsätzen abgerechnet. Zusätzlich erhielt sie ein Erfolgshonorar, das an messbare Erfolgskriterien für den Relaunch des Einkaufszentrums und an die Neuvermietung der Bestandseinheiten gekoppelt war.

Das Besondere: *„Was mir an diesem Job besonders gefällt, ist einerseits das sehr spannende und herausfordernde Projekt an einem so prominenten Gebäude und andererseits die Zusammenarbeit mit und das Vertrauen von den Auftraggebern – den Eigentümern. Was anfangs schwierig war, war die Abstimmung zwischen den vielen am Projekt beteiligten Personen, die Definition von Verantwortlichkeiten und Schnittstellen. Inzwischen ist hier aber ein starkes, junges Team herangewachsen, das sehr kreativ und engagiert an Projekt arbeitet."* (*Mag. (FH) Sigrid Scheucher*)

5.4. Vermietungsberatung

Die Entscheidung, eine Immobilie zu vermieten oder zu mieten, hat vor allem wirtschaftliche und rechtliche Konsequenzen. Es geht um die die Suche und Auswahl von geeigneten Mietobjekten, die Suche und Auswahl der Mieter, die Festlegung der Mietkonditionen (z.B. Mietdauer, Mietpreis, Miet-Incentives), Rechte und Pflichten von Vermietern und Mietern. Bei großvolumigen Immobilien (z.B. Bürokomplexe, Einkaufszentren) spielt weiters die Optimierung des Mieter- und Branchenmix eine wichtige Rolle. Unter einem Mietermix wird die Zusammensetzung aller Mieter der Immobilie verstanden. Der Branchenmix bezieht sich auf die verschiedenen Branchen der Mieter. In einem Einkaufszentrum beispielsweise sind die Zusammensetzung und die Anordnung von Anbietern von Lebensmitteln, Bekleidung, Drogeriewaren, Möbeln, Spielwaren, Büchern, Elektronikartikeln u.v.m. von Bedeutung. Ändert sich im Rahmen der Vermietung ein Teil, so kann dies Auswirkungen auf die gesamte Immobilie bedeuten (vgl. Praxisbeispiel).

„Gemeinsam mit dem Eigentümer oder Investor erarbeitet der Immobilienberater im Rahmen der Vermietung die Erwartungshaltung des Kunden, die Ist-Situation der Vermietung, die Ziele und die für die Erreichung der Ziele notwendigen Strategien."[27]

MMag. Andreas Bezecny, M.A.

Geschäftsführer

retailscout consulting GmbH, Wien

Liegenschaft: Bei der Liegenschaft handelt es sich um ein überregional bedeutsames Einkaufszentrum in Österreich. Die Nutzfläche beträgt etwa 80.000 m^2. Es wurde vor ca. zehn Jahren errichtet.

Eigentümer: Eigentümer der Liegenschaft ist eine Gruppe von Privatinvestoren. Sie ist an der wirtschaftlichen Performance der Liegenschaft interessiert. Das gegenständliche Einkaufszentrum ist eines von etwa fünfzehn Immobilieninvestments im Portfolio der Investorengruppe. Das Portfolio besteht aus Wohn-, Büro- und Einzelhandelsimmobilien.

Auftrag: Die Eigentümer sind an den Immobilienberater herangetreten, um die bisherige gute wirtschaftliche Performance des Einkaufszentrums auf ein stabiles, nachhaltiges Fundament zu stellen. Ziel des Beratungsprojekts war es, nach einer Analyse der Ist-Situation ein neues, innovatives Nutzungs- und Neupositionierungskonzept zu erstellen, das internationale Trends berücksichtigt.

---

27 *Volk*, 2004, S. 336.

Beratungsleistungen: Im Zuge der Ist-Analyse hat sich der Immobilienberater mit dem bestehenden Mieter- und Branchenmix auseinandergesetzt, eine Standort- und Marktanalyse sowie eine Stärken- und Schwächenanalyse durchgeführt. Damit wurde die Basis für den zweiten Beratungsschritt definiert: das Nutzungs- und Neupositionierungskonzept. Der Immobilienberater hat sich hierbei auf internationale Trends im Einzelhandel allgemein und bei Einkaufszentren im Besonderen konzentriert. Das Nutzungskonzept sah dabei nicht nur die Erweiterung des Einkaufszentrums vor, sondern auch die komplette Neugestaltung der bestehenden Flächen. Für die neu gewonnenen Flächen sollte ein weiterer großer Ankermieter gewonnen werden. Anders als üblich sollte dieser nicht aus der Lebensmittel- oder Elektronikbranche kommen. Bei den bestehenden Flächen sollten definierte und funktionsbezogene Bereiche eine neue Übersichtlichkeit bieten. Innovative Gastronomiekonzepte und Flächen für Kommunikation und Regeneration sollten das Zentrum aufwerten, auflockern und bereichern. Eine Detailstudie über die Bedeutung des Online-Handels wurde ebenfalls durchgeführt, um zukünftigen Herausforderungen für den Einzelhandel und das Einkaufszentrum begegnen zu können. Nachdem das neue Nutzungskonzept mit den Eigentümern abgestimmt worden war, wurde der Immobilienberater mit dessen Umsetzung beauftragt.

Honorar: Das Beratungsprojekt umfasste drei Phasen: die Analyse der Ist-Situation, die Erarbeitung des Nutzungs- und Neupositionierungskonzept sowie dessen Umsetzung. Die ersten beiden Phasen wurden im Rahmen des Erstauftrags vergeben und nach vereinbarten Tagsätzen abgegolten. Das Honorar für die Umsetzungsphase beinhaltete fixe und variable Bestandteile. Als fixer Bestandteil wurden ebenfalls Tagsätze verrechnet. Der variable Teil orientierte sich an messbare Erfolgskriterien wie etwa den Grad der Neuvermietung.

Das Besondere: *„Im Moment sehr spannend zu beobachten ist der Wandel der Funktion der Ankermieter. Bisher waren es Elektronik- und Textilkonzepte, die mit großen Flächen erfolgreich waren und Kunden ins Einkaufszentrum gebracht haben. Der Online-Handel löst deren Bedeutung aber immer mehr ab. Wichtiger werden Konzepte für die soziale Kommunikation. Als Immobilienberater muss ich hier am Ball bleiben und neue Trends aufspüren. Das macht den Job jeden Tag interessant." (MMag. Andreas Bezecny M.A.)*

5.5. Portfolioberatung

Bei der Portfolioberatung geht es um die für den Investor optimale Gestaltung seines Immobilieninvestment-Portfolios. Immobilien-Portfoliomanagement ist ein *„[...] komplexer, kontinuierlicher und systematischer Prozess der Analyse, Planung, Steuerung und Kontrolle von direkten und indirekten Immobilienanlagebeständen, der die Transparenz für den Immobilieneigentümer [...] erhöhen soll, um eine Balance zwischen Erträgen und den damit verbundenen Risiken von Immobilienanlage- und Managemententscheidungen für das gesamte Immobilienportfolio herzustellen"*[28]. Die Methoden, die zur Strukturierung und Messung von Portfolios verwendet werden, sind vielseitig und können grob in quantitative und qualitative Methoden eingeteilt werden.

Die Quantifizierung von Rendite und Risiko spielt dabei eine besondere Rolle.

28 *Wellner*, 2003, S. 35.

„Die Notwendigkeit, Risiken zu analysieren, zu messen, zu steuern und zu überwachen, hat mit der steigenden Vielschichtigkeit der Finanz- und Immobilienmärkte drastisch zugenommen"[29]. „Damit ein Investor aus einer Chance einen Wettbewerbsvorteil generieren kann, muss er sich seiner Risiken nicht nur bewusst sein, sondern darüber hinaus diese akkurat messen, aktiv managen und gewissenhaft kontrollieren."[30]

Sarah Friedl, M.A.

Consultant

PwC Price Waterhouse Coopers Real Estate Advisory, Wien

Immobilienportfolio: Das Immobilienportfolio setzt sich aus mehreren Liegenschaften in Österreich mit Konzentration auf den Wiener Raum zusammen. Es ist ein gemischtes Portfolio, das aus Wohn-, Büro- und Einzelhandelsimmobilien besteht. Der Verkehrswert der Liegenschaften beträgt etwa 2 Mio Euro. Die breite Streuung des Portfolios erlaubt es, Marktschwankungen auszugleichen. Die Rendite des Portfolios beläuft sich auf knapp 6 %. Der Vermietungsgrad liegt bei über 90 %, gemessen an der Nutzfläche.

Eigentümer: Eigentümerin des Immobilienportfolios ist eine österreichische Bank.

Auftrag: Der Eigentümer des Immobilienportfolios ist an die Immobilienberater herangetreten, um schlecht performende Liegenschaften zu identifizieren und für sie Verwertungsstrategien zu entwickeln.

Beratungsleistungen: Nach der Erhebung der konkreten Vorstellungen und Ziele des Kunden wurde eine Ist-Analyse des Immobilienportfolios vorgenommen. Liegenschaften mit einer suboptimalen Rendite wurden identifiziert. Danach wurden in Zusammenarbeit mit Architekten und Immobilienspezialisten Verwertungskonzepte für schlecht performende Immobilien entwickelt. Bei der Ableitung der Verwertungsstrategien wurden sowohl qualitative Analysen (Standort-, Objekt- und Marktanalysen, Risikoklassifizierungen, Machbarkeitsstudien etc.) als auch eine quantitative Beurteilung der Wirtschaftlichkeit der abgeleiteten Strategien (Ableitung potentieller Erträge, Ermittlung angemessener Kostenpositionen, Investitionsbereitschaft seitens des Kunden, Finanzierungsmöglichkeiten für die Umsetzung, Bewertung der Immobilien unter Berücksichtigung des jeweiligen Verwertungsszenarios) durchgeführt. In laufender und enger Abstimmung mit den Projektbeteiligten (Asset-Management, Architekten etc.) wurden nach der Ableitung möglicher Strategien Lösungskonzepte erarbeitet, die sowohl den Marktbedingungen als auch den Vorstellungen des Kunden gerecht wurden.

Honorar: Das Honorar für den gesamten Auftrag wurde pauschal vereinbart und war im fünfstelligen Bereich angesiedelt.

Das Besondere: *„Die besondere Herausforderung dieses Projekts lag in der Gegenüberstellung verschiedener realisierbarer Nutzungs- bzw. Verwertungskonzepte unter Berücksichtigung entsprechender Wirtschaftlichkeitsanalysen sowie die Ableitung und Strukturierung der Exit-Strategie für den Kunden. Meine bisherige Beratertätigkeit hat mir gezeigt, dass kompetente Immobilienberatung vor allem ein besonderes Gespür für die Bedürfnisse bzw. Problemstellungen eines Kunden und*

29 *Rottke*, 2011b, S. 962.
30 *Rottke*, 2011b, S. 963.

umfassende Kenntnis der Immobilie(n) an sich sowie des jeweiligen Immobilienmarkts einschließlich der vorherrschenden Rahmenbedingungen erfordert. Das macht diesen Beruf zu einer besonderen und sehr interessanten Herausforderung für mich, die ich jeden Tag gerne und immer wieder annehme." (*Sarah Friedl, M.A.*)

5.6. Standortberatung

Die Entscheidung, eine Immobilie zu mieten oder zu kaufen oder gar selbst zu entwickeln, will wohlüberlegt sein. Österreicher, die Wohnimmobilien in aller Regel zum Zwecke der Eigennutzung erwerben, wechseln etwa 6,7 Mal im Leben ihren Wohnsitz[31]. Bei Unternehmen, die Standortentscheidungen treffen, kommen ggf. (nationale oder internationale) Expansionsstrategien ins Spiel. Die Ermittlung der Ziele, Anforderungen und Erwartungshaltungen von Investoren im Hinblick auf einen oder mehrere neue Standorte zählt zu den ersten Tätigkeiten eines Immobilienberaters im Rahmen eines Transaktionsprozesses. Er entwirft daraufhin eine Liste von Standortfaktoren, die ihrer Bedeutung nach gewichtet werden können, berät den Investor im Hinblick auf die Umsetzung des Vorhabens und begleitet ihn ggf. während des Transaktionsprozesses bei Verhandlungen und Behördenwegen.

5.7. Steuerrechtliche Beratung

Steuerliche Aspekte spielen bei Erwerb und Veräußerung, Vermietung oder Verpachtung sowie bei der Bewirtschaftung von Immobilien eine große Rolle für den Immobilieninvestor. Beratung ist in diesem Kontext auch vor dem Hintergrund von Jahresabschlüssen und Unternehmensbewertungen wie auch für die Ein- und Ausgliederung von Immobilien in bzw. aus Unternehmen von Bedeutung. So ist beispielsweise das 1. Stabilitätsgesetz 2012 zu nennen, das wichtige Neuerungen für Immobilieninvestoren und Immobilienberater mit sich gebracht hat. Gewinne aus der Veräußerung von Immobilieninvestitionen werden auf dieser Grundlage endbesteuert. Spekulationsfristen wurden abgeschafft. Meldeverpflichtungen und Selbstberechnungen wurden eingeführt.

5.8. Facility-Management-Beratung

Ziel des Facility Managements ist es, Immobilien und deren Infrastruktur auf die Nutzer und die betrieblichen Prozesse bestmöglich abzustimmen, um eine *„[...] höchstmögliche Wertschöpfung aus dem Zusammenwirken sämtlicher Ressourcen eines Unternehmens zu erreichen"*[32]. Facility Management (FM) ist eine Managementdisziplin, die durch ergebnisorientierte Planung und Handhabung von Facilities und Services den Menschen am Arbeitsplatz, die Kernprozesse des Unternehmens unterstützt und dabei auf die Wirtschaftlichkeit Rücksicht nimmt[33]. Zu den Facilities zäh-

---

31 Statistik Austria, 2013, o. S.

32 *Gabler*, 2017, o. S.

33 *Gefma*, 2017, o. S.; *Schöne*, 2011, S. 554 f.

len Grundstücke, Gebäude, Maschinen und technische Anlagen. Das Facility Management beschäftigt sich mit der Planung und Instandhaltung von Gebäuden und damit verbundenen Dienstleistungen und kann in technisches, infrastrukturelles, kaufmännisches Gebäudemanagement und Flächenmanagement unterteilt werden.

> „FM sorgt für einen langfristigen Erhalt oder eine Erhöhung der Vermögenswerte von Unternehmen in Form von Bausubstanz, Anlagen und Einrichtungen […]. Durch den sparsamen und gezielten Einsatz von Ressourcen begrenzt und verringert FM die gebäude- und servicebedingten Kosten über den gesamten Lebenszyklus."[34]

Da Entscheidungen in diesem Bereich von wirtschaftlicher Tragweite sind und Expertenwissen erfordern, ist die Beiziehung von Beratern zu empfehlen.

6. Rechtlicher Rahmen

6.1. Rechtliche Regelungsdichte

Die Immobilienwirtschaft folgt umfassenden rechtlichen Vorgaben. Die Regelungsdichte ist besonders hoch. Zu den wesentlichen Gesetzen, Verordnungen, Normen, Empfehlungen und Vorschriften zählen das Allgemeine bürgerliche Gesetzbuch, das Allgemeine Grundbuchsgesetz, das Mietrechtsgesetz, das Wohnungseigentumsgesetz, das Wohnungsgemeinnützigkeitsgesetz, das Konsumentenschutzgesetz, das Maklergesetz, die Immobilienmaklerverordnung, die Immobilientreuhänderverordnung, die Gewerbeordnung, das Bauträgervertragsgesetz, die Raumordnung und die Bauordnungen der einzelnen Bundesländer, das Baurechtsgesetz, das Liegenschaftsbewertungsgesetz und die entsprechenden Ö-Normen, das Wohnbauförderungsgesetz, das Immobilien-Investmentfondsgesetz, das Einkommensteuergesetz, das Grunderwerbssteuergesetz u.v.m. Allein der *„sensible Bereich des Wohnungseigentums- und Mietrechtes ist in Österreich seit Beginn des 20. Jhdts. durch eine große Anzahl von Novellierungen und Wohnrechts-Änderungs-Gesetzen charakterisiert, welche jeweils bestehende vertraglich erworbene Rechte nicht verändern. So ist es selbst für Wohnrechtsexperten […] keine einfache Aufgabe, den Überblick über sämtliche Regelungsinhalte und Anwendungsbereiche zu behalten."*[35]

6.2. Zugangs- und Ausübungsvoraussetzungen

Im Folgenden werden die Zugangs- und Ausübungsvoraussetzungen für Immobilientreuhänder (Immobilienmakler, Immobilienverwalter und Bauträger) und Immobilienbewerter beschrieben.

34 Gefma, 2017, o. S.
35 *Volk*, 2004, S. 322.

Immobilienmakler, Immobilienverwalter und Bauträger zählen zu den bewilligungspflichtigen gebundenen Gewerben.

> „Die Voraussetzungen für die Gewerbeausübung bleiben [...] der Befähigungsnachweis in Form der Befähigungsprüfung und die rechtskräftige gewerbebehördliche Bewilligung, vor deren Erteilung die für die Ausübung des Gewerbes erforderliche Zuverlässigkeit zu prüfen ist."[36]

Gewerbsmäßig ist eine Tätigkeit, wenn sie selbständig, regelmäßig und mit der Absicht, einen Ertrag zu erzielen, ausgeführt wird. Erforderlich für das Erlangen der Gewerbeberechtigung sind die Erfüllung der persönlichen Voraussetzungen, das Vorhandensein eines Standortes und das Vorliegen aller Unterlagen bei der Gewerbebehörde[37]. Neben der Eigenberechtigung, Bestimmungen zur Staatsbürgerschaft, besonderen Ausschließungsgründen wie etwa gerichtlichen Verurteilungen oder anhängigen Finanzstrafverfahren, der Zuverlässigkeit und dem Vorhandensein einer Vermögenshaftpflichtversicherung ist bei Immobilientreuhändern insbesondere der Befähigungsnachweis zu nennen. Der Befähigungsnachweis kann formell erfolgen, indem *„die Bedingungen der Gewerbezugangsverordnung erfüllt werden (z.B. Befähigungsprüfung)"*[38]. Der zweite Weg des Nachweises ist individueller Natur. Die Bezirksverwaltungsbehörde entscheidet dabei, ob eingebrachte Unterlagen geeignet sind, die erforderlichen Kenntnisse, Fähigkeiten und Erfahrungen, die für die Ausübung des Gewerbes notwendig sind, zu dokumentieren. Die Inhalte der formellen Befähigungsprüfungen sind Verordnungen zu entnehmen[39]. Im Falle eines abgeschlossenen Hochschulstudiums und bei vorhandener Fachpraxis wird die Befähigungsprüfung erlassen (Immobilientreuhänderverordnung 2003).

Allgemein beeidete und gerichtlich zertifizierte Sachverständige sind *„höchstqualifizierte, absolut integre und zuverlässige Experten"*[40], die langjährige Berufserfahrung vorweisen können, sich einem gerichtlichen Zertifizierungsverfahren unterzogen haben und in regelmäßigen Abständen ihre Weiterbildung dokumentieren. Der Hauptverband der allgemein beeideten und gerichtlich zertifizierten Sachverständigen Österreichs teilt seine Mitglieder in Fachgruppen und Fachgebiete ein. Die Fachgruppe 94 umfasst Immobiliensachverständige[41], die weiter in verschiedene Immobilienarten und immobilienwirtschaftliche Aufgabenstellungen untergliedert werden können.

6.3. Haftung

Wer in Immobilienangelegenheiten berät und damit zu erkennen gibt, dass er sich in der Lage sieht, bestimmte Aufgabenstellungen zu erfüllen, für die besondere

36 *Assem/Gottschamel*, 2013, S. 4.
37 *Gottschamel*, 2013, S. 2.
38 *Gottschamel*, 2013, S. 1.
39 Fachverband der Immobilien- und Vermögenstreuhänder 2012, o. S.
40 Hauptverband 2017, o. S.
41 Hauptverband 2017, o. S.

Kenntnisse, Fähigkeiten und Fertigkeiten notwendig sind, ist als Sachverständiger zu qualifizieren. Ein Sachverständiger haftet für seine Beratungsleistungen gem. § 1299 ABGB *„für den notwendigen Fleiß und die erforderlichen, nicht gewöhnlichen Kenntnisse"*. Er haftet auch für bloß versehentlich unrichtigen Rat (§ 1300 ABGB). Für die Ermessung der Pflichten sind die Leistungsstandards der betreffenden Berufsgruppen ausschlaggebend[42].

7. Berufsethos

Ethische Überlegungen [43] finden sich früh in der Geschichte, beispielsweise in der Auseinandersetzung über das Ziel der Kindererziehung, die von *Sokrates* (469–399 v. Chr.) als ein an der Idee des Guten orientierter Lernprozess gesehen wurde. Heute kann Ethik als wissenschaftliche Disziplin und Lehre von der Moral und der Frage nach dem Guten bezeichnet werden[44].

Standes- und Berufsausübungsregeln enthalten üblicherweise Vorgaben zur Wahrung und Förderung der Standesehre einer Berufsgruppe. Darin finden sich Bestimmungen über das Berufsbekenntnis, Werbung und Berufsbezeichnung, das ethische, kollegiale und standesgemäße Verhalten, die Verschwiegenheitspflicht sowie die Weiterbildung. Für die Tätigkeit in der Immobilienwirtschaft sind dafür unterschiedliche Standes- und Ausübungsregelungen maßgeblich, wie etwa die Immobilienmaklerverordnung oder die Verordnung der Immobilienbewerter. Der Sachverständigeneid, den allgemein beeidete und gerichtlich zertifizierte Sachverständige für die Liegenschaftsbewertung ablegen, lautet: „Ich schwöre bei Gott, dem Allmächtigen und Allwissenden, einen reinen Eid, dass ich die Gegenstände eines Augenscheins sorgfältig untersuchen, die gemachten Wahrnehmungen treu und vollständig angeben und den Befund und mein Gutachten nach bestem Wissen und Gewissen und nach den Regeln der Wissenschaft (der Kunst, des Gewerbes) angeben werde; so wahr mir Gott helfe!"[45].

Neben den Standesregeln gibt es Ehrenkodizes von Verbänden und Interessenvertretungen. Als Beispiel dafür gilt etwa der Ehrenkodex des Österreichischen Verbands der Immobilienwirtschaft, der eine *„Ergänzung zu den allgemeinen Standesregeln des Fachverbandes der Immobilien- und Vermögenstreuhänder"*[46] darstellt. So stehen etwa die *„besondere Kundenorientierung, hohe Kompetenz und konsequente Weiterbildung des Unternehmers und seiner Mitarbeiter, höchste Seriosität und Transparenz sowie Bereitschaft zu konstruktiven Kollegenkontakten"*[47] im Vordergrund. Eine besondere Rolle nimmt auch die Royal Institution of Chartered Surveyors ein. Ursprünglich aus dem Vermessungsweisen stammend umfasst der Verband etwa 200 Fachgebiete im Immobilienwesen. Er ist weltweit vertreten. Die Mit-

42 *Holzapfel/Knittl*, 2015, S. 203.
43 Éethos = Sitte, Gebrauch, gewohnter Ort, Charakter; vgl. *Höffe*, 2008, S. 71 ff.
44 *Köck*, 2002, S. 15.
45 Hauptverband der Gerichtssachverständigen, 2014, S. 1.
46 ÖVI, 2000, o. S.
47 ÖVI 2000, o. S.

gliedschaft wird mit einem Qualitätssiegel verbunden und steht für eine professionelle Berufsausübung. In den Rules of Conduct werden u.a. ethische Prinzipien dargelegt, Integrität und Vertraulichkeit sowie eine sorgfältige und professionelle Auftragsdurchführung auf dem Stand der Wissenschaft gefordert.[48]

8. Entwicklungstendenzen

Wie eingangs erwähnt, ist die Bedeutung von Immobilien als Investitionsmöglichkeit gestiegen. Damit einher gehen grenzüberschreitende Investitionen. War der Immobilienmarkt bis vor einigen Jahren noch ein Markt mit lokalen oder regionalen Schwerpunkten, so haben nunmehr Transaktionen im Ausland oder mit ausländischen Geschäftspartnern deutlich zugenommen. Damit steigen auch die Anforderungen. Man muss sich auf einem internationalen Parkett professionell bewegen.

Der Spezialisierung, die auf die Komplexität immobilienwirtschaftlicher, -technischer und -rechtlicher Fragestellungen folgt, wird mit Netzwerken, dem Austauschen unter Kollegen und lebenslangem Lernen begegnet. Die Netzwerke haben sich zu formalisieren begonnen. Neben auftragsspezifischem Zusammenarbeiten sind informelle und strukturierte Netzwerke zu nennen. Bei auftragsspezifischem Zusammenarbeiten kontaktieren Immobilienunternehmen *„bei Bedarf Partner des Netzwerkes […], um Ressourcendefizite für die Auftragsabwicklung auszugleichen“*[49]. Lose Zusammenarbeit kann in informellen Netzwerken erfolgen. Strukturierte Netzwerke sind formalisiert, auf Dauer angelegt, und weisen oftmals eine gemeinsame Bezeichnung auf. Eine Spezialform dieses Netzwerkes sind beispielsweise Immobilienplattformen: ein *„formelle[r] Zusammenschluss mehrerer Immobilienmakler mit dem Ziel, durch eine gemeinsame Objekt- und Interessentendatenbank und die Forcierung des Gemeinschaftsgeschäfts untereinander eine bessere Qualität und Quantität [in] der Vermittlung zu erreichen“*[50]. Ein weiteres Beispiel: Junge, immobilienwirtschaftlich gut ausgebildete Immobilienfachleute haben sich unter der Ägide des Österreichischen Verbandes der Immobilienwirtschaft zu den ÖVI Young Professionals zusammengeschlossen. Weibliche Führungskräfte, die die Immobilienwirtschaft bewegen, finden sich im Salon Real zusammen. Beiden beispielhaft genannten Vereinen ist gemein, dass sie den Netzwerkgedanken forcieren, Fachvorträge organisieren, kritischen und konstruktiven Diskussionsrunden Raum bieten und die Teilnahme an Exkursionen, Fachmessen und Konferenzen fördern[51].

Die ökologische Nachhaltigkeit ist derzeit ein wichtiges Thema in der Immobilienbranche. Zertifizierungen, die ökologische und daraus resultierende wirtschaftliche Kennzahlen von Gebäuden messen[52], sind für viele Beteiligten wie etwa Bauherren, Bauträger und Immobilieninvestoren von Bedeutung geworden.

48 RICS 2012, o. S.
49 *Volk*, 2004, S. 356.
50 *Volk*, 2004, S. 356.
51 Salon Real, 2017, o. S.; ÖVI, 2017, o. S.
52 *Trofer*, 2013, S. 48.

Die Professionalisierung der Immobilienbranche schreitet ebenfalls mit kraftvollen Schritten voran. Wurde vor mehr als zehn Jahren die Professionalisierung noch als wichtigster Treiber für die Zukunft gesehen[53], können heute bereits die Erfolge einiger Meilensteine verzeichnet werden. Der Prozess der Professionalisierung stützt sich auf die von *Wilensky* (1964) aufgezeigten Kriterien: Die Berufsausbildung erfolgt zu einem guten Teil durch formalisierte Studiengänge auf akademischer Ebene. Berufsverbände unterstützen die Berufsausbildung und arbeiten an der stetigen Weiterentwicklung der Profession. Sie bemühen sich um Qualität, Zugangs- und Ausübungsvoraussetzungen und leben und arbeiten nach ethischen Grundsätzen. Auf dieser Basis werden sich in der Zukunft das Management und die Beratung in der Immobilienbranche weiter professionalisieren.

Literatur

Assem, Ulrike/Gottschamel, Leo (2013): Die historische Entwicklung der Immobilienberufe im Gewerberecht, in: Fachverband der Immobilien- und Vermögenstreuhänder (Hrsg.) (2013): Aktuelles Immobilienhandbuch der österreichischen Immobilienmakler, Bauträger und Immobilienverwalter, Wien: Weka, Register 2, Kapitel 2.

Bone-Winkel, Stephan/Schulte, Karl-W./Focke, Christian (2008): Begriff und Besonderheiten der Immobilie als Wirtschaftsgut, in: *Schulte, Karl-W.* (Hrsg.) (2008): Immobilienökonomie. Band I. Betriebswirtschaftliche Grundlagen, 4. Auflage, München: Oldenbourg, 3–26.

Brauer, Kerry-U. (2013a): Einführung in die Immobilienwirtschaft, in: *Brauer, Kerry-U.* (Hrsg.) (2013): Grundlagen der Immobilienwirtschaft. Recht – Steuern – Marketing – Finanzierung – Bestandsmanagement – Projektentwicklung, 8. A., Wiesbaden: Gabler, 1–58.

Brauer, Kerry-U. (2013b): Immobilienprojektentwicklung, in: *Brauer, Kerry-U.* (Hrsg.) (2013): Grundlagen der Immobilienwirtschaft. Recht – Steuern – Marketing – Finanzierung – Bestandsmanagement – Projektentwicklung, 8. A., Wiesbaden: Gabler, 607–656.

Brauer, Kerry-U. (2008): Wohnen, Wohnformen, Wohnbedürfnisse, Wiesbaden: IZ.

Fachverband der Immobilien- und Vermögenstreuhänder (2012): Befähigungsprüfungsverordnungen für Bauträger, Immobilienmakler und Immobilienverwalter, Internet: https://www.wko.at/branchen/information-consulting/immobilien-vermoegenstreuhaender/Brancheninformation.html# (Stand 27.4.2017).

Friedman, Jack P./Harris, Jack, C./Lindeman, J. Bruce (2000): Dictionary of Real Estate Terms, 5th edition, New York: Barron's.

Gabler Verlag (Hrsg.) (2017): Gabler Wirtschaftslexikon, Stichwort: Facility Management, online im Internet: http://wirtschaftslexikon.gabler.de/Archiv/127658/facility-management-v3.html (Stand 27.4.2017).

53 *Volk*, 2004, S. 346.

Gefma e. V. (2017): Definition Facility Management, Internet: http://www.gefma.de/definition.html (Stand 27.4.2017).

Gondring, Hanspeter (2013): Immobilienwirtschaft. Handbuch für Studium und Praxis, 3. Auflage, München: Vahlen.

Gottschamel, Leo (2013a): Allgemeine gewerberechtliche Bestimmungen für Immobilienmakler, Bauträger und Immobilienverwalter, in: Fachverband der Immobilien- und Vermögenstreuhänder (Hrsg.) (2013): Aktuelles Immobilienhandbuch der österreichischen Immobilienmakler, Bauträger und Immobilienverwalter, Wien: Weka, Register 2, Kapitel 3.

*Gottschamel, Leo (*2013b): Gewerberecht Immobilienmakler, in: Fachverband der Immobilien- und Vermögenstreuhänder (Hrsg.) (2013): Aktuelles Immobilienhandbuch der österreichischen Immobilienmakler, Bauträger und Immobilienverwalter, Wien: Weka, Register 3, Kapitel 1.

Hauptverband der Gerichtssachverständigen (2014): Standesregeln, Internet: http://www.sachverstaendige.at/download/Standesregeln_2014.pdf (Stand 27.4.2017).

Hauptverband der Sachverständigen (2017): Nomenklatur, Internet: http://sachverstaendige. at/nomenklatur.html (Stand 27.4.2017).

Höffe, Otfried (2008): Ethik, in: *Höffe, Otfried* (Hrsg.) (2008): Lexikon der Ethik, 7. Auflage, München: Beck, 71–73.

Höffe, Otfried (Hrsg.) (2008): Lexikon der Ethik, 7. Auflage, München: Beck.

Holzapfel, Anton/Knittl, Carl (Hrsg.) (2015): Maklerrecht Österreich, 2. Auflage, Wien, ÖVI.

Kinateder, Thomas (2011): Projektentwicklung, in: *Rottke, Nico B./Thomas, Matthias* (Hrsg.) (2011): Immobilienwirtschaftslehre, Band 1, Management, Köln: IMV, 503–532.

Köck, Peter (2002): Handbuch des Ethikunterrichts. Fachliche Grundlagen, Didaktik und Methodik, Beispiele und Materialien, Donauwörth: Auer.

Maslow, Abraham (1998): Toward a psychology of being, 3rd edition, Chichester, New York: Wiley.

ÖVI Österreichischer Verband der Immobilienwirtschaft (2000): Ehrenkodex, Internet: http://www.ovi.at/de/verband/Mitgliedschaft/Ehrenkodex.php (Stand 27.4.2017).

ÖVI Österreichischer Verband der Immobilienwirtschaft (2017): Young Professionals, Internet: http://www.ovi.at/de/verband/Mitgliedschaft/YoungProfessional.php (Stand 27.4.2017).

RICS Royal Institution of Chartered Surveyors (2012): Rules of Conduct, Internet: http://www.rics.org/Global/Rules%20of%20Conduct%20for%20Firms%204%20June%202007%20v5%20wef%2001%20January%202012.pdf (Stand 27.4.2017).

Rottke, Nico B. (2011a): Immobilienarten, in: *Rottke, Nico B./Thomas, Matthias* (Hrsg.) (2011): Immobilienwirtschaftslehre, Band 1, Management, Köln: IMV, 141–171.

Rottke, Nico B. (2011b): Immobilienrisikomanagement, in: *Rottke, Nico B./Thomas, Matthias* (Hrsg.) (2011): Immobilienwirtschaftslehre, Band 1, Management, Köln: IMV, 961–989.

Rottke, Nico B. (2011c): Institutionen im Modell immobilienwirtschaftlicher Aktivität, in: *Rottke, Nico B./Thomas, Matthias* (Hrsg.) (2011): Immobilienwirtschaftslehre, Band 1, Management, Köln: IMV, 173–190.

Rottke, Nico B. (2004): Investitionen mit Real Estate Private Equity, in: *Schulte, Karl-W./Bone-Winkel, Stephan* (Hrsg.): Schriften zur Immobilienökonomie. Band 29, Köln: Müller, 123.

Salon Real (2017): Salon Real. Was wir tun, Internet: http://www.salonreal.at/was-wir-tun.html (Stand 27.4.2017).

Schein, Edgar H. (2000): Prozessberatung für die Organisation der Zukunft, Köln: EHP.

Schöne, Lars Bernhard (2011): Facility Management, in: *Rottke, Nico B./Thomas, Matthias* (Hrsg.) (2011): Immobilienwirtschaftslehre, Band 1, Management, Köln: IMV, 553–572.

Statistik Austria (2013): Wohnen, http://www.statistik.at/web_de/statistiken/menschen_und_gesellschaft/wohnen/index.html (Stand 14.8.2013).

Trofer, Birgit (2013): Wohnen und Leben im Alter – eine interdisziplinäre Annäherung aus immobilienwirtschaftlicher und gerontologischer Perspektive, Hall in Tirol: Private Universität für Gesundheitswissenschaften, Medizinische Informatik und Technik.

Volk, Birgit (2004): Immobilienberatung. Entwicklung und Perspektiven einer eigenständigen Dienstleistung, in: *Egger, Walter/Hasenzagl, Rupert/Stocker, Ferry/ Wagner, Christian* (Hrsg.) (2004): Wirtschaftsberatung in Österreich. Struktur und Entwicklungen, NWV: Wien, 303–370.

Volk, Birgit (2003): Immobilienmanagement, in: *Funk, Margret* (Hrsg.) (2003): Immobilienlexikon Österreich, Wien: ÖVI.

Wellner, Kristin (2003): Entwicklung eines Immobilien-Portfolio-Management-Systems. Zur Optimierung von Rendite-Risiko-Profilen diversifizierter Immobilien-Portfolios, Leipzig: Universität Leipzig.

Wilensky, Harold L. (1964): The Professionalization of Everyone? in: The American Journal of Sociology, Vol. 70, No. 2, 1964, 137–158.

2.4. Beratung in Marktkommunikation und Vertrieb

Julia Seitl

1. Ausgangssituation und Zielsetzung

In den wirtschaftlichen Handlungsfeldern Marketing und Vertrieb ist Beratung sehr oft gefragt und man findet sie in der Praxis deshalb dort sehr häufig. Allerdings sind bis dato wissenschaftliche Arbeiten eher rar und es ist anzumerken, dass hier viel Aufholbedarf besteht. Da sowohl Marketing als auch Vertrieb einen schnelllebigen Bereich darstellen und immer dem Wandel der Zeit unterworfen sind, muss sich hier die Beratung mit vielen unterschiedlichen Prozessen sowie deren Veränderungen auseinandersetzen. Das trifft sowohl für die externe als auch für die interne Beratung zu. Bei einer externen Beratung werden unternehmensunabhängige Berater herangezogen. Interne Berater hingegen sind ins Unternehmen eingegliedert. Für beide Zugänge sollen in diesem Kapitel folgende Fragen bearbeitet werden: Welche Berufsbilder gibt es im Vertrieb und im Marketing? Wie sieht jeweils das Umfeld aus? Wie sind Strukturen aufgebaut? Welche Instrumente werden eingesetzt, damit relevante Ziele erreicht werden können? Daraus leitet sich auch die zentrale Fragstellung dieses Beitrags ab, nämlich: Mit welchen Aufgabengebieten setzt sich Beratung in Marketing und Vertrieb auseinander?

Dieser Beitrag ist in fünf Kapitel untergegliedert. Der Schwerpunkt wird auf Marketing und Vertrieb gelegt. Es ist schwierig, eine trennscharfe Abgrenzung der beiden Bereiche vorzunehmen, da sie sich zum Teil stark überschneiden, aber auch ergänzen. Damit ein Unternehmen erfolgreich ist, ist es sogar notwendig, dass eine fließende Kommunikation zwischen Marketing und Vertrieb existiert. Zunächst werden Marketing und Vertrieb auch in ihrem Zusammenhang definiert. Danach wird kurz auf die historische Entwicklung beider Bereiche eingegangen. Im darauffolgenden Kapitel werden Marketing und Vertrieb in der Praxis vorgestellt. Man erhält einen Einblick in den Ablauf von Organisation und Struktur sowie in das Zusammenspiel von Marketing und Vertrieb. Anschließend werden Beratungsaufgaben in beiden Bereichen vorgestellt. Es existieren zahlreiche auch mit der Beratung in Zusammenhang stehende Berufsfelder, die eine Ausbildung im Bereich Marketing und Vertrieb als Voraussetzung haben. Um im Rahmen zu bleiben, werden nur die wichtigsten Berufsfelder behandelt. Gerade im Kreativbereich und im Verkaufssektor umfassen die einzelnen Bereiche eine große Bandbreite. Durch den Einblick in die Aufgabengebiete kann aufgezeigt werden, welche Expertise und welche Kompetenzen für eine beratende Tätigkeit in diesem Gebiet erforderlich sind.

2. Definition und Geschichte von Marketing und Vertrieb

2.1. Definition von Marketing- und Vertriebsberatung

Marketing hat in den vergangenen Jahren einen enormen Bedeutungszuwachs erfahren. Gerade bei der Produktvielfalt und der wachsenden Konkurrenz am bestehenden Markt ist nicht mehr nur das konkrete Produkt für den Verkaufserfolg ausschlaggebend. Personen kaufen unter anderem auch deshalb ein Produkt, weil es einen gewissen Lifestyle verkörpert. Durch entsprechendes Marketing wird eine Marke nicht nur mit einem Produkt oder einer Dienstleistung assoziiert, sondern man verbindet damit auch ein Lebensgefühl. Ein gutes Beispiel dafür ist die Marke „Red Bull". Sie steht für viel mehr als „nur" ein Getränk. Hinter jeder großen Marke befindet sich daher ein gut durchdachtes Konzept, welches in der Regel durch professionelle Marketingberatung entwickelt wurde.

Um eine Marke positiv platzieren zu können, sind Kunden nötig. Es ist wichtig, Kundennutzen und Kundenzufriedenheit zu erkennen bzw. zu schaffen. Genau hier ist die Schnittstelle zwischen Marketing und Vertrieb. Der Vertrieb steht für das Kundenmanagement und den Verkauf. Das Marketing ermittelt Kundenbedarfe in erfolgversprechenden Geschäftsfeldern. Ohne professionelle Beratung wäre ein reger Austausch zwischen den vielfältigen Prozessen innerhalb des Marketings und des Vertriebs nur sehr schwer möglich. Das bedeutet, Beratung in diesem Aufgabengebiet ist sehr umfangreich und mit Kommunikation und Flexibilität verbunden.

Nach *Freter* kann Marketing wie folgt definiert werden:

> „Marketing beinhaltet die Planung, Koordination und Kontrolle aller auf die Absatzmärkte gerichteten Unternehmensaktivitäten"[1]. Es „beinhaltet die bewusst marktorientierte Führung des gesamten Unternehmens."[2]

Für die Marketingberatung bedeutet das, dass Unternehmen mit Methoden und Praktiken vertraut gemacht werden, welche es ermöglichen, Veränderungen auf dem Markt rasch zu erkennen und diese für ihr Angebot an Produkten und Dienstleistungen verkaufsfördernd zu nutzen.

Vertrieb kann folgendermaßen charakterisiert werden:

> „Der Vertrieb (Distribution, Verkaufspolitik i.w.S.) sorgt für den Umsatz und für die Warendistribution. Die Vertriebspolitik umfasst alle Aktivitäten, die den Kunden zum Kaufabschluss führen und im Hinblick auf Folgekäufe binden (Verkauf =

1 *Freter*, 2004, S. 14.
2 *Freter*, 2004, S. 15.

akquisitorische Komponente), sowie die Ware beim Kunden bereitstellen (logistische Komponente)."[3]

„Der Verkauf im engeren Sinn umfasst die Prozesse der Kundenbearbeitung (Kundengewinnung und -sicherung, Verkaufsvorgänge). Der Verkauf im weiteren Sinn, den wir als Vertrieb bezeichnen, beinhaltet neben den Prozessen der Kundengewinnung und -sicherung auch die Warenbestellung, das Vertriebscontrolling und die Vertriebskanalsteuerung."[4]

Für die Vertriebsberatung bedeutet das, dass Mitarbeiter die Nachfrage und die Bedürfnisse von Kunden rasch erkennen und diesen dementsprechende Angebote unterbreiten können sollten.

Marketing wird im Allgemeinen in vier Teilbereiche gegliedert. Diese setzen sich aus der Produkt- und Preispolitik sowie aus der Distributions- und Kommunikationspolitik zusammen. Auf die beiden letzteren Bereiche haben der Vertrieb und der Verkauf direkten Einfluss. Nach dieser Aufgliederung wäre das Marketing dem Vertrieb vorgeordnet. Andere Lehrmeinungen hingegen gewichten beide Bereiche gleich. Die Leitung eines Unternehmens kann die Kompetenzen auf einen Vertriebsleiter und auf einen Marketingleiter aufteilen. In den Aufgabenbereich der Marketingleitung fallen das Service im Bereich Marketing, wie Werbung und verkaufsfördernde Maßnahmen, Marktforschung, Produktmanagement, Markenpolitik und Planungsunterstützung. Die Vertriebsleitung setzt sich aus Verkauf, Preispolitik, Distribution wie Absatzwegen, Händlerbetreuung, Logistik und Vertriebscontrolling zusammen. Weiters kann man Marketing in einen operativen und einen strategischen Ansatz aufteilen. Beim strategischen Marketing steht in erster Linie die Planung einer langfristigen Strategie im Vordergrund. Das könnte zum Beispiel der Aufbau eines Images sein. Der operative Ansatz beinhaltet die anschließende Umsetzung vor Ort[5].

Zusammengefasst bedeutet dies, dass der Vertrieb in der Praxis für die Rekrutierung neuer Mitarbeiter, das Gewinnen potenzieller Verkäufer und die Neukundengewinnung verantwortlich ist. Inbegriffen sind die Besuchsplanung, Jahresgespräche mit Großkunden, Verkaufsgespräche und die Durchsetzung von Preiserhöhungen. Außerdem fällt in den vertrieblichen Bereich auch die Neugewinnung von Vertriebspartnern im Ausland. Die Durchführung von Nachbearbeitungen bildet einen weiteren Teil der Arbeitstätigkeiten innerhalb der operativen Aufgaben im Vertrieb. Das Marketing versucht in der Praxis ein Produktportfolio und im Zuge dessen eine Imagepositionierung zu erstellen. Weitere Mitarbeiter im Marketing sind im Innovationsmanagement integriert und bieten Unterstützung bei der Entwicklung einer Marketingstrategie. Bei einer positiven Entwicklung der Marke wird häufig ein Ausbau des Marktes in weitere Länder geplant. Wie bereits erwähnt ist die Markt- und

3 *Winkelmann*, 2013, S. 48.
4 *Winkelmann*, 2013, S. 286.
5 Vgl *Winkelmann*, 2013, S. 36.

Kundensegmentierung für die Anpassung an die Bedürfnisse des Kunden äußerst wichtig[6].

Marketing ist ein sehr lebendiges und schnelllebiges Feld, dementsprechend sollte die Beratung flexibel vorgehen. Wichtig dabei ist, dass das breite Spektrum dieses Gebiets nicht aus dem Auge verloren wird. Neueste Trends und Veränderungen im Verhalten der Konsumenten müssen rasch erkannt und auf bestehende bzw. zukünftige Produkte umgelegt werden. Das heißt, Berater im Marketing halten sich aufgrund von Markforschungsstudien am Laufenden und versuchen die Daten auf das Unternehmen umzulegen. Im Zuge der Studienergebnisse können folgende Fragen behandelt werden: Wie soll das Produkt aussehen? Was soll es beinhalten? Wie kann man die potenziellen Konsumenten am besten ansprechen und, infolgedessen, welche Werbung ist am effizientesten? Dieser ganze Prozess kann durch Beratung unterstützt werden. Berater fungieren oft als Kommunikationsstütze zwischen den einzelnen Schritten und Abteilungen. Das Marketing versucht dem Produkt durch Werbekampagnen Präsenz zu geben. Ein wichtiger Bestandteil ist daher die Markenpflege mittels Werbung. Hier ist durchaus Kreativität verlangt. Dies betrifft auch die Einführung neuer Produkte. Das neue Produkt sollte in eine Linie passen, daher auf irgendeine Weise anderen Produkten dieser Marke ähnlich sein. Damit dies ideal an die Wünsche und Bedürfnisse der Kunden anpasst werden kann, sind vorab Markt- sowie Kundenzufriedenheitsanalysen zu erstellen. Dadurch erhofft sich das Unternehmen nicht nur, dass die Zufriedenheit bestehender Kunden erhalten werden kann, sondern ebenso die Gewinnung von Neukunden. Dies kann neben Werbekampagnen auch in Form von Mailing-Aktionen und mittels Präsenz bei Events und Hausmessen erfolgen[7].

Im Vertrieb ist der Fokus besonders auf die Planung und Organisation der Niederlassungen gerichtet. Dabei ist ein professionelles Beziehungsmanagement Voraussetzung. Dies inkludiert nicht nur, dass die Anliegen und die Bindung des Kundenstocks im Vordergrund stehen, sondern auch, dass Beschwerden des Kunden berücksichtigt und interessante Angebote bzw. kundenspezifische Lösungen gefunden werden. Eine große Erleichterung kann hier das CRM-Model sein. CRM ist die Abkürzung von Customer Relationship Management und umfasst die Planung aller Prozesse, die ein Kunde nutzt. Meist wird dieses Modell durch informationstechnische Hilfsmittel unterstützt und es ist möglich, durch die im System gesammelten Daten auf Bedürfnisse und Wünsche der Kunden individuell einzugehen[8].

Die Beratung im Vertrieb ist sehr kundenorientiert. Es ist auch hier von essentieller Bedeutung, sich mit den Bedürfnissen des Kunden auseinanderzusetzen. Dies sichert eine optimale Betreuung. Einen wichtigen Teil der Beratung in diesem Bereich stellt die Verkaufsoptimierung dar. Dabei wird mittels Verkaufstrainings und Coachings das Kundenbeziehungsmanagement gefördert. In solchen Trainings werden unterschiedliche reale Situationen innerhalb eines Verkaufsgesprächs simuliert.

6 Vgl. *Winkelmann*, 2013, S. 36–40.
7 Vgl. *Winkelmann*, 2013, S. 40.
8 Vgl. *Winkelmann*, 2013, S. 40.

Auch schwierige Preisverhandlungen werden mit den Mitarbeitern geübt. Bei den Schulungen stehen u.a. die unterschiedlichsten Charaktere der Käufer im Vordergrund. Durch Trainings im Vertrieb kann der konkrete Bedarf besser erkannt und das Angebot dementsprechend präsentiert werden.

2.2. Geschichtliche Entwicklung

Marketing und Vertrieb gab es in gewisser Weise schon immer, allerding waren diese Bereiche nicht wie im heutigen Sinn professionalisiert. Ausschlaggebend für professionelles Marketing und für einen damit einhergehenden gut durchdachten Vertrieb war sicherlich nach der industriellen Revolution die immer stärker werdende Konkurrenz am Markt. Besonders in den 1950er Jahren in den USA, aber auch nach dem Wirtschaftswunder in Deutschland und Österreich, wurde die Bandbreite der Produkte immer größer. Teilweise bieten nun mehrere Hersteller ein Produkt an, nur mit unterschiedlicher Marke. Ein gut funktionierender Vertrieb, der seine Kunden und deren Bedürfnisse kennt, sowie ein professionell aufgezogenes Marketing waren und sind bis heute für den Erfolg eines Unternehmens zwingend erforderlich.

Historisch gesehen wurde Marketing zuerst im Konsumgüterbereich bei Produkten des alltäglichen Gebrauchs und in der Autoindustrie angewendet. Im Laufe der Zeit kam Marketing schließlich auch im Bereich von Industriegütern und im Handel zum Einsatz. Immer wichtiger wurde das Marketing im Dienstleistungssektor. Im letzten Jahrzehnt kam es vermehrt dort, insbesondere bei Versicherungen, Fluggesellschaften und Freiberuflern, zu Marketingaktionen. Immer häufiger schließen sich nicht zuletzt Non-Profit-Gesellschaften dieser Praxis an, um für gemeinnützige Aktionen Werbung zu machen[9].

Eine Geschichte des Marketings hat zu berücksichtigen, dass viele Produkte schon vor Hunderten von Jahren vermarktet wurden. Allerdings gab es damals noch keinen Fachausdruck für diese Tätigkeit. Gerade beim raschen Wachstum nach der Industriellen Revolution sind die historischen Eckpfeiler nur vage im Bereich des Marketings und auch des Vertriebs gesetzt. Historisch betrachtet muss allerdings festgehalten werden, dass professionelles Marketing immer wichtiger wurde, je mehr das „Bedürfnis", der „Bedarf" bzw. die „Nachfrage" stiegen. Das heißt, Marketing passt sich auch an die volkswirtschaftlichen Rahmenbedingungen an und steigt bzw. sinkt proportional zu diesen[10].

Abbildung 1 stellt dar, wie sich mit der Entwicklung der Unternehmensführung auch die Komplexität des Marketings in den letzten Jahrzehnten erhöht hat. War in den 1950er Jahren die Distributionsorientierung der hauptsächliche inhaltliche Fokus, so kamen im Laufe der Jahrzehnte weitere Inhalte dazu. Sie bringen eine Veränderung im Anspruchsspektrum des Marketings mit sich.

9 Vgl. *Kotler/Armstrong/Wang/Saunders*, 2011, S. 37–38.
10 Vgl. *Winkelmann*, 2013, S. 1.

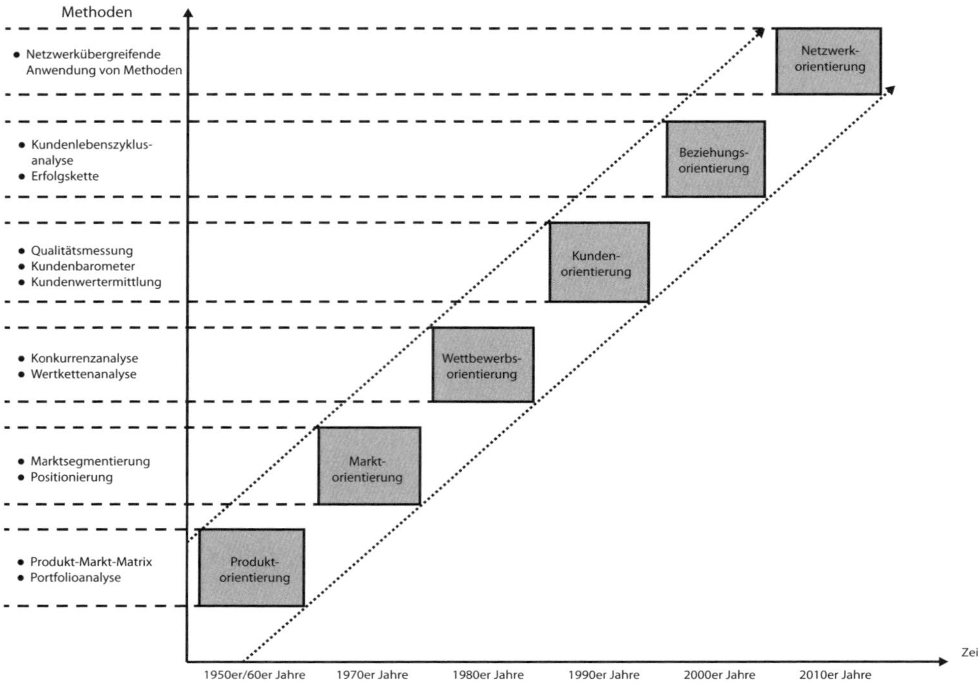

Abb. 1: Entwicklungsphasen der Unternehmensführung (vgl. *Bruhn*, 2015, S. 1)

Heutzutage ist Marketing einer der wichtigsten Teilbereiche in einem Unternehmen, es gibt kaum ein Unternehmen, das keinen Experten im Bereich Marketing und Vertrieb im Mitarbeiterstock hat. Im Jahr 1898 wurde von *Elmo Lewis* die AIDA-Formel veröffentlicht. Sie steht für Attention, Interest, Desire und Action und kann als eine erste Orientierungshilfe für die Aufgabenbereiche des Marketings, aber auch der Marketingberatung verwendet werden. Später entwickelte sich in den USA der 1950er und 1960er Jahre der „Marketing-Mix". Dieser Begriff beinhaltet die „vier Ps", nämlich „Product", „Price", „Place" und „Promotion". Auf diesem Konzept bauen bis heute noch viele weiterentwickelte Theorien auf. Hier ergänzt sich Marketing wieder mit dem Vertrieb. Und es wird historisch nachvollziehbar, dass Beratung in den beiden Gebieten fächerübergreifend ist. Besonders bei Price und Place kommt es zu dem Berührungspunkt „Vertriebspolitik"[11].

Aus den „vier Ps" entwickelten sich schließlich die beiden Marketingstrategien Broadening und Deepening. Die Entwicklung einer passenden Strategie wurde im letzten Jahrhundert gerade durch die Dynamik unter den Anbietern auf dem Markt immer wichtiger. Besonders in den 1980er Jahren gewannen strategische Marketingpläne immer mehr an Bedeutung. Kurz zusammengefasst beinhalten diese Planungen das Abtasten von Märkten und der Gesellschaft. Unter Broadening wird verstanden, dass das Strategiekonzept auf neue Bereiche ausgedehnt wird. Als ein Beispiel lassen sich

11 Vgl. *Walsh/Klee/Kilian*, 2009, S. 5.

hier besonders gut Non-Profit-Organisationen anführen. Heute ist die Werbung bei sozialen Einrichtungen und Umweltorganisationen vollkommen normal. Auch die Marketingplanung im Bereich „Social Media" ist ein noch relativ junges Gebiet. Zu einer weiteren wichtigen Errungenschaft zählt das Deepening. Hier steht zum ersten Mal der Kunde im Vordergrund. Der Fokus wird auf eine bestimmte Zielgruppe gerichtet. Einer der Hauptgedanken dabei ist es, sich zu überlegen, wen ein Unternehmen überhaupt mit seiner Werbung bzw. mit seinen Kommunikationsmitteln ansprechen will. Was gefällt der betreffenden Zielgruppe? Wie wichtig ist es, dass man verschiedene Themenbereiche innerhalb einer Kampagne anspricht? Sind bei der Zielgruppe zum Beispiel gesellschaftlich relevante Themen erwünscht, wie beispielsweise Umweltschutz?[12]

Auch für die Geburtsstunde des Vertriebs gibt es kein genaues Datum. Ebenso wie beim Marketing kann man sagen, dass es Vertrieb seit Anbeginn von Handel und Wirtschaft gibt und gegeben hat. Ohne Verkäufer wäre es nie zu einem wirtschaftlichen System gekommen. War es früher der Tauschhandel, bei dem durchaus verkäuferisches Geschick gefragt war, so beschäftigt sich die Verkaufspolitik in der modernen Wirtschaft unter anderem mit Rabatt-[13] und Preisgestaltung

Im Vertrieb hat seit den 1980er Jahren das „Customer Relationship Management" an Bedeutung gewonnen. Vertrieb befasst sich immer mehr mit Kundenmanagement. Psychologische Komponenten nehmen eine immer wichtigere Rolle ein. Es gilt den Kunden mit seinen Wünschen und Bedürfnissen anzusprechen. Dies wiederum bedeutet, dass auch die Beziehung zwischen Kunde und Dienstleister immer wichtiger wird[14].

3. Kernaufgaben von Marketing und Vertrieb

Bevor das Augenmerk auf wichtige Berufsfelder der Beratung in Marketing und Vertrieb gerichtet wird, werden die Aufgabenbereiche in diesen Feldern beschrieben. Dabei wird ein weiteres Mal auf die bereits dargestellten vier Ps Bezug genommen. Oft findet man in der Literatur sieben Ps: dabei werden Product, Price, Place und Promotion noch durch Physical Facilities, Process Management und Personnel ergänzt. Das heißt, Ausstattungs-, Prozess- und Personalpolitik wären dann weitere Felder des Marketing-Mix[15].

Bei der Produktpolitik steht, wie der Name schon sagt, das Produkt im Vordergrund. Es wird zwischen materiellen und immateriellen Produkten unterschieden. Materielle Produkte sind feste Gegenstände, zum Beispiel ein Auto oder eine Handtasche. Immaterielle, also nicht greifbare Produkte sind zum Beispiel Dienstleistungen, wie ein Autoservice bei einer Panne oder Rechte, die gekauft werden können,

12 Vgl. *Walsh/Klee/Kilian*, 2009, S. 6–9.
13 Vgl. *Winkelmann*, 2012, S. 1.
14 Vgl. *Hofbauer/Hellweig*, 2012, S. 28–30.
15 Vgl. *Beck/Mödinger/Schmid*, 2007, S. 116–117.

aber auch das Fernsehen oder andere (digitale) Medien(zugänge). Wichtig bei der Produktpolitik ist, den Erwartungen des Kunden gerecht zu werden.

Durch die Festlegung einer Preispolitik soll sichergestellt werden, dass der angestrebte Umsatz erreicht wird. Unter Preispolitik versteht man „*(…) alle Entscheidungen des Unternehmens (…) Einfluss auf die Preise zu nehmen und diese durchzusetzen*“[16]. Preispolitik schließt daher Preisfindung, Preisdifferenzierung, Preisveränderung und Preisdurchsetzung mit ein[17].

Bei der Distributionspolitik bzw. Vertriebspolitik kommt es zur Überschneidung des Marketings mit dem Vertrieb. Allgemein werden akquisitorische und rein distributive Maßnahmen unterschieden. Erstere beinhalten die Kundenpflege, aber auch die Neugewinnung von Kunden. Unter distributive Maßnahmen fällt etwa die Logistik, also der Weg, den die Ware zurücklegt[18].

Kommunikationspolitik wird wie folgt definiert:

> „Aufgabe der Kommunikationspolitik ist die planmäßige Gestaltung und Übermittlung von Informationen, die die Adressaten der Kommunikation im Bereich Wissen, Einstellung, Erwartungen und Verhaltensweisen im Sinne der Unternehmensziele beeinflussen sollen.“[19]

Eines der wichtigsten Aufgabenfelder der Kommunikationspolitik ist die Promotion von Produkten.

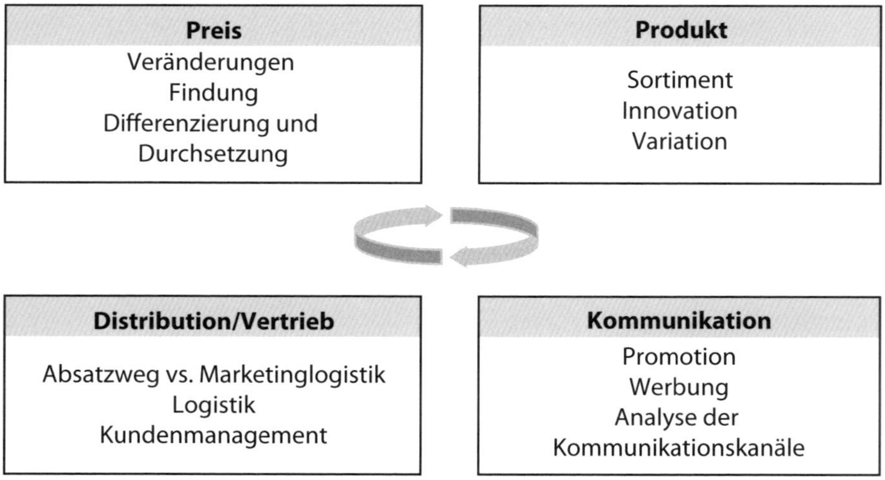

Abb. 2: Austausch der unterschiedlichen Bereiche

16 *Weis*, 2009, S. 333.
17 Vgl. *Weis*, 2009, S. 344.
18 Vgl. *Beck/Mödinger/Schmid*, 2007, S. 19.
19 *Homburg*, 2015, S. 757.

Abbildung 2 verdeutlicht nochmals die Aufgaben in den oben aufgelisteten Bereichen. Wichtig ist, dass die vier Bereiche als gleichrangig anzusehen sind und sich trotz der notwendigen Abgrenzung wechselseitig beeinflussen. Die Folge ist, dass sich die Beratung in einem oder mehreren von diesen Teilbereichen mit vielfältigen Anforderungen konfrontiert sieht und meist dynamisch verläuft.

4. Beratungsfelder und Kompetenzen

Für eine beratende Tätigkeit in Marketing oder Vertrieb ist es unumgänglich, die entsprechende fachliche Expertise mitzubringen. Zusätzlich braucht es Kompetenzen im sozialen Feld und im Bereich der Persönlichkeit. Im Folgenden werden einige Berufsfelder vorgestellt, die einerseits die Möglichkeit für Kompetenzentwicklung für Berater bieten, andererseits Erfahrung voraussetzen, damit Beratende dort erfolgreich intervenieren können.

Um die Transparenz in der Kommunikation zu maximieren, ist im Idealfall ein gemeinsamer Leiter dem Marketing und dem Vertrieb vorangestellt. Ziel des Leiters von Marketing und Vertrieb ist es, den Austausch und notwendige Abstimmungen in den beiden Bereichen zu vereinfachen. Ein gemeinsamer Leiter erleichtert außerdem oft die Beratung in Marketing und Vertrieb[20].

4.1. Berufsfelder in der Beratung im Bereich Vertrieb

Der Vertrieb bietet durch seine vielen Aufgabenbereiche ein weites Spektrum an Berufen.

> „Aufgabe der Mitarbeiter im Verkauf ist es, durch unterschiedliche Maßnahmen den Übergang der Produkte an Abnehmer anzubahnen, durchzuführen, und für die Zukunft sicherzustellen."[21]

Aufgrund dieser Vielfalt gestaltet sich die Beratung im Vertrieb sehr abwechslungsreich und vielseitig.

Auf der Führungsebene gibt es den Vertriebs- und Verkaufsleiter. Seine Aufgabe ist es, sich um die Umsetzung beschlossener Maßnahmen zu kümmern. Der Markt soll so gut wie möglich ausgeschöpft werden. Um dies zu erreichen, müssen Verkaufsaktivitäten ausgebaut bzw. gesteigert werden. Wenn der Markt wächst, besteht eine weitere Aufgabe darin, neue kompetente Mitarbeiter zu gewinnen. Das heißt der Verkaufs- bzw. Vertriebsleiter hat sein Absatzziel ständig vor Augen. Dabei unterstützt meist eine CRM-Software den Verkauf. Weiters ist ein Verkaufs- bzw. Vertriebsleiter sehr viel unterwegs. Meist betreut er die wichtigen Großkunden in der

20 Vgl. *Winkelmann*, 2013, S. 37.
21 Vgl. *Weis*, 2010, S. 65.

Regel persönlich. Um die Umsetzung der Strategien vor Ort beurteilen zu können, ist ihm das CRM-Modell eine große Hilfe[22].

Auch der sogenannte Key-Account-Manager ist meist in der Führungsebene im Vertrieb angesiedelt. Key-Accounter sind Schlüsselkundenbetreuer. Sie nehmen gerade bei einem ständig komplexer werdenden Markt eine wichtige Aufgabe wahr. Das Key-Account-Management kann als ein eigenes Tool angesehen werden. Eine seiner wichtigsten Aufgaben ist es, dass die Sortimentszielsetzungen unter Berücksichtigung der Deckungsbeiträge erreicht werden. Deshalb ist der Key-Account-Manager auch für die Planung und Anwendung von Konzepten verantwortlich. Diese Konzepte werden kundenspezifisch zugeschnitten. Dabei ist die Kundenzufriedenheit eine der wichtigsten Outputs dieser Arbeit. Um seinen Kunden das Beste bieten zu können, gehört schließlich auch die Markt- und Wettbewerbsbeobachtung dazu. Die Entscheidungskompetenzen des Key-Accounters sind an die Zusammenarbeit mit Vertriebsleiter, Feldorganisationen und seinem Team geknüpft. Er setzt quasi den praktischen Teil der Strategien direkt beim Kunden um und dient gleichzeitig als Mittler von Informationen. Das kann gerade bei der Konkurrenzbeobachtung hilfreich sein. Zusammenfassend kann gesagt werden, dass der Key-Account-Manager eine Schnittstelle von Information, Kontrolle und Planung einnimmt. Dies beinhaltet unter anderem sehr viele Analyse-Tätigkeiten[23].

Verkaufs- bzw. Vertriebscontroller stellen das Kontrollorgan des Vertriebs dar, sie listen Jahresrückblicke, Liquidität und Umsätze auf[24]. Daraus werden strategische Ziele und Maßnahmen des Vertriebs für die Zukunft abgeleitet. Auch das Marketing profitiert vom Vertriebscontrolling.

Zu den genannten Berufsfeldern existieren viele weitere Rollen im Vertrieb, beispielsweise die Rolle des Verkaufsförderers. Wichtig sind auch Akquisiteure für die direkte Kundenbetreuung, Telefonverkäufer und Innendienstmitarbeiter. Vertrieb und Beziehungsmanagement gewinnen in den meisten Firmen an Bedeutung. Die besten Produkte können am Markt nicht bestehen, wenn die Kundenpflege zu kurz kommt. Gute Zusammenarbeit im Vertrieb ist deshalb äußerst wichtig. Dies fördert die Kundenbindung und den Informationsaustausch zwischen den Abteilungen.

Aus diesen Berufsfeldern im Vertrieb lässt sich ein umfangreiches Beratungsfeld ableiten. Einen der Hauptschwerpunkte in der vertrieblichen Beratung bildet das Kundenmanagement, spezieller das Kundenservicemanagement. Vertriebsmitarbeiter stehen im ständigen Austausch mit dem Kundenstock, Beratung findet hier häufig in Form von Coachings und Verkaufstrainings statt. Dabei werden folgende Fragen erörtert: Wie sollen Kunden über längere Zeit gebunden werden? Wie soll mit Beschwerden umgegangen werden? Wie kann im Verkauf auf Kundenbedürfnisse individuell eingegangen werden? Beratung richtet sich auch auf Gestaltung der Ver-

22 Vgl. Weis, 2010, S. 65–66.
23 Vgl. Krumbach-Mollenhauer/Lehment, 2008, S. 214–215.
24 Vgl. *Weis*, 2009, S. 73.

triebssteuerung. Das inkludiert die Mitarbeiterführung, die Kommunikation zwischen den Abteilungen und die Planung.

4.2. Berufsfelder in der Beratung im Bereich Marketing

In diesem Kapitel werden typische Tätigkeiten im Bereich des Marketings näher erläutert, unter anderem Marketingleiter, Produktmanager, Brand Manager. Marketingcontroller, Marktforscher, PR-Manager und Online-Marketing-Manager[25].

Der Marketingleiter trägt die Verantwortung für ein sehr komplexes Aufgabengebiet und muss Entscheidungen von hoher Reichweite treffen. Unterstützt wird der Marketingleiter meist von einem Team. In der Regel braucht man etliche Jahre Berufserfahrung, um die Anforderungen in diesem Gebiet erfüllen zu können. Der Marketingleiter ist zugleich den einzelnen Marketingaufgabenbereichen übergeordnet. Daher fällt auch die zeitliche Koordination der Projektpläne und der Mitarbeiter in seinen Arbeitsbereich. Damit im Unternehmen die Ziele gemeinsam erreicht werden, steht er im engen Austausch mit dem Vertriebsleiter[26].

Von zentraler Bedeutung im Marketing ist die Rolle des Marktforschers. Zum Aufgabenbereich dieses Berufes gehört es, den Markt zu analysieren, um dadurch die Zielgruppen des Produkts kennenzulernen. Somit werden Trends erkannt und neue Ideen können entwickelt werden. In erster Linie werden Fragen im Bereich Ausbau des Sortiments etc. behandelt, zum Beispiel: Ist es empfehlenswert, dass eine Molkerei eine neue Geschmacksrichtung für das Joghurtsortiment auf den Markt bringt, oder ist es rentabel, dass ein Bekleidungsunternehmen beispielsweise eine neue Kleidungslinie für weibliche Teenager anbietet? Ferner wird durch Marktforschung analysiert, wie z.B. ein Logowechsel einer Fluglinie bei den Stammkunden ankommt. Kann das ursprüngliche Logo noch erkannt werden? Auch Beratung ist in diesen Bereichen äußerst wichtig. Die Beratung kann in Form einer Definition der Zielgruppe erfolgen. Ist die Zielgruppe bekannt? Können Bedürfnisse genauer erforscht werden? Daher müssen sich gerade im Marketingbereich Berater immer über die neuesten Trends im Klaren sein. Was ist gerade bei der Zielgruppe angesagt, wie verändert sich diese? Es ist wahrscheinlich, dass sich durch den Generationenwandel auch Zielgruppen verändern. Man denke heute an die Kleidung älterer Personen. Diese ist in den vergangenen Jahren modischer geworden. Es bieten sich damit auch neue Marktchancen. Angebote können so an einen bestehenden Kundenstock genauer angeglichen werden.

Die Marktforschung beinhaltet ein umfangreiches Aufgabengebiet. Viele große Firmen haben eigene Marktforscher, andere beauftragen unabhängige Marktforschungsfirmen, die dann auch die Segmentierung der Zielgruppe durchführen. Gibt es eigene Marktforscher im Unternehmen, wird von interner Beratung gesprochen. Wird eine unabhängige Marktforschungsfirma beauftragt, handelt es sich um externe Beratung. Marktforschung bedient sich sowohl quantitativer als auch qualita-

25 Vgl. *Homburg*, 2015, S. 1241.
26 Vgl. *Winkelmann*, 2013, S. 37.

tiver Methoden, die je nach Art der Fragestellung eingesetzt werden. Quantitative Studien zielen auf ein repräsentatives Ergebnis. Es werden meist mehrere hundert Personen zu einem Sachverhalt befragt. Die Auswertung erfolgt mithilfe von statistischen Methoden. Qualitative Forschung wird in der Regel dann eingesetzt, wenn eine komplexe und differenzierte Fragestellung beantwortet werden soll. Durch qualitative Methoden ist es möglich, besonders in die Tiefe zu gehen. Der Ursprung der quantitativen Forschung liegt in den Naturwissenschaften, der der qualitativen in den Geisteswissenschaften. Um aussagekräftige Ergebnisse zu bekommen, arbeitet man oft mit Mixed Methods. Hier werden qualitative und quantitative Zugänge miteinander kombiniert. Die Ergebnisse, die aus den Marktforschungsstudien gewonnen werden, werden in Handlungsempfehlungen zusammengefasst. Der Bericht wird der Marketingabteilung vorgelegt. Die Handlungsempfehlungen werden in das Marketingkonzept eingebaut.

Der Produktmanager ist für die konzeptionelle Grundlage der Produktpolitik verantwortlich.

„Ein Produkt ist ein Bündel von Eigenschaften, das auf die Schaffung von Kundennutzen (jedweder Art) abzielt."[27]

Für den Produktmanager ist es wichtig, eng mit der Marktforschung zusammenzuarbeiten. Ein neues Produkt sollte zur Marke und zur bisherigen Produktlinie passen, das inkludiert auch Verpackung und Design. Wichtig ist, dass die Markenbotschaft erhalten bleibt. Das Bild, das durch ein Produkt erzeugt wird, sollte mit dem Produkt selbst in Einklang stehen. Das heißt zum Beispiel, ein kalorienarmes Getränk sollte seine Markenbotschaft in der Verpackung, Werbung etc. widerspiegeln. Bevor ein neues Produkt auf den Markt kommt, wird es nochmals mit Hilfe von Marktforschern getestet. Anhand dieser Ergebnisse wird entschieden, ob das Produkt eingeführt werden soll oder nicht. Das Produktmanagement ist ein sehr flexibles Berufsfeld – man muss versuchen, alle Inputs von außen im Produkt bestmöglich zu vereinen[28].

Brandmanager sind für die Markenpräsentation verantwortlich. Die Marke umfasst alle Produkte und Dienstleistungen, die aus diesem Unternehmen hervorgehen. Wichtig ist, diese nach außen hin zu präsentieren. Das umfasst alle Aspekte, welche von den Produkten dargestellt und verkörpert werden. Das heißt, ein Brandmanager ist für das Image und das Markenbild verantwortlich. Im Vergleich zum Produktmanager ist der Brandmanager nicht für ein einzelnes Produkt oder eine Linie verantwortlich, sondern für die ganze Marke und den damit verbundenen Lifestyle[29]. In den meisten Fällen kümmert sich der Brandmanager auch um die Markenkommunikation. Das bedeutet, dass er eine Identität der Marke herstellen muss. Dabei ist

27 *Homburg*, 2015, S. 551.
28 Vgl. *Homburg*, 2015, S. 550–644.
29 Vgl. *Essig/Soula de Russel/Bauer*, 2010.

die Grundidee hinter der Marke zu erörtern: Wofür steht die Marke und was soll sie kommunizieren? Hat die Marke Werte, Tradition, die wichtig sind etc.? Aus der Markenidentität entsteht schließlich die Markenpositionierung, welche mit der Umsetzung von bestimmten Maßnahmen einhergeht. Dies führt schließlich zu einem Markenimage[30].

PR-Manager (Public-Relation-Manager) sind für die gesamte Kommunikation nach außen zuständig. Das schließt sämtliche Werbeauftritte im Zusammenhang mit der Pressearbeit ein.

„Marken-PR werden unter anderem auch Produkt-PR, Absatz-PR, Brand-PR, Public Marketing, Product Publicity, Marketing PR genannt."[31]

Marken-PR ist sehr umfangreich. Es fallen darunter Medienarbeit, Stellungnahmen zu verschiedenen Sachverhalten, auch das Auflisten von Spenden und das Abhalten von Vorträgen und Seminaren. Wichtig dabei ist, das Unternehmen durch positive Berichterstattung in den Medien präsent zu halten. In erster Linie soll durch diese Aktionen (Spenden, Berichte zum Thema Nachhaltigkeit etc.) Glaubwürdigkeit vermittelt werden, ohne viel Geld in Werbung investieren zu müssen. Diese Art der Platzierung von Produkten und Dienstleistungen in den Medien ist nicht nur günstig, sondern führt auch zu einem positiven Image. Oft werden Themen wie Verantwortung gegenüber der Gesellschaft und der Natur in solchen Pressaussendungen behandelt. Meist findet man diese Informationen in Kundenmagazinen bzw. Online-Berichten[32]. Für diesen Bereich nimmt Beratung eine zentrale Rolle ein. Es wird dabei entschieden, welche Themen in welcher Weise angesprochen werden sollen, damit diese auch in der Gesellschaft einen großen Anklang finden. Ferner gehört auch die Beantwortung der Frage, über welche Medien welche Inhalte kommuniziert werden sollen, zum Aufgabengebiet eines PR-Managers oder PR-Beraters.

Seit einigen Jahren gewinnt die Onlinepräsenz eines Unternehmens an Bedeutung. Das sogenannte Online-Marketing nutzt dabei Plattformen wie Facebook, Twitter, Instagram oder YouTube. Auch das Mobile-Marketing mit Apps, SMS und Co zählt dazu. Ein Online-Marketing-Manager nimmt eine anspruchsvolle Tätigkeit wahr, deren Bedeutung stetig wächst. Onlinemarketing umfasst *„(...) den Einsatz der neuen, interaktiven digitalen Informations- und Kommunikationsmedien im Marketing"*[33]. Die Internetpräsenz eines Unternehmens wird immer wichtiger. Allerdings sollte man wissen, auf welchen Plattformen sich die potenzielle Zielgruppe aufhält. Im Idealfall kann das Online-Marketing zusätzlich auf einen beratenden Datenschutzexperten zur Unterstützung zurückgreifen[34].

30 Vgl. *Hermanns/Ringle/Overloop*, 2008, S. 56.
31 *Herbst*, 2008, S. 299.
32 Vgl. *Herbst*, 2008, S. 299–309.
33 *Weis*, 2009, S. 49.
34 Vgl. *Kreutzer*, 2012.

Ein weiteres Berufsbild ist wie im Vertrieb der Vertriebscontroller im Marketing der Marketingcontroller. Dieser hat die Verantwortung für die Budgetierung und den Jahresrückblick. Außerdem legt er das Jahresbudget fest.

Es gibt noch weitere Berufsfelder im Marketing. Im Zeitalter von Social Media werden sich auch in Zukunft weitere neue und innovative Berufsbilder auftun. Gerade in diesem Bereich können zielführende Fähigkeiten sehr vielseitig einsetzt werden. Kreativität, aber auch strukturiertes Denken und Handeln sind in diesem Aufgabenfeld unverzichtbar.

Wie sich anhand dieser Berufsbilder erkennen lässt, stellt Beratung im Marketing ein sehr dynamisches Unterfangen dar. Um einen Plan im Marketing erfolgreich umsetzen zu können, ist meist ein großes Team involviert. Anders als ein interner Berater versucht ein externer Berater im Bereich Marketing zuerst einen guten Gesamtüberblick über das Unternehmen zu bekommen. Wie sind die Strukturen und Prozesse im Team? Wie ist die Kommunikation auf den verschiedenen Ebenen? Das ist wichtig, um zum einen das Team kennenzulernen und um zum anderen die Dynamik innerhalb des Unternehmens in den Blick zu bekommen. Dabei spielen Mitarbeiterbefragungen eine wichtige Rolle. Diese helfen den Alltag einer jeweiligen Marketingabteilung besser kennenzulernen.

Oft wird auch Beratung parallel in Marketing und Vertrieb angeboten. Hier besteht die Herausforderung meist darin, den Austausch zwischen beiden Feldern zu verbessern. Die Aufgabe des Beraters fokussiert sich hier besonders auf die Kommunikation zwischen den beiden Abteilungen und den Abteilungsleitern. Je nach Größe der Marketing- und Vertriebsabteilung umfasst die Beratung oft mehrere Teilprozesse wie beispielsweise die Optimierung der Vertriebssteuerung oder Veränderungen im Verhalten des Verkaufspersonals. Durch das Zusammenführen der beiden Bereiche Marketing und Vertrieb in der Beratung ist es leichter möglich, latente und manifeste Funktionen zu erkennen. Manifeste Funktionen stellen direkt beobachtbare Zusammenhänge dar. Latente Funktionen hingegen sind zunächst unsichtbar und werden erst durch eine längere Auseinandersetzung mit der betreffenden Materie sichtbar – beispielsweise mangelhafte Reaktionen des Servicepersonals auf Kundenbeschwerden. Solche latenten Funktionen sollen durch Beratung sichtbar werden. Hier sind oft externe Berater von Vorteil, da diese unvoreingenommen und nicht betriebsblind das Unternehmen bei Veränderungsvorhaben unterstützen.

Auch Team Selling wird immer populärer und professionelle Beratung ist auf diesem Gebiet essentiell. Wie der Begriff schon sagt, ist dabei ein ganzes Team nicht nur für den Verkauf, sondern oft auch für die Akquise, die Kundenbetreuung und den Service verantwortlich. Je mehr Erfahrung ein Verkäufer auf diesem Gebiet hat, desto besser ist es für ein Team. Ferner sind Erfahrungen im Marketing Bereich von großem Vorteil. Die Beratung arbeitet in diesem Bereich mit Maßnahmen der Teamentwicklung und mit Kommunikationstrainings nach innen und außen.

Abbildung 3 stellt die präsentierten Berufsfelder noch einmal im Zusammenhang dar. In allen Bereichen trägt professionelle interne und externe Beratung zur Weiterentwicklung des jeweiligen Erfolgspotentials dar.

Abb. 3: Beratungslandschaft von Marketing und Vertrieb und deren Felder

4.3. Kompetenzen in der Marketing- und Vertriebsberatung

In Marketing und Vertrieb sind diverse Kompetenzen erforderlich, um professionelle Beratung zu gewährleisten. Im Anschluss an die erörterten Kompetenzanforderungen an professionelle Berater können auch für die Beratung in Marketing und Vertrieb vier Grundkompetenzbereiche ausgewiesen werden. Den folgenden Tabellen kann entnommen werden, welche Kompetenzen benötigt werden, um den Anforderungen in der Marketing- und Vertriebsberatung entsprechen zu können.

Aus Tabelle 1 wird deutlich, dass Berater sowohl Fach-, Methoden-, Sozialkompetenz als auch persönliche Kompetenz mitbringen sollten, um professionelle Beratung in den genannten Feldern mit Erfolg realisieren zu können. Im Zusammenhang der dargestellten Berufsfelder versteht man unter Fachkompetenzen Kenntnisse über die Beschaffenheit des Markts und der Verkaufsziele. Aber auch Erfahrungen mit den Besonderheiten der Arbeit in Marketing und Vertrieb sowie in der Führung von Verkaufsgesprächen sind wichtig. Bei den methodischen Kompetenzen sind Flexibilität, Selbstständigkeit, aber auch Zielorientierung unumgänglich, um der Dynamik in den genannten Bereichen einerseits zu entsprechen, andererseits aber auch Tätigkeiten auf Unternehmensziele hin kanalisieren zu können. Bei den Sozialkompetenzen erweisen sich insbesondere Kommunikationsfähigkeiten, Aufgeschlossenheit und Durchsetzungsvermögen als wichtig. Beratende in Marketing und Vertrieb kommen mit unterschiedlichsten Personen und Charakteren in Berührung. Zu den persönlichen Kompetenzen schließlich zählen unter anderem Belastbarkeit, da man oft unter hohem Zeitdruck arbeitet, Kreativität für Lösungsansätze sowie Verantwortungsbereitschaft[35].

Marktkenntnisse Produktkenntnisse Unternehmensziele Verkaufsziel Wettbewerbssituation Arbeitsabläufe Verkaufsgesprächsführung Entscheidungsprozesse	**Fachkompetenz**
Methodenkompetenz	Flexibilität Zielorientierung Improvisationsgabe Analysefähigkeit Verhandlungsgeschick Planerische Fähigkeiten Selbstständigkeit Entscheidungsfähigkeit Gewissenhaftigkeit
Durchsetzungsvermögen Kooperationsfähigkeit Begeisterungsfähigkeit Kommunikationsfähigkeiten Kompromissfähigkeit Kritikfähigkeit Humor Aufgeschlossenheit	**Sozialkompetenz**
Persönliche Kompetenz	Verantwortungsbereitschaft Leistungsbereitschaft Belastbarkeit Offenheit Initiativkraft Selbstvertrauen Kreativität Lernfähigkeit

Tab. 1: Kompetenzen und ihre Inhalte (Abbildung nach *Weis*, 2010, S. 226 ff.)

35 Vgl. *Weis*, 2010, S. 226.

Kernaufgabe	Philosophie	Erforderliche Kompetenzen (Beispiele)	Unternehmens-beispiele
Kunden-akquisition	„Win the customer“	• Risikoreduktionsfähigkeit • Schlagkräftiger Verkauf, Hunter-Mentalität • Fähigkeit zur Fokussierung	Vorwerk, AWD
Kunden-bindung	„Care for the customer“	• Fähigkeit, Kundeninformationen zu erfassen und zu verarbeiten • Beratungsfähigkeit • Fähigkeit zur Kundenintegration • Fähigkeit, Bindungen aufzubauen	IBM, MLP, Ritz Carlton
Leistungs-innovation	„Leave for new shores“	• Kreativität und Offenheit („Thinking out of Box“) • Risikobereitschaft; • Geschwindigkeit („Time based Competition“)	Apple, 3M, Gore
Leistungspflege	„Optimize your solution“	• Fähigkeit zur Optimierung • Streben nach Sicherheit • Fähigkeit zur Standardisierung (Economies of Scale)	Procter & Gamble

Tab. 2: Spezifische Kompetenzen zur Erfüllung der Kernaufgaben (Abbildung nach *Tomczak/Kuß/Reinecke*, 2009, S. 150 ff.)

Tabelle 2 zeigt, welche Kernaufgaben nach einer Ausbildung im Bereich Vertrieb und Marktkommunikation übernommen werden können, welche Philosophien dahinterstehen und welche Art von Kompetenzen diese Aufgabengebiete beinhalten. Es wird deutlich, dass etwa im Aufgabenfeld der Leistungsinnovation Kreativität und Offenheit verlangt werden. Bekannte Unternehmen, die für diese Idee stehen, sind zum Beispiel Apple, 3M und Gore[36]. Es wird erscihtlich, dass Berater in den genannten Bereichen eine Vielzahl an Fähigkeiten vorweisen müssen, um Erfolg zu haben. Meist kann man sich einige dieser Kompetenzen anhand von Verkaufstrainings und professionellen Coachings aneignen. Viele Kompetenzen entwickeln sich jedoch aus jahrelanger Erfahrung.

5. Zusammenfassung

Marketing und Vertrieb haben schon immer eine bedeutende Rolle in der Wirtschaft gespielt. Durch die gesellschaftliche, wirtschaftliche und technologische Entwicklung in den vergangenen Jahrzehnten hat sich das erfolgskritische Potential noch deutlich weiter erhöht. Besonders in den USA wurden neue Konzepte zur Weiterentwicklung

36 Vgl. *Tomczak/Kuß/Reinecke*, 2009, S. 150.

von Marketing und Vertrieb ausgearbeitet. Dies hat auch zu einer Verstärkung des Bedürfnisses nach professioneller Beratung in diesem Bereich geführt.

Die Aufgabengebiete in Marketing und Vertrieb haben sich weiter ausdifferenziert und an Komplexität gewonnen. Im vertrieblichen Sektor wird in erster Linie auf die Neugewinnung und die Betreuung von Kunden und das Kundenbeziehungsmanagement großen Wert gelegt. Die wichtigsten Tätigkeiten im Marketingbereich umfassen das Planen und Designen eines neuen Produkts, welches aufgrund von neuen Trends entstanden ist. Professionelle Beratung sorgt oft für einen problemloseren und zügigeren Austausch zwischen Marketing und Vertrieb.

Eine Herausforderung in der Beratung besteht darin, dass durch das weitreichende und dynamische Spektrum der rote Faden nicht verloren geht. Da meist viele und unterschiedliche Mitarbeiter in Marketing und im Vertrieb arbeiten, sind bei Beratenden Kommunikationsfähigkeiten und Flexibilität unumgänglich. Erfolgreiche Berater haben sich meist über viele Jahre mit der Materie vertraut gemacht. Umfassende Kompetenzen, sprich Fach-, Methoden- und Sozialkompetenz sowie persönliche Kompetenz, sind wichtig, um sich in einer beratenden Funktion länger behaupten zu können.

Zusammengefasst stellt Beratung in Marketing und Vertrieb sicher eine der umfangreichsten und komplexesten Tätigkeiten dar. Die damit verbundenen Aufgaben sind durch die fortwährende Dynamik und die zahlreichen Prozesse quer zu den Aufgabenbereichen immer reizvoll. Zum einen kann man bei der Produktentwicklung und beim Aufbau von Kundenbeziehungen mitwirken und zum anderen gibt es immer neue Inputs und Verknüpfungen mit anderen Disziplinen. Immer öfter führt zudem die Beratung in Marketing und Vertrieb zu Problemstellungen der Organisationsberatung.

Literatur

Beck, Joachim/Mödinger, Wilfried/Schmid, Sybille (2007): Marketing-Grundlagen und Instrumente. Verlag Europa-Lehrmittel.

Bruhn, Manfred (2015): Relationship Marketing: Das Management von Kundenbeziehungen. München: Vahlen.

Erpenbeck, John/Rosenstiel, Lutz von (2003): Handbuch Kompetenzmessung. Erkennen, verstehen und bewerten von Kompetenzen in der betrieblichen, pädagogischen und psychologischen Praxis. Stuttgart: Schaeffer Poeschel.

Essig, Carola/Soulas de Russel, Dominique/Bauer, Denis (2010): Das Image von Produkten, Marken und Unternehmen. Sternenfels: Verlag Wissenschaft & Praxis.

Freter, Hermann (2004): Marketing – die Einführung mit Übung. München: Pearson Studium.

Herbst, Dieter (2008): Public Relations für die Marke. In *Hermanns, Arnold/Ringle, Tanja/Overloop Pascal C. van* (Hrsg.), Handbuch Markenkommunikation – Grundlagen, Konzepte, Fallbeispiele. München: Vahlen.

Hofbauer, Günter/Hellwig, Claudia (2012): Professionelles Vertriebsmanagement. Der prozessorientierte Ansatz aus Anbieter- und Beschaffersicht. Public Corporate Publishing.

Homburg, Christian (2015): Marketingmanagement: Strategie – Instrument – Umsetzung – Unternehmensführung. Wiesbaden: Springer Gabler.

Kotler, Philip/Armstrong, Gary/Wong, Veronica/Saunders, John (2011): Grundlagen des Marketing. München: Pearson-Studium.

Kreutzer, Ralf T. (2012): Praxisorientiertes Online-Marketing. Konzepte – Instrumente – Checkliste. Wiesbaden: Gabler Verlag.

Krumbach-Mollenhauer, Peter/Lehment, Thomas (2008): Die Praxis des Verkaufs – Vertriebssteuerungen. Pre-Sales, Sales, Key-Account-Management. Weinheim: Wiley-VCH.

Lasslop, Ingo (2005): Identitätsorientierte Führung von Luxusmarken. In *Meffert, Heribert/Burmann, Christoph/Koers, Martin* (Hrsg.), Markenmanagement. Identitätsorientierte Markenführung und praktische Umsetzung. 2. Auflage. Wiesbaden: Gabler Verlag, S. 470–491.

Tomczak, Torsten/Kuß, Alfred/Reinecke, Sven (2009): Marketingplanung. Einführung in die marktorientierte Unternehmens- und Geschäftsplanung. Wiesbaden: Gabler.

Walsh, Gianfranco/Klee, Alexander/Kilian, Thomas (2009): Marketing. Eine Einführung auf der Grundlage von Case Studies. Berlin, Heidelberg: Springer.

Weis, Hans Christian (2009): Marketing. Ludwigshafen: Kiehl.

Weis, Hans Christian (2010): Verkaufsmanagement. Herne: Kiehl.

Winkelmann, Peter (2012): Vertriebskonzeption und Vertriebssteuerung. Die Instrumente des integrierten Kundenmanagements-CRM. München: Vahlen.

Winkelmann, Peter (2013): Marketing und Vertrieb: Fundamente für die Marktorientierte Unternehmensführung. München: Oldenbourg.

2.5. Management-, Organisations- und Personalberatung

Peter Steinkellner

1. Einführung und Überblick

Dieser Beitrag soll einen Überblick über Management-, Organisations- und Personalberatung geben. Hierzu werden zuerst die Begriffe Managementberatung, Organisationsberatung und Personalberatung definiert sowie die Geschichte, die Gemeinsamkeiten und Unterschiede dieser Beratungsarten thematisiert. Dann werden zwei unterschiedliche Grundformen der Organisationsberatung dargestellt, die klassische Organisationsentwicklung und die systemische Organisationsberatung. Die darauffolgenden beiden Kapitel widmen sich der Strategieberatung sowie der Personalberatung. Eine kurze Darstellung der Kompetenzanforderungen für Organisationsberater sowie ein Ausblick schließen den Beitrag ab.

2. Erster Abgrenzungsversuch: Managementberatung, Organisationsberatung und Personalberatung

Es gibt keine eindeutige und allgemein akzeptierte Abgrenzung zwischen den Begriffen „Unternehmensberatung", „Managementberatung" sowie „Organisationsberatung"[1]. Um mögliche Besonderheiten der Beratungsformen Managementberatung und Organisationsberatung zu verstehen, erscheint es daher sinnvoll, kurz auf die Geschichte der Unternehmensberatung einzugehen.

Die Wurzeln der Dienstleistung *Unternehmensberatung* liegen am Ende des 19. Jahrhunderts in den damals von der Industrialisierung geprägten USA. Erste Berater waren beratende Ingenieure und Rationalisierer im Sinne des Taylorismus sowie Accounting-Berater. Als erste Beratungsinstitution wird das 1886 gegründete Beratungsunternehmen Arthur D. Little angesehen. Anfang des 20. Jahrhunderts nehmen weitere Beratungshäuser ihre Geschäftstätigkeit auf: McKinsey beginnt im Jahr 1910 seine Tätigkeit, Arthur Andersen wird 1913 von *Arthur Andersen* und *Clarence DeLany* gegründet[2]. 1914 folgen *Booz, Allen & Hamilton* und 1926 *A.T. Kearny*[3].

Die folgenden Dekaden sind von der Expansion der Beratungsunternehmen im nordamerikanischen Markt geprägt, bis in den 60er Jahren des letzten Jahrhunderts die erste internationale Ausweitung durch die Ansiedlung in London erfolgt. Ebenfalls in den 1960er Jahren entwickelten sich Managementberater. „Managementberater" bedeutet

1 *Sperling/Ittermann*, 1998, S. 17; *Hasenzagl/Kainz*, 2008, S. 287.
2 Aufgrund des Enron-Bilanzfälschungsskandals wurde die Unternehmensberatung umfirmiert und heißt seit dem 1. Januar 2001 Accenture.
3 *Fink*, 2009, S. 2 ff.

nicht, dass (nur) Manager deren Kunden sind, sondern dass diese Berater die funktionalen Bereiche des Managements abdecken. Als „Spin-offs" entstehen weitere Beratungsunternehmen wie z.B. die Boston Consulting Group, die 1963 vom ehemaligen Vizepräsidenten von Arthur D. Little gegründet wird. Aus dieser gehen weitere Strategieberatungsinstitutionen wie Bain & Company im Jahr 1973 oder Baxtron Associates im Jahr 1976 hervor. Die erste deutsche Unternehmensberatung gründet 1945 *Gerhard Kienbaum* mit dem noch heutigen Namen Kienbaum Consulting. 1967 bietet in München – zunächst als Ein-Personen-Unternehmen – die heute vornehmlich auf Strategieberatung spezialisierte Unternehmensberatung *Roland Berger* ihre Dienste an[4].

Die *klassische Unternehmensberatung* ist in ihren Wurzeln stark von dem damals in der Organisationstheorie vorherrschenden mechanistischen Paradigma beeinflusst und fokussiert sich unter Verwendung der eigenen branchenspezifischen und funktionsspezifischen Expertise auf das Einbringen von inhaltlichen Konzepten in ein Unternehmen. Diese Beratungsform wird daher der übergeordneten Gruppe der Fachberatung zugerechnet, die auch als inhaltsorientierte Beratung bezeichnet werden kann.

Als Gegenströmung zur klassischen Organisationsberatung formiert sich ab Mitte des 20. Jahrhunderts die sogenannte *prozessorientierte Beratung*, deren Expertise sich auf die Gestaltung sowie Begleitung von Veränderungsprozessen bezieht und die dafür das Individuum in den Mittelpunkt stellt. Anfangs noch stark beeinflusst von der mechanistischen Auffassung des Menschen als Arbeitsfaktor entwickelt sich um Persönlichkeiten wie *Kurt Lewin*, *Eric Trist* und *Fred Emery* die Gruppendynamik als erste Antwort auf die klassische Beratung. Daraus geht in der Folge die klassische Organisationsentwicklung hervor, die wiederum in engem Zusammenhang mit der von *Edgar H. Schein* (2000) formulierten Prozessberatung entsteht.

Der Begriff der Organisationsberatung *„hat sich Ende der achtziger Jahre eingebürgert, um eine ganz bestimmte beraterische Herangehensweise in der Bearbeitung komplexer Problemstellungen von Organisationen jedweden Typs (Unternehmen, Krankenhäuser, Einrichtungen der öffentlichen Verwaltung, Schule, Universitäten, etc.) zu bezeichnen"*[5]. Dieser Begriff grenzt sich insbesondere aus Sicht der Vertreter der prozessorientierten Beratung von der klassischen Unternehmensberatung ab, wie sie, wie oben angeführt, speziell von den großen, zumeist weltweit operierenden Beratungsunternehmen praktiziert wird[6].

Das *systemische Beratungs-Paradigma* entwickelt sich im Laufe des 20. Jahrhunderts in unterschiedlichen Wissenschaftsdisziplinen. Die Vielzahl dieser theoretischen Wurzeln wird von einigen Vertretern der klassischen Organisationsentwicklung sowie der Prozessberatung aufgenommen und zur *systemischen Organisationsentwicklung* sowie in weiterer Folge zur *systemischen Organisationsberatung* zusammengeführt. Viele Pioniere der systemischen Beratung haben ihre individuellen Wurzeln in der klassischen Organisationsentwicklung und/oder in der Prozessberatung.

---

4 *Fink*, 2009, S. 2 ff.
5 *Wimmer*, 2008, S. 4.
6 *Wimmer*, 2008, S. 4 f.; *Exner* et al., 1987; *Wimmer*, 1992a; *Wimmer*, 1992b.

Der Begriff „*Unternehmensberatung*“ wurde als Erstes vom Bundesverband deutscher Unternehmensberater im deutschsprachigen Raum verwendet, und in Österreich benötigen Management-, Organisations- und Personalberater die Gewerbeberechtigung für Unternehmensberatung. Der hierfür zuständige Fachverband der Wirtschaftskammer Österreich nennt sich „Unternehmensberatung und Informationstechnologie“ und wird mit „UBIT“ abgekürzt. Deshalb erscheint es sinnvoll, mit der Definition von Unternehmensberatung zu beginnen, bevor wir uns den Definitionen der in diesem Beitrag fokussierten Beratungsformen widmen.

„Unternehmensberatung im engeren Sinn ist die entgeltliche Dienstleistung einer externen, unabhängigen, weisungsfreien und rechtlich selbständigen Person, für die auftragsindividuelle Lösungen aperiodisch auftretender betriebswirtschaftlicher Probleme. Die Leistungserstellung selbst erfolgt im Rahmen eines interaktiven Prozesses mit der Klientenorganisation.“[7]

„Unternehmensberatung (Managementberatung) ist eine professionelle Dienstleistung für Organisationen, die in Zusammenarbeit mit Interaktionspartnern (v.a. Kunden und Auftraggebern) mit dem Leistungsinhalt, Lernprozesse beim Kunden zur Beseitigung wahrgenommener Probleme zu fördern. Sie erfolgt auf Basis von Theorien für und über Beratung und nach definierten Standesregeln.“[8]

Der Bund Deutscher Unternehmensberater (BDU) gliedert das Gesamtfeld der Unternehmensberatung in vier Gruppen: Strategieberatung, Organisationsberatung, IT-Beratung und HR-(Personal-)Beratung[9]. *Nissen*[10] führt hierzu ergänzend an: „*Strategie- und Organisationsberatung lassen sich als klassische Management-Beratung zusammenfassen.*“ Diese Sichtweise weicht von der Auffassung vieler Vertreter prozessorientierter Berater ab, die Organisationsberatung von der klassischen Unternehmensberatung abgrenzen, so z.B. *Wimmer*[11]: Klassische Unternehmensberatung konzentriert „*sich überwiegend auf Unternehmen, d.h. auf Organisationen des Wirtschaftssystems, deren Management sie aus einer Expertenhaltung heraus bei der Bearbeitung technischer und/oder wirtschaftlicher Probleme unterstützen*“.

Wie bereits oben erwähnt, gibt es leider keine eindeutige und übliche Abgrenzung zwischen den Begriffen „Unternehmensberatung“, „Managementberatung“ sowie „Organisationsberatung[12]. *Hasenzagl* und *Kainz*[13] führen hierzu aus:

7 *Wagner*, 2004, S. 28.
8 *Hasenzagl*, 2006, S. 13.
9 BDU, 2014.
10 2007, S. 2.
11 2008, S. 4.
12 *Sperling/Ittermann*, 1998, S. 17.
13 2008, S. 287.

„Wir verwenden die Begriffe ‚Managementberatung' und ‚Organisationsberatung' synonym für Berater, deren Kunden Organisationen sind und deren funktionaler Umfang der Beratung sich auf Unternehmensführung (als Übersetzung) von ‚Management' erstreckt." „Der Begriff ‚Managementberater' sollte nicht dazu verleiten, die Leistung dieses Typs in der Beratung von Managern zu sehen. Gemeint ist hier vielmehr, dass auf der fachlichen Basis von Managementtheorien Organisationen als Kunden beraten werden."[14]

Folgt man diesen beiden Definitionen, dann wären sowohl Strategieberatung als auch Personalberatung als eine Teildisziplin der Organisationsberatung (bzw. Managementberatung) zu sehen.

Wir werden uns daher nun zuerst allgemein mit Organisationsberatung und den unterschiedlichen Beratungsansätzen in dieser Disziplin beschäftigen und anschließend auf die beiden Teildisziplinen Strategieberatung und Personalberatung eingehen.

3. Organisationsberatung

Der Begriff *Organisationsberatung* hat sich, wie bereits oben angeführt, Ende der 1980er Jahre eingebürgert, um die Beratung bei komplexen Problemstellungen von Organisationen jedweden Typs zu bezeichnen.[15] Dieser Begriff wurde ursprünglich in Abgrenzung zur klassischen Unternehmensberatung eingeführt. Organisationsberatung fußt gemäß dieser Sichtweise auf einem wesentlichen breiteren Organisationsverständnis, welches neben Wirtschaftsunternehmen auch andere Organisationen einbezieht. Es wird nicht nur die ökonomische Sichtweise berücksichtigt, sondern *„es umfasst vielmehr alle organisationsbezogenen Beratungsleistungen, die das Selbstentwicklungspotenzial von Organisationen mit Blick auf ihre je spezifischen Leistungsanforderungen erhöhen"*.[16] Eine ausschließlich auf ökonomische Faktoren basierende Beratung wird hierbei nicht als Organisationsberatung, sondern als klassische Unternehmensberatung angesehen[17].

Titscher[18] führt aus, dass der Begriff „Organisationsberatung" wenig trennscharf ist und meist für Projekte verwendet wird, die die gesamte Organisation oder große Organisationsbereiche betreffen. Beispielhaft führt er hierzu folgende drei Anlässe für Organisationsberatung an: eine strategische Positionierung, eine Reorganisation des gesamten Unternehmens oder einen Eigentümerwechsel.

14 *Hasenzagl*, 2007, S. 362.
15 *Wimmer*, 2008, S. 4.
16 *Wimmer*, 2008, S. 4.
17 *Wimmer*, 2008, S. 4 f.; *Exner* et al., 1987; *Wimmer*, 1992a; *Wimmer*, 1992b.
18 2001, S. 58.

„‚Organisationsberatung' kann insofern als ein eigener Ansatz oder Typ bezeichnet werden, da derartige Berater sich in ihrem Kenntnisspektrum und in ihrem Zugang von anderen Kollegen unterscheiden: sie sind nicht auf einen funktionalen Bereich fokussiert, wie etwa Fachberater für Logistik, Personalwesen usw., sondern müssen (oder müssten) auf die Themen Unternehmen/Markt spezialisiert sein und ein generelles Wissen über das Managen von Organisationen haben. Ihr innerbetriebliches Pendant ist der sogenannte ‚General Manager'. Hinsichtlich ihres Zuganges ist für Organisationsberater typisch, dass sie alle Probleme, mit denen sie seitens des Kunden konfrontiert werden, unter dem Blickwinkel des Gesamtunternehmens betrachten."[19]

Titscher grenzt damit Organisationsberatung stärker ein als andere Autoren, da er eine auf einen funktionalen Bereich fokussierende Beratung (Fachberatung) hier ausschließt, dabei aber Organisationsberatung ähnlich sieht wie die Proponenten prozessorientierter und systemischer Ansätze.

Als eine Art erste Abgrenzung und Erläuterung eignet sich hier auch die von *Titscher* vorgestellte Problemkategorisierung[20] (siehe Abb. 1). Er unterscheidet hier im ersten Schritt zwischen individuellen und organisatorischen Problemen. Für individuelle Probleme führt er als geeignete Beratungsarten Coaching und Training an. Bei organisatorischen Problemen unterscheidet er in einem zweiten Schritt zwischen „einfachen" und „komplexen" Problemen und grenzt damit Organisationsberatung von klassischer Fachberatung ab.

„Fachberater [...] sind üblicherweise zu wenig auf die Bearbeitung komplexer organisatorischer Problemlagen vorbereitet, bei denen die Prozesskomponente eine starke Beachtung benötigt und die Schnittstellen oder Folgewirkungen der Problembearbeitung eine enge Eingrenzung des Beratungsfeldes nicht erlauben."[21]

Wichtig ist hier anzumerken, dass „einfache" Probleme nicht unbedingt einfach zu lösen sind, sondern dass hier „einfach" im Sinne von „eng" bzw. „nicht stark verknüpft" verwendet wird.

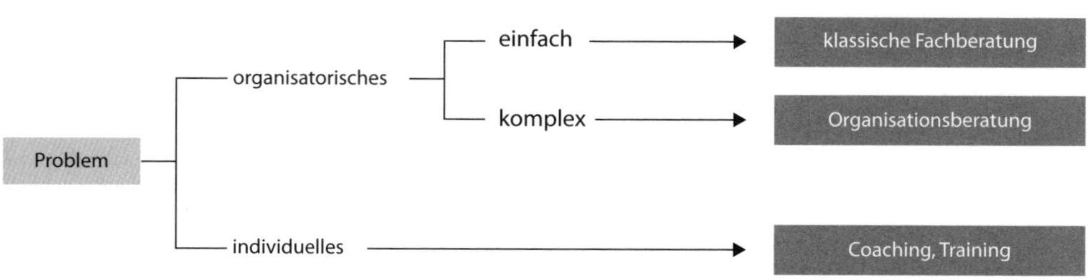

Abb. 1: Problemkategorisierung nach *Titscher* (Quelle: *Piwko*, 2004, S. 2)

19 *Titscher*, 2001, S. 59.
20 *Titscher*, 2001, S. 191.
21 *Titscher*, 2001, S. 192.

Wir werden uns in diesem Kapitel *Titscher* anschließen und uns nach einem kurzen Überblick über die Verbreitung unterschiedlicher Organisationsberatungsansätze auf die Organisationsberatung im engeren Sinne konzentrieren, zu der sowohl die in diesem Kapitel behandelte Organisationsentwicklung als auch die systemische Organisationsberatung zu zählen sind. Der Strategieberatung, die laut *Titscher* ebenfalls zur Organisationsberatung zählt, wird dann ein eigenes Kapitel gewidmet, ebenso der Personalberatung.

Eine Studie der FH Wiener Neustadt belegt die Dominanz der Fachberatung in Österreich[22]. Knapp zwei Drittel der Beratungsunternehmen führen nach eigener Auskunft Fachberatung und Gutachtertätigkeiten durch. Das verbleibende gute Drittel umfasst Prozessberatung (8%), Organisationsentwicklung (16%) und Systemische Beratung (14%).

Eine Studie für den deutschen Markt[23] ergibt folgende Aufteilung des Beratungsmarktes nach Beratungsfeldern. Dabei entfallen 43,4 % des gesamten Marktumsatzes auf das Beratungsfeld Organisationsberatung, 24,8 % auf das Beratungsfeld Strategieberatung, 21,4 % auf IT-Beratung und 10,4 % auf HR-Beratung, wobei hierbei zu beachten ist, dass die Personalsuche hier nicht berücksichtigt wurde.

Bezieht man auch beratungsnahe Dienstleistungen und die Personalberatung (Personalsuche) mit ein, dann ergeben sich folgende Anteile: Organisationsberatung 30,5 %, Strategieberatung 17,1 %, HR-Beratung (ohne Personalsuche) 7,4 %, Personalberatung 5,1 %, IT-Beratung 14,8 %, Softwareintegration/Systementwicklung 19,1 % und Outsourcing 6 %[24] (siehe Abb. 2).

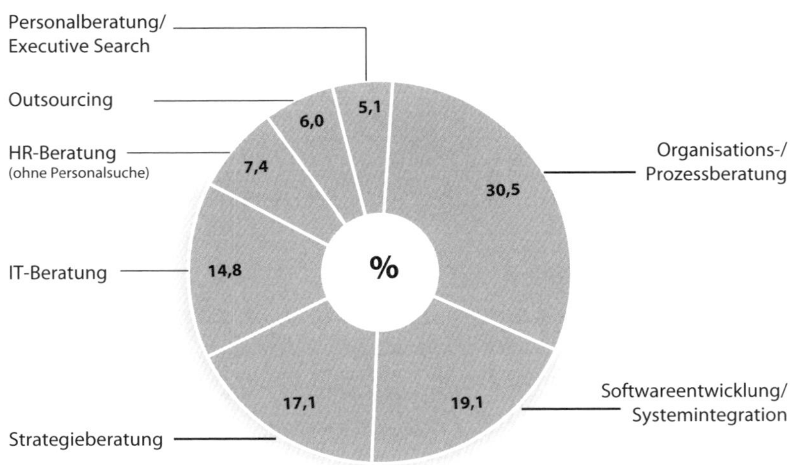

Abb. 2: Aufteilung des Gesamtmarktumsatzes 2014 inklusive beratungsnaher Dienstleistungen und Personalberatung (Quelle: BDU, 2015, S. 11)

22 *Kainz*, 2008, S. 28.
23 BDU, 2015, S. 9.
24 BDU, 2014, S. 11.

Im Beratungsfeld Organisationsberatung werden Beratungsprojekte besonders nachgefragt, bei denen die Klienten sich durch die Unternehmensberater bei Projektmanagement (12,7 %) oder Prozessoptimierung (10,9 %) (in Summe mit mehr als die Hälfte des Umsatzes der Organisationsberatung) unterstützen lassen[25].

Die am häufigsten genannten Beratungsfelder in Österreich sind laut einer Studie der FH Wiener Neustadt[26] Organisationsberatung (66 %) und Strategieberatung (61 %). Weitere für diesen Beitrag relevante Beratungsfelder sind Coaching (40 %), Training (38 %) und Personalberatung (27 %).

Beide Sichtweisen der BDU-Studie zeigen genauso wie die Studie der FH Wiener Neustadt den hohen Anteil der in diesem Kapitel untersuchten Beratungsformen Organisationsberatung und Strategieberatung am gesamten Unternehmensberatungsmarkt.

Allerdings muss hierbei berücksichtigt werden, dass der BDU Organisationsberatung anders definiert als wir in diesem Beitrag, nämlich fachberatungsnäher und weniger strategieorientiert und ganzheitlich. Deshalb sollte hier auch noch kurz die Abgrenzung des BDU [27] angeführt werden.

Als Tätigkeitsbereiche gibt der BDU an:

- Unternehmensberatung/Managementberatung
- Personalberatung
- Softwareentwicklung und Systemintegration
- Outsourcing/Managed Services.

Der Tätigkeitsbereich Unternehmensberatung/Managementberatung unterteilt sich in folgende vier Beratungsfelder:

- Organisationsberatung
- Strategieberatung
- Human Resources Beratung
- IT-Beratung.

Organisationsberatung ist hier demnach ein Beratungsfeld des Tätigkeitsbereiches Unternehmensberatung/Managementberatung und wird folgendermaßen beschrieben:

> „(…) u.a. Technik (z.B. Entwicklung und Produktion, Fertigungstechnik, Fertigungssteuerung, Fabrik- und Anlagenplanung), Controlling, Qualitätsmanagementberatung, Logistik (z.B. Logistik-Planung und Disposition, Einkaufsorganisation, Warenfluss und Lagerplanung), Projektmanagement und Umweltmanagement)“ [28].

25 BDU, 2015, S. 9.
26 *Kainz*, 2008, S. 25.
27 2013, S. 21.
28 BDU, 2014, S. 21.

Wir wollen uns hier auf die Organisationsberatung im engeren Sinne nach *Titscher* konzentrieren und zuerst die klassische Organisationsentwicklung und die systemische Organisationsberatung erläutern, im anschließenden Teilkapitel dann die Strategieberatung.

3.1. Klassische Organisationsentwicklung

Wie bereits erwähnt, hat sich als Gegenströmung zur klassischen Organisationsberatung ab Mitte des 20. Jahrhunderts die sogenannte *prozessorientierte Beratung* entwickelt mit Ansätzen wie Gruppendynamik und Aktionsforschung, die auf die Gestaltung sowie Begleitung von Veränderungsprozessen fokussiert und hierfür das Individuum in den Mittelpunkt stellt. Daraus geht in der Folge die klassische Organisationsentwicklung (OE) als expliziter Organisationsberatungsansatz hervor.

Organisationsentwicklung ist ein verhaltensorientierter Ansatz[29] und verwendet als Metapher für die Organisation den „Organismus" anstelle der in der klassischen Beratung (zumindest implizit) verwendeten Metapher der *„(trivialen) Maschine"*[30]. Das Konzept der OE richtet sich in erster Linie auf die Einstellungen und Verhaltensweisen der Organisationsmitglieder sowie ihre sozialen Beziehungen im Gegensatz zur sachlogisch orientierten Organisationsgestaltung und der klassischen Managementberatung[31].

Die klassische OE geht ebenso wie die klassische Managementberatung davon aus, dass organisationale Veränderung plan- und steuerbar ist. Der Begriff „geplanter Wandel" ist sogar ein wichtiger Kernbestandteil ihrer Definition. Ihr grundlegendes Ziel besteht darin, Organisationen zu unterstützen, sich an veränderte Umfeldbedingungen anzupassen. Ihr Interventionshandeln ist nicht Anweisungshandeln, wie dies bei linearen Interventionen üblich ist, sondern Anpassungshandeln. Die Hauptaufgabe von Beratern ist hier die Steuerung von Anpassungsprozessen zwischen Organisation und Umwelt. Eine möglichst genaue Analyse der Umwelt und der Organisation ist daher in diesem Ansatz eine wesentliche Grundvoraussetzung. Der Hauptunterschied zu mechanistischen Beratungsansätzen ist hierbei, dass diese Analyse, die Ableitung der Veränderungsziele und die daran anschließende Umsetzung unter Beteiligung der betroffenen Organisationsmitglieder erfolgen[32].

Das Konzept der klassischen OE baut auf die in Abb. 3 zusammengefassten *Ziele und Grundprinzipien* auf[33], welche nun kurz erläutert werden sollen.

Die klassische OE geht von der *Zieldualität* von Organisationsinteressen und Mitarbeiterinteressen aus, versteht dies allerdings als eine *Zielharmonie*: Organisationsinteressen (Gewinnsteigerung, Erhöhung der Innovation, Effektivitäts- und Effizienzsteigerung, Qualitätsverbesserung, Lernfähigkeit etc.) stehen mit den Mitarbeiterinteressen

29 *Vahs*, 2007, S. 359.
30 *Heimerl*, 2012, S. 267.
31 *Vahs*, 2007, S. 344.
32 *Heimerl*, 2012, S. 266 f.
33 *French/Bell*, 1990, S. 100 ff.; *Wohlgemuth*, 1991, S. 29 ff.; *Heimerl*, 2012, S. 267 ff.

(Streben nach Autonomie und Selbstverwirklichung, Humanisierung der Arbeitswelt, etc.) grundsätzlich nicht in Widerspruch. Sehr vereinfacht und plakativ könnte man diese Zielharmonie mit dem bekannten Zitat beschreiben: „Glückliche Kühe geben mehr Milch", d.h. Mitarbeiterzufriedenheit führt zu einer höheren Leistung der Organisation. *Glasl*[34] führt noch eine dritte Zielsetzung an: OE zielt auf die Entwicklung der Selbsterneuerungsfähigkeit der Organisation und deren Mitarbeiter[35].

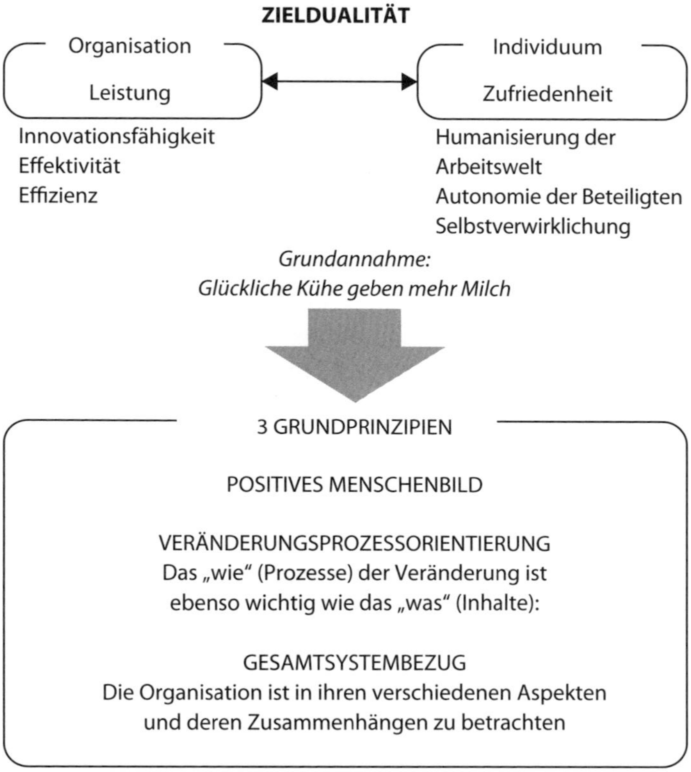

Abb. 3: Ziele und Grundprinzipien der klassischen OE (Quelle: *Heimerl*, 2012, S. 269)

Die drei *Grundprinzipien* der klassischen OE sind das positive Menschenbild, die Veränderungsprozessorientierung sowie der Gesamtsystembezug. Auf Grund des *positiven Menschenbilds* folgt man der Theorie „Y" von *McGregor* (1960) und geht davon aus, dass Menschen grundsätzlich einsatzbereit, engagiert, motiviert, eigenverantwortlich und lernwillig sind. Das Prinzip der *Orientierung auf den Prozess der Veränderung* besagt, dass das „Wie" (die Prozesse) der Veränderung (mindestens) ebenso wichtig ist wie das „Was" (die Inhalte) der Veränderung. In der zwischenmenschlichen Kommunikation ist die Beziehungsebene wesentlich bedeutsamer als die Sachebene,[36]. Bei einer gestörten Beziehungsebene helfen die besten Sachargu-

34 2005, S. 244.
35 *Heimerl*, 2012, S. 267.
36 *Watzlawick/Beavin/Jackson*, 1969, S. 56.

mente nicht weiter. Analoges lässt sich häufig bei komplexen Beratungs- bzw. Veränderungsprozessen beobachten. Das Ziel (das „Was“) und der Weg (das „Wie“), also Inhalt und Prozess der Veränderung, müssen zueinander passen. Gemäß den Proponenten der OE erhebt die OE mit dem Prinzip des *Gesamtsystembezugs* im Unterschied zu Fachberatungsansätzen den Anspruch, die Zusammenhänge zwischen unterschiedlichen Ebenen der Organisation (Kultur wie Identität und Politik; soziales Gefüge wie Strukturen, Funktionen und Menschen; sowie dem Arbeitssystem wie Abläufe, Prozesse und Arbeitsmittel) zu berücksichtigen[37]. Da allerdings vermehrt auch in anderen Beratungs- und Veränderungsansätzen auf die Wichtigkeit von „Ganzheitlichkeit“ sowie „Systembezug“ hingewiesen wird, ist dieses Prinzip aus unserer Sicht wohl kein Alleinstellungsmerkmal der klassischen OE mehr.

Häufig werden aus diesen Zielen und Grundprinzipien konkrete *Handlungsgrundsätze* für die klassischen OE abgeleitet[38]:

- *Betroffene zu Beteiligten machen:* Dies nutzt das Fachwissen der Mitarbeiter, wirkt Widerständen gegen die Veränderung entgegen und erhöht die Motivation und das Engagement für das Veränderungsprojekt.
- *Hilfe zur Selbsthilfe:* Der OE-Berater soll ähnlich wie ein Coach im Coaching von Personen die Organisation und die Mitarbeiter im Veränderungsprojekt unterstützen. Kerngedanke ist hier, dass die Mitarbeiter des Unternehmens die Experten auf inhaltlicher Ebene sind, der OE-Berater der Experte auf der Prozessebene. Die Vermittlung von Methodenkompetenz kann hierbei ein wertvolles Nebenprodukt sein.
- *Betroffene bzw. Beteiligte dort abholen, wo sie gerade stehen:* Hier geht es darum, dass die Betroffenen bzw. Beteiligten weder über- noch unterfordert werden. Dieser Grundsatz betont unter anderem auch die Wichtigkeit des direkten und individuellen Umgangs mit den Betroffenen.
- *Möglichst umfassende, partizipative Diagnose:* Dieses Prinzip folgt aus dem Anspruch des Gesamtsystembezugs sowie aus der Grundphilosophie des „geplanten Wandels“. Es erfolgt eine umfassende Diagnose von Organisation und Umfeld, im Gegensatz zur Fachberatung werden hier aber die Beteiligten möglichst umfassend mit einbezogen.
- *Survey-Feedback* („Informationsrückkoppelung“): Dieses hängt eng mit der partizipativen Diagnose zusammen. Diagnose in einer klassischen OE ist stets ein Dialog der Berater mit den Organisationsmitgliedern. Damit und durch die umfassende Diagnose möchte man einer „gemeinsamen Wahrheit“ möglichst nahekommen und ein gemeinsames Problembewusstsein erzeugen.

Der *Beratungsprozess* in OE-Projekten verläuft eher linear, auch wenn manche Autoren unter Berufung auf z.B. *Lewin* (1963) darauf hinweisen, dass für OE-Projekte *„[...] eine bestimmte, eigentlich zirkuläre Phasenstruktur“*[39] charakteristisch sei. Ty-

37 *Heimerl*, 2012, S. 267.
38 *Heimerl*, 2012, S. 269 f.
39 *Heimerl*, 2012, S. 270.

pischerweise ist allerdings der Ablauf eines klassischen OE-Projektes doch großteils linear, die Einführung einer fünften Evaluierungsphase, die dann unter Umständen wieder zu der früheren Diagnosephase führen kann, bedeutet aus unserer Sicht nur ein sehr geringes Ausmaß an Zirkularität.

Daher wird typischerweise der *OE-Prozess* auch meist linear dargestellt – mit folgenden vier Phasen (siehe Abb. 4)[40]:

- *Kontraktphase:* Auftrags- und Rollenklärung, Etablierung der sozialen Projektarchitektur, Projektplanung;
- *Diagnosephase:* Organisations- und Problemdiagnose, Beteiligte gewinnen, Bewusstsein für Veränderung schaffen;
- *Konzeptionsphase:* Definition des Soll-Zustands, Umsetzungsplanung;
- *Umsetzungsphase:* Umsetzung und Umsetzungsbegleitung, Anpassungen, Reflexion.

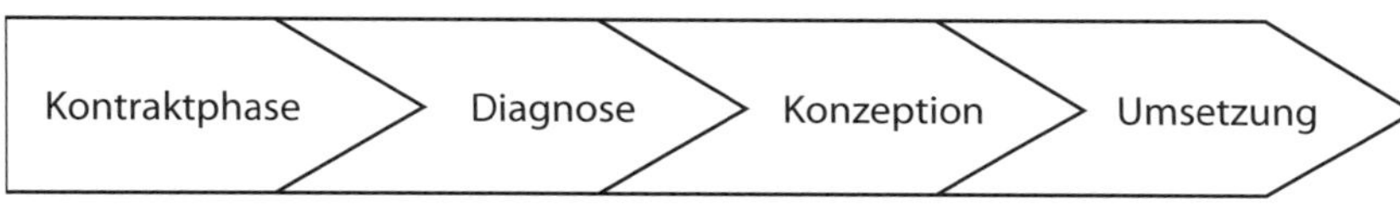

Abb. 4: Phasen eines OE-Projektes (Quelle: *Heimerl*, 2012, S. 270)

Die theoretischen Grundlagen der klassischen OE sind vor allem sozialpsychologische Modelle, welche sich mit den psychologischen Wechselbeziehungen in Interaktionssystem beschäftigen. Die Berücksichtigung von Modellen der Organisationsforschung kommt für einen Ansatz, der den Begriff „Organisation" als Teil seiner Bezeichnung führt, überraschenderweise zu kurz. Der Aspekt Organisation wird sogar öfters als der blinde Fleck der klassischen OE bezeichnet[41].

Zusammenfassend lässt sich festhalten, dass die klassische Organisationsentwicklung sich einerseits durch Werthaltungen auszeichnet, die auf einer Zielharmonie von Leistung und Zufriedenheit sowie dem Grundprinzip der Menschenorientierung beruhen. Dies wird z.B. auch deutlich durch den Titel „Produktivität und Menschlichkeit" des bekannten OE-Buches von *Becker* und *Langosch* (2002) illustriert. Andererseits stellt die klassische OE die Prozesskompetenz der Berater in den Mittelpunkt.

Wie bereits ausgeführt, haben einige Vertreter der klassischen OE systemische und systemtheoretische Ideen aus unterschiedlichen Wissenschaftsdisziplinen aufgenommen und in weiterer Folge zur *systemischen Organisationsentwicklung* integriert, welche daher als eine Art Mischform zwischen der klassischen OE und der noch zu behandelnden systemischen Organisationsberatung angesehen werden kann. Allerdings widerspricht aus unserer Sicht der starke Fokus der klassischen OE auf die zugrunde liegende Werthaltung sowie die Betonung der Diagnose mit dem

40 *Heimerl*, 2012, S. 270.
41 *Simon*, 2014, S. 31 f.

Ziel eine „gemeinsame Wahrheit" zu finden, doch deutlich den Grundannahmen und insbesondere der Erkenntnistheorie einer systemtheoretisch basierten Organisationsberatung. Deshalb wird hier auf eine Betrachtung der systemischen OE verzichtet, da diese aus unserer Sicht nur ein Zwischenschritt zwischen der klassischen OE und der systemischen Organisationsberatung war und Berater, die ihre Dienstleistung unter dem Titel „Systemische Organisationsentwicklung" anbieten, oft sehr unterschiedliche Schwerpunkte setzen. So führt z.B. *Simon*[42] hierzu aus:

> „Seit Mitte der 80er Jahre des vorigen Jahrhunderts verwenden viele Berater gerne den modischen Begriff ‚systemisch' für ihre im Prinzip gegenüber den klassischen OE-Ansätzen wenig veränderten Prozessberatungsansätze."

Diese Beobachtung von *Simon* bezieht sich nicht nur auf Anbieter der systemischen OE, sondern teilweise auch auf Anbieter der systemischen Organisationsberatung, die wir nun im nächsten Kapitel betrachten werden.

3.2. Systemische Organisationsberatung

Die systemische Organisationsberatung hat sich in der Beratungspraxis als eine sehr erfolgreiche Anwendung systemischer Ansätze erwiesen. Sie baut dabei unter anderem auf die Erkenntnisse und Erfahrungen der systemischen Therapie auf und wendet diese auf Fragestellungen der Organisationsberatung an. Viele Methoden aus der systemischen Therapie finden sich in der systemischen Organisationsberatung wieder[43].

Zwei weitere wesentliche Quellen der systemischen Organisationsberatung sind[44]:

- die Tradition der Organisationsentwicklung;
- die Theorie Sozialer Systeme nach *Luhmann* (1984).

Die systemische Organisationsberatung ist einer der wenigen Organisationsberatungsansätze, die sich dezidiert auf eine theoretische Basis stützt. Neben im weitesten Sinn systemischen Theorien ist es vor allem die Systemtheorie nach *Luhmann*, auf die man sich beruft[45].

Die systemische Organisationsberatung folgt der Organisationsmetapher des komplexen sozialen Systems (bzw. der Nichttrivialmaschine), die Expertenberatung hingegen der Maschinenmetapher und die klassische Organisationsentwicklung der Organismusmetapher[46]. In der Metapher des komplexen sozialen Systems werden Organisationen mit einem neuronalen Netz oder einer Nichttrivialmaschine vergli-

---

42 2014, S. 32.
43 *Königswieser/Exner/Pelikan*, 1995, S. 52 ff.; *Titscher*, 1997, S. 52, *Wimmer*, 1992b, S. 63 f.; *Steinkellner*, 2012, S. 185.
44 *Groth/Wimmer*, 2004, S. 224.
45 *Groth/Wimmer*, 2004, S. 224.
46 *Bardmann/Groth*, 2001, S. 7 ff.; *Steinkellner*, 2012 S. 239 ff.

chen. Diese Metapher verdeutlicht, dass Veränderungen in Unternehmen nicht so leicht zu initiieren sind, sondern dass sich Organisationen durch ein hohes Maß an Undurchschaubarkeit, Unberechenbarkeit und Unvorhersehbarkeit auszeichnen. Hier geraten nun die internen Kommunikations- und Entscheidungsprozesse in den Blick und die Rationalität, die Organisationen in den traditionellen Beratungsansätzen zugeschrieben wurde, in den Blickwinkel der Kritik[47].

Die Art und Weise, wie sich Unternehmen als beobachtende Systeme in Interaktion mit anderen ihre eigene Realität schaffen, und die damit implizierten charakteristischen Beschränkungen sind eine wichtige Grundlage für die systemische Beratung. Systemische Beratung baut auf die Beobachtung von Beobachtungen (= Beobachtung zweiter Ordnung) und die Kommunikation derselben auf und will dem Unternehmen Entwicklungschancen jenseits der systembedingten Einschränkungen aufzeigen[48].

Systemische Beratungsansätze gehen von der Irrrationalität, der Intransparenz und der Selbstorganisiertheit von Systemen aus. Die Grundannahme hierbei ist, dass soziale Systeme von außen weder vorherzuberechnen noch zu steuern sind und daher von außen nur mittelbar beeinflusst werden können. Der Hauptunterschied zur traditionellen Unternehmensberatung besteht darin, dass die systemische Beratung theoriegeleitet und primär prozessorientiert arbeitet, traditionelle Beratung primär fach- bzw. inhaltsorientiert. Systemische Beratung dient dabei immer auch der Selbstreflexion und Selbstaufklärung sozialer Systeme.[49] Beratung wird allerdings nicht dadurch systemisch, dass sie entsprechend einer Mode marketinggerecht systemisch attribuiert wird, sondern unter anderem dadurch, dass Beratungsprozesse als kontextabhängige Prozesse begriffen werden. Um Kommunikationen und Handlungen als Spezialfall von Kommunikationen verstehen zu können, werden Kontextinformationen benötigt, um Sinn für das System erzeugen zu können. Systemische Beratung meint damit letztlich eine kontextspezifische Entwicklung von Lösungen und keinesfalls eine „ideale Lösung" für alle Probleme[50].

Folgende Aspekte kennzeichnen die systemische Beratung[51]:

- Zu beratende Organisationen werden als sich selbst organisierende Systeme betrachtet.
- Fokussiert wird nicht auf die Individuen, sondern auf die Strukturen des Systems und dessen Entscheidungsprämissen und Entscheidungsprogrammen.
- Interventionen sind nur Impulse, aus denen das Klientensystem das macht, was es machen kann und will. Die Einflussmöglichkeiten der Interventionen sind sehr begrenzt.

---

47 *Bardmann/Groth*, 2001, S. 9; *Steinkellner*, 2012, S. 240.
48 *Wimmer*, 1992b, S. 79; *Steinkellner*, 2012, S. 186.
49 *Mingers*, 2001, S. 141 f.
50 *Zwingmann* et al., 1998, S. 36 f.; *Steinkellner*, 2012, S. 186 f.
51 Königswieser/Exner, 2002, S. 24; *Steinkellner*, 2012, S. 187; *Groth/Wimmer*, 2004, S. 229; *Königswieser/Hillebrand*, 2008, S. 28 ff.

- Da direktive Veränderungen unvorhersehbare Wirkung haben, wird das Klientensystem über Irritationen zur Selbständerung angestoßen.
- Die Berater öffnen den Widerspruch zwischen Verändern und Bewahren. Das Klientensystem entscheidet, wie es damit umgeht.
- Alles im Klientensystem hat eine Funktion und macht Sinn. Es ist hilfreich, nach dem Guten im Schlechten und dem Schlechten im Guten zu suchen.
- Die Definition von Funktionalität ist Sache des Klientensystems.
- Die Beratung folgt dem Ablaufmodell der Systemischen Schleife.
- Es wird einer konstruktivistischen Erkenntnistheorie gefolgt, Hypothesen und Wirklichkeitskonstruktionen sind daher hier zentral.

Wesentlich ist hier auch die Abkehr von einer psychologischen Pathologisierung von Personen und/oder Gruppen. Gibt es z.B. Schwierigkeiten in einer Abteilung, so ist es keinesfalls eine systemische Lösung, den Abteilungsleiter oder einen Mitarbeiter zu beschuldigen. Dies würde aus systemischer Sicht meist den Fokus auf das Problem richten und dieses damit noch verstärken. Systemische Beratung achtet vielmehr darauf, wie das Zusammenspiel der Kommunikation das Problem aufrechterhält, und setzt daher folgerichtig an der Kommunikation an[52].

Im Beitrag von *Sichler* wurden bereits die unterschiedlichen Systeme in der Beratung beschrieben: Klientensystem, Beratersystem und Beratungssystem. Hier sollen diese Systeme im Hinblick auf die Besonderheiten systemischer Beratung beleuchtet werden.

Alle drei Systeme sind im Normalfall soziale Systeme vom Typ Organisation (mit Ausnahme des Beratersystems, wenn es sich um einen Einzelberater handelt)[53]. Für systemische Organisationsberatung besonders wichtig ist hier die Grenzbildung der involvierten Systeme. Beratersysteme gehören hierbei zur Umwelt der Klientensysteme, genauso wie Klientensysteme Umwelt von Beratern sind. Das gemeinsame Beratungssystem hat daher die Aufgabe, die beiden Organisationen durch Einrichtung von geeigneten Beratungsstrukturen und -prozessen zumindest prinzipiell für gegenseitige Beobachtungen und Kommunikation zu öffnen. Alle beteiligten Systeme sind im Regelfall komplexe Systeme. Daraus folgt, dass sie weder durch sich selbst noch von einem Beobachter vollständig beschrieben, sondern nur hochselektiv erfasst werden können. Beobachter – und damit auch Berater – sind also gezwungen, Komplexität zu reduzieren, z.B. durch kommunikative Interventionen, wie aktives Fragenstellen an Mitglieder des Klientensystems[54].

Klientensysteme können Organisationen, Unternehmen oder auch Teile von diesen sein. Ab Erstkontakt mit den Beratern ist mit Referenz des Beratersystems die zu beratende Organisation als Klientensystem zu definieren[55]. Das Klientensystem ist eine Konstruktion aus der spezifischen Beobachtungsposition von Beratern. Es gehört zu

52 *Zwingmann* et al., 1998, S. 22; *Steinkellner*, 2012, S. 187.
53 *Königswieser/Exner*, 2002, S. 19.
54 *Königswieser/Exner*, 2002, S. 20 f.; *Steinkellner*, 2012, S. 188.
55 *Königswieser/Exner*, 2002, S. 22.

den wesentlichen Funktionen systemischer Beratung, sich das relevante „Gegenüber" zu organisieren. „Relevant" meint hier die Bearbeitung von Fragen, wer in welcher Weise auf das Problem einwirkt, auf wen dies zurückwirkt, wer also auch von möglichen Veränderungen betroffen wäre[56]. Als Berater hat man es mit hochkomplexen Gebilden zu tun, in denen die Abgrenzung des Klienten nicht immer auf den ersten Blick klar ist. Der Definitionsprozess des Klientensystems ist von großer Bedeutung, denn Berater benötigen ein definiertes Gegenüber. Die Frage nach dem Klientensystem wird hierbei über das Herausarbeiten der für die Beratung relevanten Problemstellungen einer Organisation beantwortet[57]. Wichtig ist dabei zu berücksichtigen, dass Klientensysteme nur sehr beschränkt über sich Auskunft geben können und auch nicht vor Überraschungen über sich selbst sicher sind. Wie alle sozialen Systeme ist auch das Klientensystem für sich selbst als Einheit intransparent bzw. undurchschaubar[58].

Der Begriff „Beratersystem" steht hier für die Gruppe von Beratern, die einen bestimmten Auftrag gemeinsam bearbeiten. In der Regel bilden in der systemischen Organisationsberatung mehrere Berater einer Beratungsfirma ein Team, um gemeinsam an einen bestimmten Beratungsauftrag für das Klientensystem zu arbeiten[59]. Das Beratersystem sollte ein stabiles System sein, in dem die Qualifikation des Beratersystems höher als die der einzelnen Berater ist. Zwischen Berater- und Klientensystem ist eine klare Grenze zu ziehen und aufrechtzuerhalten. Das Beratersystem hat sich zu bemühen, die Werte des Klientensystems zu verstehen und zu akzeptieren. Berater sind hierbei Beobachter zweiter Ordnung[60]. Die Idee, dass ein Beratersystem auf ein Klientensystem ohne Vermittlerinstanz direkt Einfluss ausüben könnte, ist aus Sicht der Theorie Sozialer Systeme ausgeschlossen. Eine direkte Kommunikation zwischen Beratersystem und Klientensystem ist nicht möglich. Beratung ist ein spezialisierter Kommunikationsvorgang, der von diesen beiden Systemen eigens für die Problembearbeitung hervorgebracht wird. Kommunikation zwischen verschiedenen Systemen ist immer nur über die Bildung eines neuen Systems möglich, in diesem Fall durch die Bildung eines Beratungssystems[61].

Das Beratungssystem ist begrenzter als die beiden es konstituierenden sozialen Systeme. Es ist eine Art gemeinsame Schnittmenge von Klientensystem und Beratersystem in zeitlicher, sozialer und räumlicher Hinsicht, die eine aufeinander bezogene und für das Klientensystem anschlussfähige Kommunikation zumindest prinzipiell ermöglichen soll. Sachlich ist es beschränkt durch die im Beratungsauftrag festgehaltenen Ziele und Aufgaben, zeitlich befristet durch die Dauer des Auftrags und sozial eingeschränkt auf bestimmte Vertreter des Klientensystems und des Beratungssystems. Die Beratung ist hierbei auf soziale Verankerung im Klientensystem und im

56 *Schober*, 1991, S. 358.
57 *Wimmer*, 1992b, S. 90 f.
58 *Zwingmann* et al., 1998, S. 19 f.; *Steinkellner*, 2012, S. 189.
59 *Königswieser/Exner*, 2002, S. 23.
60 *Königswieser/Exner*, 2002, S. 24 f.; *Wimmer*, 1992b, S. 104 ff.
61 *Luhmann*, 1997, S. 171 ff., 1992, S. 236 ff., 1984, S. 169 ff.; *Wimmer*, 1992b, S. 90 f., *Steinkellner* 2012, S. 190.

Beratungssystem angewiesen[62]. Soziale Bedeutung kommt im Beratungssystem – wie in jedem sozialen System – durch Kommunikation zustande. Beteiligt können hier auch abwesende Personen sein, z.B. Auftraggeber, die nicht an Projektmeetings oder Projektarbeiten teilnehmen, aber deren Botschaften die systemspezifischen Bedeutungen und die weiteren Kommunikationen beeinflussen können[63].

> „Die Verbindung zwischen zwei Systemen [ist] immer nur über die Bildung eines neuen Systems möglich." [64]

Hier erscheint es wesentlich, das Zusammenspiel der verschiedenen Systeme im Hinblick auf die „Möglichkeit" oder auch „Unmöglichkeit" von beraterischen Interventionen zu betrachten. Der Beratungsprozess ist ein koevolutionärer Prozess zwischen den drei Systemen (Klientensystem, Beratersystem und Beratungssystem). Jede Intervention findet im Beratungssystem statt, soll aber das Klientensystem beeinflussen. Durch gemeinsame Kommunikation im Beratungssystem sollen Veränderungen in den Handlungen und Operationen des Klientensystems induziert werden. Operationen des Klientensystems können aber aus Sicht der Systemtheorie nicht direkt im Beratungssystem durch Interventionen des Beratersystems verändert werden. In der Kommunikation des Beratungssystems können Operationen und die Selbstbeschreibung des Klientensystems lediglich thematisiert oder simuliert werden. Um Veränderungen in Hinsicht des Beratungsauftrags anzustoßen, muss es also darum gehen, jene Selbstbeschreibungen des Klientensystems im Beratungssystem zu thematisieren, die konstitutiv für sein tatsächliches, als problematisch bewertetes Operieren sind[65]. Diese Kommunikationen des Beratungssystems müssen dann über die Repräsentanten des Klientensystems zu anschlussfähigen Kommunikationen des Klientensystems selbst werden[66].

Das *Vorgehensmodell* der systemischen Organisationsberatung ist nicht linear, sondern zirkulär und folgt dem Modell der „systemischen Schleife"[67] (siehe Abb. 5). Dieses Modell besteht aus vier Phasen (Informationssammlung, Hypothesenbildung, Interventionsplanung, Interventionsdurchführung), die mehrmals durchlaufen werden. Ferner kann jede Phase gewissermaßen als „Schleife in der Schleife" auch Anteile der anderen Phasen durchlaufen[68].

Zuerst werden also Informationen gesammelt, anschließend werden auf Basis dieser Informationen Hypothesen gebildet, bevor dann die Interventionen geplant und durchgeführt werden. Die beobachtbaren Wirkungen der Interventionen führen zu

62 *Königswieser/Exner*, 2002, S. 26 f.
63 *Zwingmann* et al., 1998, S. 132.
64 *Luhmann*, 1997, S. 171; *Steinkellner*, 2012, S. 191 f.
65 *Königswieser/Exner*, 2002, S. 27 f.; *Schober*, 1991, S. 367.
66 *Steinkellner*, 2012, S. 192.
67 *Königswieser/Exner*, 1998, 24.
68 *Königswieser/Hillebrand*, 2008, S. 45 ff.

weiteren Informationen, und die Schleife startet mit wieder mit der Informationssammlung. Durch diese neuen Informationen werden möglicherweise die bestehenden Hypothesen verändert oder auch neue Hypothesen entwickelt, was dann wieder zu anderen Interventionen führen kann, und so weiter[69]. Der Prozess ist hier eindeutig nicht linear, sondern zirkulär angelegt.

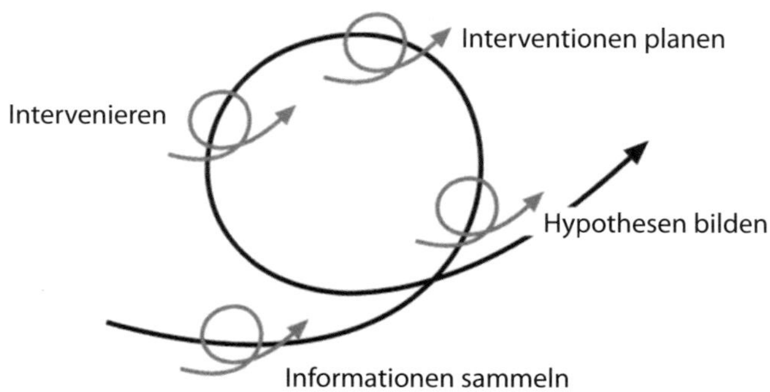

Abb. 5: Vorgehensmodell der systemischen Organisationsberatung
(Quelle: *Königswieser/Hillebrand*, 2008, S. 45)

Wenn man diese vier Phasen genauer betrachtet, fällt auf, was mit der „Schleife in der Schleife" gemeint ist bzw. wieso jede Phase auch Anteile der anderen Phasen in sich trägt. Jeder Schritt des Beraters enthält in sich die Schleife von Informationssammlung, Hypothesenbildung und Intervention. Wenn man als Berater z.B. zum Zweck der Informationssammlung eine Frage stellt, tut man dies im Normalfall ja auf Grund von mehr oder weniger genauen Vorannahmen bzw. Kenntnissen, man bildet also bereits die Frage auf Basis von gebildeten Hypothesen. Gleichzeitig sind Fragen aber auch, wie unter anderem aus den Abhandlungen zu wissenschaftlichen Methoden bekannt, eine reaktive Methode, d.h. eine Frage dient nicht nur der Informationssammlung, sondern löst auch eine Reaktion beim Empfänger aus. Eine Frage ist also auch gleichzeitig eine Intervention, und insbesondere in der systemischen Organisationsberatung werden Fragen (vor allem die sogenannten systemischen Fragen) auch sehr häufig bewusst als Intervention eingesetzt. Die Reaktionen und Antworten auf diese Fragen dienen wiederum der Informationssammlung. Durch dieses zirkuläre Vorgehen wird ein gemeinsames Verständnis von Wirklichkeit konstruiert, welches im Mittelpunkt des weiteren Vorgehens steht.

Unter Intervention ist in der Organisationsberatung *„zunächst all das zu verstehen, was ein Berater in Anwesenheit des Auftraggebers und/oder Repräsentanten des Klientensystems tut oder unterlässt"*[70]. Ein Berater kann also in Beratungssystemen nicht „nicht intervenieren", d.h. jede Tätigkeit des Beraters, die vom Klientensystem beobachtet wird, kann als Beratungshandeln, als Intervention angesehen werden[71].

69 *Königswieser/Hillebrand*, 2008, S. 45 ff.
70 *Titscher*, 1997, S. 133.
71 *Titscher*, 1997, S. 134.

Wir werden uns in diesem Kapitel aber nicht mit allen Tätigkeiten eines Beraters beschäftigen, sondern mit gezielten Interventionen:

> „Systemische Intervention in der Organisationsberatung bedeutet dann zielgerichtete beraterische Kommunikation in Organisationen – wobei diese als soziale Systeme begriffen werden und der gesamte Prozess der Beratung methodisch unter Gesichtspunkten der modernen Systemtheorie reflektiert und angeleitet wird."[72]

Wir bezeichnen Beraterhandlungen damit nur dann als Interventionen, wenn sie am Klientensystem orientiert sind und eine bestimmte Wirkung erzielen wollen[73].

Königswieser und *Exner*[74] nennen folgende idealtypischen *Funktionen der Interventionen* in der systemischen Organisationsberatung[75]:

- Entlastung von Einzelpersonen (z.B. durch positive Konnotation oder durch Reframing);
- Öffnen von Widersprüchen (z.B. durch Symptomverschreibung, paradoxe Intervention oder Splitting);
- Informationssammlung (z.B. durch systemisches Fragen);
- Nähe-Distanz-Regulierung;
- Systembildung (z.B. durch Skulpturen);
- Anregung alternativer Sichtweisen (z.B. durch positive Konnotation oder durch Reframing);
- Ausgleich von emotionalen und rationalen Faktoren (z.B. durch analoge Interventionen wie Bilder etc).

Interventionen in der systemischen Organisationsberatung zielen darauf ab, die „Viabilität" (Überlebensfähigkeit) der Organisation in einem Umfeld von unvermeidbaren und dynamischen Wandel der Systemoperationen wiederherzustellen, zu erhalten oder zu verbessern[76].

Folgende Regeln sind bei Interventionen in der Systemischen Beratung zu beachten[77]. Systemische Interventionen sollen:

- die Grundhaltung des systemischen Ansatzes ausdrücken;
- auf die Besonderheiten der Operationsweise des betroffenen Systems selbst und auf die Besonderheiten der Dynamik der Umwelt abgestimmt sein;
- auf überlegten Hypothesen basieren;
- eine dosierte Diskrepanz zwischen Fremd- und Selbstbild des Klientensystems setzen, überraschen und zum Nachdenken anregen, aber nicht überfordern;

72 *Königswieser/Exner*, 2002, S. 17.
73 *Königswieser/Exner*, 2002, S. 18; *Steinkellner*, 2012, 195 ff.
74 2002, S. 41 f.
75 *Steinkellner*, 2012, S. 196.
76 *Willke*, 1999, S. 171; *Steinkellner*, 2012, S. 196.
77 *Königswieser/Exner*, 2002, S. 42; *Willke*, 1999, S. 171; *Steinkellner*, 2012, S. 196 f.

- keine Bedrohung darstellen;
- bildhafte, „künstlerische" Elemente berücksichtigen;
- auch Latentes berühren, dabei aber behutsam vorgehen;
- anschlussfähig sein;
- die Grenzziehung des Klientensystems reflektieren;
- bei Handlungsmustern und nicht auf Personenebene ansetzen;
- auf Bewahrenswertes achten;
- die Funktionalität des Guten im Schlechten herausarbeiten;
- Widersprüche angreifen und sie in Balance bringen.

Aus der oben bereits genannten Komplexität der an der Beratung beteiligten komplexen Systeme folgt, dass einfache, universelle Interventionen im Sinne von Erfolgsrezepten nicht möglich sind, sondern nur iterative, individuelle, theoriegeleitete Interventionen, die risikobehaftet sind. Interventionen können immer nur auf Basis von Hypothesen, die ja nur Konstruktionen sind, erfolgen und die Folgen dieser Interventionen sind nur begrenzt erfassbar und kaum prognostizierbar[78].

Sieht man systemische Beratung vor allem als die Anwendung systemischer Interventionstechniken und systemischer Haltungen und fokussiert vor allem auf die Prozessebene und die personenorientierten Kommunikation, dann hat die bereits dargestellte *Kritik* von *Simon*[79] an der Verwendung des Wortes „systemisch" auch für die Anbieter systemischer Beratung zumindest teilweise Gültigkeit. Denn dann wird der Begriff „Systemische Beratung" als modisches Label für gegenüber den klassischen OE-Ansätzen nur wenig veränderten Prozessberatungsansätzen verwendet.

Auch wenn in der Praxis systemische Organisationsberatung häufig immer noch über ein bestimmtes Beraterverhalten und ein bestimmtes Set von Interventionen abgegrenzt wird, wird in der wissenschaftlichen Literatur systemische Beratung vermehrt als eine Form der Beratung gesehen, die auf eine systemtheoretische Grundhaltung des Beraters aufsetzt und die relevanten auf Organisationen bezogenen Elemente der *soziologischen Systemtheorie als theoretische Basis* heranzieht[80]. Wie bereits ausgeführt, handelt sich bei dieser Sichtweise um einen dritten Ansatz der Organisationsberatung (neben der „Fachberatung" und der „Prozessberatung"). Eine genuin systemtheoretische Organisationsberatung orientiert sich nicht so sehr an der klassischen Unterscheidung zwischen Fach- und Prozessorientierung, sondern vielmehr an systemtheoretischen Modellen. Die in der Praxis häufig vorkommende Sichtweise von systemischer Organisationsberatung als eine Art Prozessberatung greift zu kurz, denn eine auf der Systemtheorie basierende systemische Organisationsberatung muss immer alle drei Sinndimensionen sozialer Systeme (Zeit-, Sozial- und Sachdimension) berücksichtigen, womit sich der Gegensatz zwischen Fach- und Prozessberatung aufhebt.

---

78 *Königswieser/Exner*, 2002, S. 21; *Steinkellner*, 2012, S. 197.
79 2014, S. 32.
80 *Titscher*, 1997; 2001; *Hasenzagl*, 2007, S. 362 ff.; *Wimmer*, 2008; *Simon*, 2014, S. 33 ff. etc.

Mit dieser Sichtweise folgen wir *Simon*[81], der meint: „*Und nach Auffassung des Autors [...] sollten sich nur derartige ‚dreidimensionale' Beratungsformen ‚systemische Organisationsberatung' nennen dürfen*", d.h. aus unserer Sicht sind die beiden wichtigsten Kriterien einer systemischen Organisationsberatung die theoretische Basis der Theorie Sozialer Systeme von Luhmann und die systemtheoretische Grundhaltung des Beraters.

4. Strategieberatung

Die Strategieberatung wird häufig als „Königsdisziplin" der Managementberatung angesehen [82]und ist wie oben gezeigt (siehe Abb. 3 und Abb. 4) eines der großen Beratungsfelder innerhalb der Unternehmensberatung. Insbesondere die großen klassischen amerikanischen Unternehmensberatungen haben diese Entwicklung zu einer eigenen „Strategieindustrie" vorangetrieben[83].

Der BDU sieht, wie bereits dargestellt, Strategieberatung als eines der vier Anwendungsfelder der Managementberatung an und erläutert Strategieberatung folgendermaßen:

> „(...) u.a. Strategische Unternehmensplanung (z.B. Internationalisierung, Lean Management, Sanierungsstrategien, Balanced Scorecard und Unternehmensphilosophie), Unternehmensgestaltung (z.B. Beteiligungen, M&A, Investition/Deinvestition), Unternehmensanalyse, Marketing, Unternehmer-Beratung)." [84]

Den kräftigsten Nachfrageanstieg gab es im Beratungsfeld Strategieberatung 2013 bei Projekten zur Weiterentwicklung der individuellen Geschäftsmodelle und zur Förderung oder gezielten Einführung von Innovationen mit einem Umsatzwachstum von jeweils 7,7 %[85] (siehe auch Abb. 4).

Strategieberater unterstützen Unternehmen bei der Entwicklung der strategischen Unternehmensführung. *Bamberger/Wrona* [86] nennen folgende Definition von Strategieberatung:

> „Strategische Unternehmensberatung wird im Folgenden als jene Art der Beratung interpretiert, welche sich auf die Beratung zur strategischen Unternehmensführung bezieht. Ausgangspunkte bilden entsprechend Probleme der strategischen Unternehmensführung."

81 2014, S. 35.
82 *Nagel*, 2001.
83 *Nicolai*, 2000; *Nagel*, 2001.
84 BDU, 2014, S. 21.
85 BDU, 2015, S. 9.
86 2012, S. 4.

Bevor wir auf die Besonderheiten der Strategieberatung eingehen können, sollten wir uns daher kurz mit dem Gegenstand dieser Beratung, dem Strategischen Management, befassen.

Strategisches Management beschäftigt sich mit der Frage[87]: Wodurch und wie generieren Wirtschaftsunternehmen Wohlstand für ihre Eigentümer und die weiteren Stakeholder? Eine zunehmende Menge an Forschungsarbeiten gibt zumindest Teilantworten darauf, warum manche Unternehmen erfolgreicher sind als andere. Daraus kann nun auch eine erste Arbeitsdefinition abgeleitet werden: Strategisches Management beschäftigt sich mit den wichtigen Entscheidungen, die getroffen werden, um die Ziele eines Unternehmens zu erreichen. Diese strategischen Entscheidungen zielen darauf ab, das Unternehmen durch das Erreichen von Wettbewerbsvorteilen erfolgreicher zu machen als andere durchschnittliche Unternehmen[88].

Beispiele für solche strategischen Entscheidungen sind unter anderem folgende Fragen[89]: „Wie können wir neue Märkte erschließen?“, „Lohnt sich ein Engagement in China – oder sollte doch besser in Osteuropa expandiert werden?“ oder „Wie sieht unser Geschäftsmodell in fünf Jahren aus?“ Zahlreiche Unternehmen haben solche oder ähnliche Entscheidungen zu treffen und lassen sich hier häufig von Strategieberatern unterstützen[90].

Im Rahmen der folgenden Überlegungen sollen Konzepte und Techniken vorgestellt werden, die es ermöglichen, bessere strategische Entscheidungen zu treffen. Dabei soll gezeigt werden, dass Strategisches Management mehr ist als Strategische Planung, insbesondere in einer Zeit, die von Unplanbarkeit gekennzeichnet ist. Wir leben in einem Zeitalter, in dem Turbulenzen, Unvorhersehbarkeiten und intensiver Wettbewerb das Unternehmensumfeld prägen, und es ist davon auszugehen, dass diese Faktoren auch in Zukunft bestimmend bleiben werden. Daher erscheint es nötig, die Zusammenhänge und Unterschiede verschiedener Ansätze zu verstehen, um in einem komplexen Umfeld bessere strategische Entscheidungen zu treffen. Gleichzeitig ist es wichtig, Strategieberatung und Strategisches Management nicht als eine Ansammlung oft sehr simplifizierender Techniken und Instrumente zu sehen, denn das Verständnis der Probleme und Paradoxien des Strategischen Managements ist entscheidender als die richtige Anwendung der möglicherweise für die Problemstellung falschen Tools, und gerade Letzteres wird klassischer Strategieberatung öfters auch vorgeworfen[91].

Daher werden Strategieberatung und die in der Strategieberatung genutzten Instrumente aus Sicht von drei grundlegenden Theorien betrachtet: dem marktorientierten Ansatz, dem ressourcenorientierten Ansatz und dem institutionalistischen Ansatz. Hier wird gezeigt, dass diese Theorien durchaus komplementär angewandt werden können. Aufbauend auf diesen theoretischen Grundlagen wird dann eine

87 *Teece*, 2009, S. ix.
88 *Czerny/Steinkellner*, 2012a, S. 72.
89 *Mohe*, 2012, S. 3.
90 *Mohe*, 2012, S. 3.
91 *Czerny/Steinkellner*, 2012a, S. 72 f.

knappe Übersicht über die derzeit in der Strategischen Beratung verwendeten Instrumente gegeben.

Wie bereits angeführt, beschäftigt sich Strategisches Management mit den wichtigen Entscheidungen, die getroffen werden müssen, um die Ziele eines Unternehmens zu erreichen. Diese Entscheidungen zielen darauf ab, das Unternehmen durch das Erreichen von Wettbewerbsvorteilen erfolgreicher zu machen. Wir folgen hier einer recht einfachen Strategiedefinition[92]:

„Strategie ist die Theorie des Unternehmens, wie es einen Wettbewerbsvorteil erreichen kann."[93]

Besonders in einer Zeit, die durch Turbulenzen, Unvorhersehbarkeit und sehr intensiven Wettbewerb gekennzeichnet ist, erscheint diese Sichtweise besonders angemessen, denn wirtschaftlicher Erfolg angesichts eines intensiven Wettbewerbs führt dazu, dass die Erringung von nachhaltigen Wettbewerbsvorteilen der zentrale Fokus von Strategie sein muss. Deshalb setzt dieser Beitrag analog zu *Grant* (2010) einen starken Akzent auf die primären Quellen von Wettbewerbsvorteilen: Ressourcen und Kompetenzen von Unternehmen[94].

Vorerst erscheint es allerdings sinnvoll, verschiedene *Perspektiven der Strategieberatung* zu erläutern[95] (siehe Abb. 6).

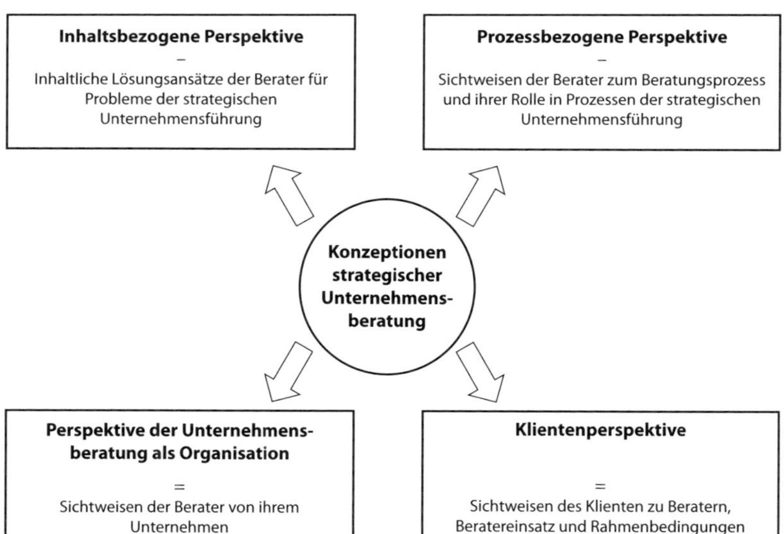

Abb. 6: Perspektiven der Strategieberatung (Quelle: *Bamberger/Wrona*, 2012, S. 4)

92 *Drucker*, 1994; *Barney/Hesterly*, 2010, 4.
93 *Czerny/Steinkellner*, 2012a, S. 73.
94 *Czerny/Steinkellner*, 2012a, S. 73.
95 *Bamberger/Wrona*, 2012, S. 3 f.

Im Mittelpunkt standen zunächst drei Perspektiven, die verschiedene Aspekte der strategischen Beratung aus dem Blickwinkel der Berater betrachteten. Später wurden diese durch eine weitere Perspektive aus dem Blickwinkel der Kunden ergänzt. Eine erste häufig anzutreffende Sichtweise bildet die *inhaltsbezogene Perspektive* von Konzeptionen der Strategieberatung. Dabei werden Vorstellungen bzw. Ansätze angesprochen, die Berater zur inhaltlichen Lösung von Problemen der strategischen Unternehmensführung besitzen. Die *prozessbezogene Perspektive* fokussiert hingegen auf die Sichtweisen der Berater zum Beratungsprozess und ihre Rolle im Prozess der strategischen Unternehmensführung. Die übrigen beiden – für diesen Beitrag weniger wichtigen – Perspektiven beziehen sich auf die Sichtweisen der *Berater* auf ihr Beratungsunternehmen und auf die Sichtweisen der *Klienten* zu Beratern, Beratereinsatz und Rahmenbedingungen[96]. Die ersten beiden Perspektiven zeigen starke Parallelen zu den Polen Fachberatung versus Prozessberatung und den Dimensionen Sachdimension und Sozialdimension, welche bereits im Kapitel zur Organisationsberatung vorgestellt wurden. Die inhaltsbezogene Perspektive und die prozessbezogene Perspektive eignen sich daher recht gut, den Fokus verschiedener Strategieberatungsansätze hinsichtlich ihrer Nähe zu Fachberatung oder Prozessordnung zu beschreiben. Zunächst soll aber der theoretische Hintergrund der Strategieberatung kurz vorgestellt werden. Es geht um die etablierten Theorien des Strategischen Managements.

Immer noch gelten die Werke von *Chandler* (1962), *Ansoff* (1965) und *Andrews* (1971) als grundlegend für die Etablierung der Theorie des Strategischen Managements und auch vieler Instrumente der Strategieberatung. Aufbauend auf deren Wurzeln und unter Übertragung theoretischer Beiträge aus der Volkswirtschaftslehre auf strategisch relevante Fragestellungen hat *Porter* (1980) den sogenannten marktorientierten Ansatz („market-based view" bzw. „industry-based view") entwickelt. Lange Zeit (insbesondere in den 1980er Jahren) war der marktorientierte Ansatz die vorherrschende Basis für die Theorie des strategischen Managements. Er ist wohl immer noch eine der wichtigsten Grundlagen vieler Instrumente der Strategieberatung. Zweifelsfrei hat er diese Disziplin in vielen Punkten entscheidend vorangebracht, allerdings ist dieser Ansatz doch sehr einseitig: er erklärt den langfristigen Erfolg von Unternehmen im Wesentlichen durch Unterschiede in der Branchenstruktur, insbesondere durch die unterschiedlichen Wettbewerbskräfte verschiedener Branchen. Er vernachlässigt hierbei die unternehmensinternen Faktoren, auf deren Wichtigkeit bereits *Andrews* (1971) hingewiesen hat, indem er in seiner SWOT-Analyse nicht nur die Chancen und Gefahren durch die Unternehmensumwelt, sondern auch die Stärken und Schwächen des Unternehmens berücksichtigt hat[97].

Die Idee, diese Stärken und Schwächen eines Unternehmens auf seine firmenspezifischen Ressourcen und Kompetenzen zurückzuführen und damit als Gegenposi-

96 *Bamberger/Wrona*, 2012, S. 3 f.
97 *Czerny/Steinkellner*, 2012a, S. 74 ff.

tion die Innenperspektive des Unternehmens in den Mittelpunkt zu stellen, war die Grundlage des sogenannten ressourcenorientierten Ansatzes („resource-based view“[98]), der einerseits als Gegenbewegung, andererseits als Ergänzung zum marktorientierten Ansatz entwickelt wurde. Dieser Ansatz prägte vor allem ab den 1990er Jahren das Strategische Management; vor allem der Beitrag von *Barney* (1991) legte den Grundstein für den Erfolg des ressourcenorientierten Ansatzes[99]. In der Strategieberatung findet sich dieser Ansatz insbesondere im Konzept der Kernkompetenzen, popularisiert vor allem durch *Prahalad* und *Hamel* (1990) und dann schnell von vielen Unternehmensberatungen aufgenommen und propagiert.

Kombiniert man den marktorientierten und den ressourcenorientierten Ansatz, so kann man Strategie als die Verbindung zwischen dem Unternehmen und dem Unternehmensumfeld ansehen[100] (siehe Abb. 7).

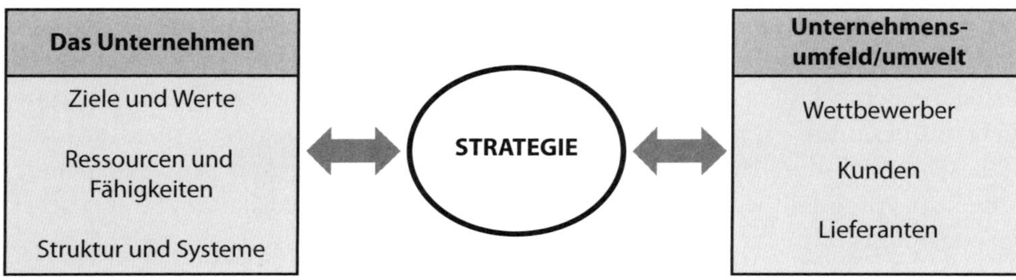

Abb. 7: Strategie als Verbindung zwischen Unternehmen und Unternehmensumfeld (Quelle: *Grant/Nippa*, 2006, S.12)

Auch wenn sich der marktorientierte Ansatz auf die Chancen und Gefahren des externen Unternehmensumfelds bezieht, geht es dabei in erster Linie um den branchenspezifischen Wettbewerb. Das weitere Unternehmensumfeld (Politik, Recht etc.) wurde lange Zeit nur als relativ unwichtiger Hintergrund angesehen. Mit der fortschreitenden Globalisierung erkannte man, dass die verschiedenen politischen und rechtlichen Rahmenbedingungen in unterschiedlichen Ländern sehr wohl wesentliche Auswirkungen auf Strategie und Erfolg von Unternehmen haben und dass eine dritte Sichtweise notwendig ist, um die ersten beiden Ansätze zu ergänzen. Das Ergebnis war die Entwicklung des institutionalistischen Ansatzes („institution-based view“[101]) als dritte grundlegende Theorie für das Strategische Management[102]. Von besonderer Wichtigkeit ist dieser dritte Ansatz in der internationalen Strategieberatung.

Der marktorientierte Ansatz fokussiert auf das Wettbewerbsumfeld, der ressourcenorientierte auf die unternehmensinternen Ressourcen und Kompetenzen und der institutionalistische auf das weitere institutionelle Umfeld des Unternehmens (siehe Abb. 8).

---

98 *Barney*, 1986, 1991.
99 *Czerny/Steinkellner*, 2012a, S. 81.
100 *Grant*, 2010, S. 12; *Czerny/Steinkellner*, 2012a, S. 81.
101 *Peng*, 2002.
102 *Czerny/Steinkellner*, 2012a, S. 81.

Setzt man diese drei Theorien ergänzend ein, so kann man damit das sehr breite Feld des Strategischen Managements und der Strategieberatung umfassend abdecken. Wenn es sich bei Strategischem Management, wie *Peng* et al. (2009) ausführen, um eine Disziplin handelt, die das „Big Picture" in und um das Unternehmen abbilden soll, dann ist eine breite theoretische Basis für die Strategieberatung unumgänglich[103].

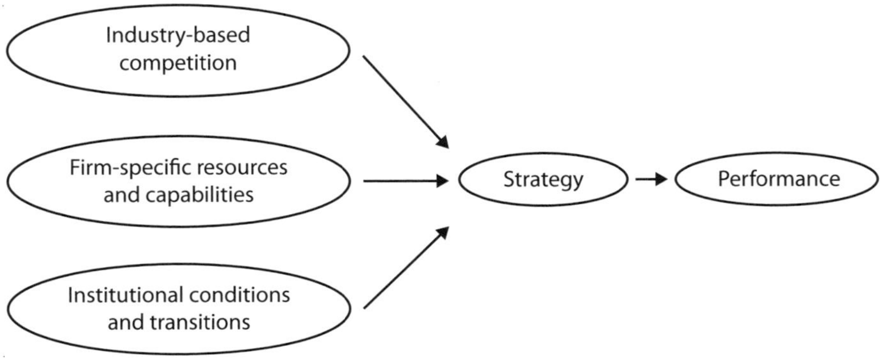

Abb. 8: Die drei grundlegenden Theorien des Strategischen Managements
(Quelle: *Peng* et al., 2009, S. 64)

Die drei genannten Sichtweisen und die nun kurz dargestellten darauf aufbauenden Instrumente stehen für die klassische Perspektive der Strategieberatung, in der Strategieberatung als Fachberatung angesehen wird. Auf Grund der Kritik an dieser Weise von Strategieberatung hat sich eine stärker prozessorientierte Art der Strategieberatung entwickelt[104], auf die wir im Anschluss an die Darstellung der populären Strategieberatungsinstrumente eingehen.

Die folgenden Strategie-Instrumente werden häufig in der Strategieberatung angewandt und in den meisten Lehrbüchern rezipiert[105]:

- SWOT-Analyse[106];
- Strategische Umweltanalyse des globalen Umfeldes („Steeple Analysis", „Pest(le) Analysis" etc.);
- Strategische Umweltanalyse des Wettbewerbsumfeldes: Konzept der „fünf Wettbewerbskräfte" („five forces"[107]);
- Strategische Unternehmensanalyse: VRIO-Modell[108]; Kernkompetenzen[109]; „Value chain"[110].
- Szenario-Technik[111].

103 *Czerny/Steinkellner*, 2012a, S. 82.
104 *Nagel*, 2001; *Wimmer/Nagel*, 2002.
105 *Czerny/Steinkellner*, 2012a, S. 100 f.
106 *Andrews*, 1971.
107 *Porter*, 1981.
108 *Barney*, 1991.
109 *Prahalad/Hamel*, 1990.
110 *Porter*, 1985.
111 *Grant*, 2015; *Gausemeier*, 2010; *Reibnitz*, 1992.

Für eine genaue Beschreibung dieser Standardinstrumente soll hier auf Management-Lehrbücher [112] bzw. zur Vertiefung auf Lehrbücher zum Strategischen Management [113] verwiesen werden.

Die hier angeführten Standardinstrumente können der sehr populären inhaltsbezogenen Perspektive der Strategieberatung zugerechnet werden, denn der Fokus liegt hier auf inhaltlichen Lösungsansätzen. Die inhaltsbezogene Sichtweise der Strategieberatung bezieht sich auf Konzeptionen, die Berater in Bezug auf Problemlösungen für ihre Klienten besitzen. Die Instrumente zielen auf inhaltliches Wissen, das sie in den Beratungsprozess einbringen. Häufig wird dabei auch von „Berateransätzen“ (im Sinne von Standardlösungen bzw. Standardmethoden) gesprochen. Als Beispiele hierfür seien neben den oben angeführten Instrumenten Ansätze wie Total Quality Management, aber auch Methoden wie die Gemeinkostenwertanalyse, das Erfahrungskurvenkonzept oder auch das Konzept des Business Process Reengineering genannt[114]. Der Fokus liegt hier auf der Fachberatung, man kann daher von einer expertenorientierten Strategieberatung sprechen, was auch das klassische Phasenmodell der Strategieberatung[115] (siehe Abb. 9) verdeutlicht.

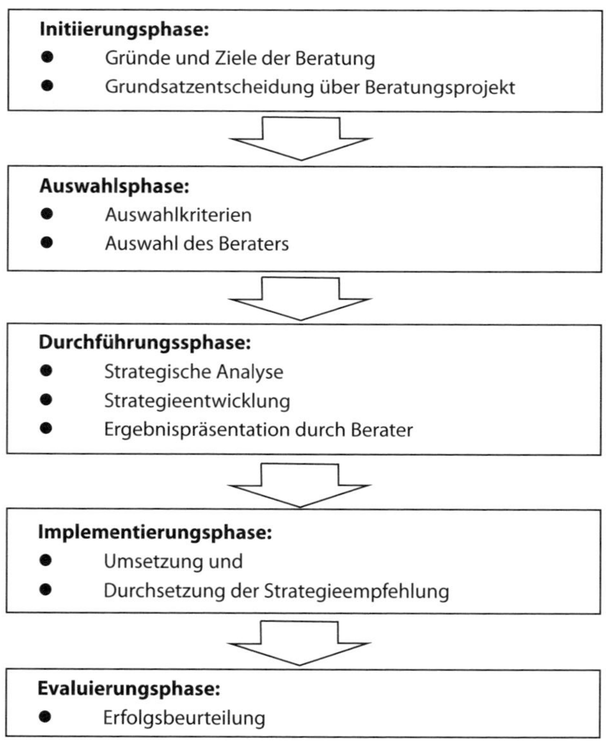

Abb. 9: Klassisches Phasenmodell der Strategieberatung (Quelle: *Nicolai*, 2000, S. 34)

112 Z.B. *Schreyögg/Koch*, 2014.
113 Z.B. *Hungenberg*, 2014; *Grant*, 2015.
114 *Bamberger/Wrona*, 2012, S. 9.
115 *Nicolai*, 2000, S. 234.

Die expertenorientierte Strategieberatung nutzt die oben angeführten Instrumente zur rationalen Analyse. Ziel ist es, die Entscheidungsunsicherheiten des Managements durch rationale Betrachtungen zu minimieren und die Unsicherheit auf diese Weise kalkulierbar zu machen. Diese Anwendung von standardisierten Analyseinstrumenten führt allerdings oft auch zu einer Standardisierung der Problemlösungen in der Strategieberatung[116].

Zunehmende Kritik an der Standardisierungstendenz und weitere Schwachpunkte, wie die oft angeführte Implementierungsschwäche der expertenorientierten Strategieberatung, führten daher auch in der Strategieberatung zu einer stärker prozessorientierten Alternative, der systemischen Strategieberatung[117]. Strategieberatung wird hier nicht als reine Fachberatung gesehen, sondern orientiert sich an der bereits dargestellten systemischen Organisationsberatung. Diese Art von Strategieberatung fokussiert zusätzlich auf die prozessorientierte Perspektive der Strategieberatung.

Es ist nicht einfach, in der Praxis die verschiedenen Perspektiven der Strategieberatung miteinander zu verknüpfen. Einfache Instrumente auf Rezeptbasis reichen nicht aus, um den komplexen Anforderungen an eine Strategieberatung in einer von Veränderung und Unsicherheit geprägten Zeit zu genügen. Wichtig ist ein profundes Verständnis der grundlegenden Theorien und Paradigmen, die hinter diesen Ansätzen stehen, um den Beitrag und die Gefahr der jeweiligen Instrumente einigermaßen gut einschätzen zu können[118].

Allerdings zeigt sich auch, dass Strategieberater in der Praxis nicht ganz auf Vorgaben und Modelle verzichten können, und sei es nur zu ihrer eigenen Unsicherheitsvermeidung. Dies scheint eine Grundparadoxie der Strategieberatung zu sein: Unternehmensberater benötigen auch in der Strategieberatung in gewissem Ausmaß präskriptive Ansätze, wenngleich deskriptive Ansätze zeigen, dass solche präskriptiven Ansätze zu stark vereinfachen und daher wahrscheinlich kaum als Grundlage zur Erreichung von Wettbewerbsvorteilen dienen können[119].

Was heißt das nun für Strategieberater? Strategieberater können sich aus unserer Sicht durchaus Anregungen holen, indem sie sich mit traditionellen und neuen Instrumenten der Strategieberatung und mit Praxisbeispielen beschäftigen. Sie sollten aber nicht davon ausgehen, dass diese „Rezepte" für jedes Unternehmen im jeweiligen Kontext zum Erfolg führen werden[120].

Aus unserer Sicht bietet sich hierfür eine systemtheoretische Sichtweise der Strategieberatung an. Damit sollte gewährleistet sein, dass Strategieberatung alle drei aus der Systemtheorie *Luhmanns* bekannten Sinndimensionen von Kommunikation berücksichtigt: Sachdimension, Sozialdimension und Zeitdimension bzw. sowohl die inhaltsbezogene als auch die prozessbezogene Perspektive der Strategieberatung.

---

116 *Nagel*, 2001; *Bamberger/Wrona*, 2012, S. 13; *Kieser*, 1996; *Nicolai*, 2000.
117 *Wimmer/Nagel*, 2002; *Nagel*, 2001.
118 *Czerny/Steinkellner*, 2012a, S. 111.
119 *Czerny/Steinkellner*, 2012a, S. 111.
120 *Czerny/Steinkellner*, 2012a, S. 111.

5. Personalberatung

Der Begriff HR-Beratung (= Personalberatung i.w.S.) scheint umfassender zu sein als die Bezeichnung Personalberatung i.e.S., unter der häufig Consultants subsuniert werden, die sich vor allem dem Thema Personalbeschaffung (mit Schlagworten wie Headhunter, Executive Search) widmen[121]. Wir werden uns in diesem Beitrag daher mit der Personalberatung i.w.S. – der HR-Beratung – beschäftigen, welche Beratungsdienstleistungen für alle Bereiche des Human Resource Management anbietet.

In der Unternehmensführung kommt dem Personalmanagement (bzw. dem Human Resource Management) mittlerweile eine zentrale Rolle zu. Dies unterstreicht der ressourcenorientierte Ansatz, der interne Ressourcen als die Basis erfolgreicher Strategien ansieht und in den letzten Jahren vor allem die Wichtigkeit organisationaler und individueller Kompetenzen als Basis für nachhaltige Wettbewerbsvorteile betont. Aus einer ressourcenorientierten strategischen Sichtweise folgt, dass die Unterstützung der Entwicklung (und Erhaltung) nachhaltiger Wettbewerbsvorteile einer der wichtigsten Beiträge des Personalmanagements ist[122]. Fasst man Studien zu HR-Erfolgsfaktoren zusammen, so kann man vor allem zwei wesentliche Erfolgsfaktoren erkennen[123]:

- die Ressourcenorientierung des HRM; und
- die strategische Einbindung des HRM in die Unternehmensführung.

Diese zunehmende strategische Bedeutung des HR-Managements scheint mit ein Grund dafür zu sein, wieso sich Personalberatung von der Personalberatung i.e.S. zu einem umfassenden Beratungsdienstleistungsangebot für alle Funktionen des HR-Managements (Personalberatung i.w.S. = HR-Beratung) entwickelt hat.

Der BDU unterscheidet zwischen HR-Beratung (Personalberatung i.w.S.) als einem der vier Beratungsfelder im Tätigkeitsbereich Managementberatung und dem eigenen Tätigkeitsbereich Personalberatung (Personalberatung i.e.S.). Diese beiden Tätigkeitsbereiche werden folgendermaßen abgegrenzt:

- Human-Resources-Beratung: *„u.a. Personalorganisation, Vergütungssysteme, Personalführung, Entwicklung von PE-Konzepten, Schulung & Training, Outplacementberatung oder Eignungsdiagnostik“*[124];
- Personalberatung: *„Unterstützung bei der Suche und Auswahl von Fach- und Führungskräften“*[125].

Der Anteil am Gesamtumsatz 2013 in Deutschland (Unternehmensberatung inklusive Dienstleistungen und Personalberatung) weist für die HR-Beratung einen Anteil von 7,4 % aus, für die Personalberatung einen Anteil von 5 %[126]. Der Umsatz im Anwen-

121 *Klauk*, 2012, S. 37.
122 *Czerny/Steinkellner*, 2012b, S. 374.
123 *Czerny/Steinkellner*, 2008.
124 BDU, 2014, S. 21.
125 BDU, 2014, S. 21.
126 BDU, 2015, S. 11.

dungsfeld HR-Beratung stieg im Jahr 2013 um 5,9 %, den höchsten Umsatzzuwachs gab es hier bei Talent Management mit 6,9 % und bei der HR-Strategie mit 6,6 %[127]. Das größte Wachstum wurde für den Bereich HR-Strategie mit 4,5 % erwartet[128].

HR-Beratung bietet Dienstleistungen für alle Bereiche des Human Resource Management an; insbesondere Dienstleistungen in den Bereichen Personalgewinnung und -auswahl, sowie Personalentwicklung haben hierbei einen hohen Umsatzanteil. *Hasenzagl*[129] führt hierzu in der Abb. 10 beispielhafte Instrumente für die vier Phasen Personalbeschaffung und -auswahl, Personalbeurteilung, Entlohnung und Personalentwicklung an:

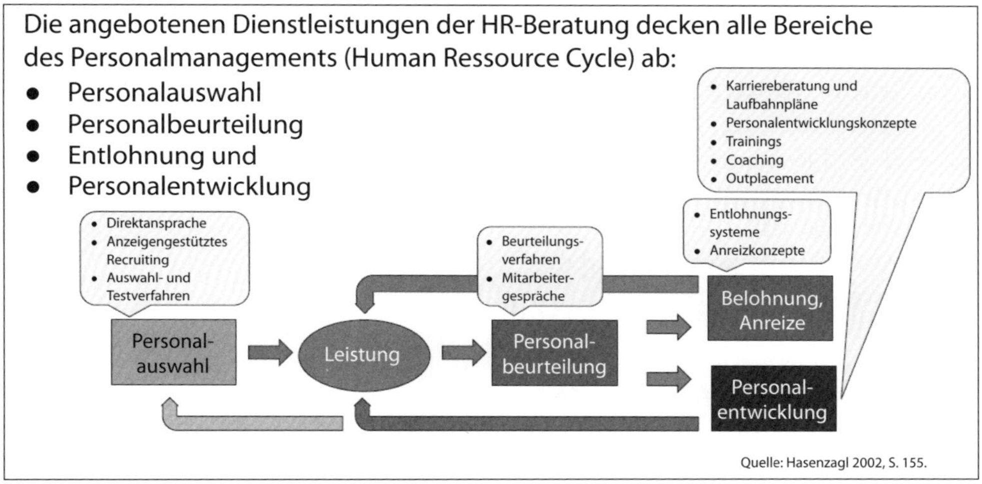

Abb. 10: Dienstleistungen der HR-Beratung nach *Hasenzagl* (Quelle: *Hasenzagl*, 2006, S. 155)

HR-Beratung bietet Dienstleistungen für alle Phasen des Mitarbeiterlebenszyklus („talent lifecycle") an sowie in den letzten Jahren vermehrt auch phasen- und bereichsübergreifende Dienstleistungen[130], insbesondere in Bereichen wie Strategisches HRM, Kompetenzmanagement und Talentmanagement, die eine ganzheitliche und strategisch ausgerichtete HR-Arbeit benötigen. Diese zunehmende Wichtigkeit übergreifender Schlüsselthemen der HR-Beratung lässt sich aus der bereits kurz angeführten ressourcenorientierten strategischen Sichtweise des HRM ableiten.

Im Rahmen der HR-Beratung ist darauf zu achten, dass jegliche Aufteilung in Phasen und/oder Funktionen analytisch begründet ist und nicht bedeuten soll, dass diese Phasen/Funktionen als linear ablaufend bzw. als eindeutig unterscheidbar anzusehen sind[131]. Erfolgskriterienm eines HRM-Systems sind die Integration der ein-

127 BDU, 2015, S. 9.
128 BDU, 2015, S. 9.
129 2006, S. 156.
130 *Klauk*, 2012, S. 47.
131 *Czerny/Steinkellner*, 2012b, S. 374.

zelnen Funktionen sowie die strategische Einbindung des HRM in die Unternehmensführung[132].

Klauk[133] nennt für die Phasen des Mitarbeiterlebenszyklus beispielhaft Beratungsleistungen zu folgenden Themen sowie die typischerweise englischen Themenbegriffe:

- Personalplanung:
  - Bedarfsplanung
  - Prognosetechniken
  - „Personnel Planning“
  - „Headcount“
  - „Strategic Workforce Planning“
- Personalbeschaffung
  - Personalsuche
  - „Executive Search“
  - „Head Hunting“
  - „New Placement“
  - „Recruiting“
- Personalauswahl
  - Psychologische Testverfahren
  - Assessment Center
  - „Personnel Selection“
  - „Management Audit“
- Personalerhaltung
  - Demografie
  - Retention Management
  - Motivation
  - Gesundheit
  - Mitarbeiterbefragungen
  - „Commitment“
  - „Diversity Management“
  - „Health Management“
  - „Retention Management“
  - „War for Talents“
  - „Work Life Balance“
- Personalentwicklung
  - Karriereberatung
  - Karrieremanagement
  - Talent Management
  - Coaching
  - Training
  - „Development Center“

---

132 *Czerny/Steinkellner*, 2008.
133 2012, S. 46 ff.

  - „Team Development“
  - „Knowledge Management“
- Vergütung
  - Vergütungssysteme
  - Zielerreichungssysteme
  - „Benchmarks“
  - „Compensation and Benefits“
  - „Performance Management“
  - „Incentives“
  - „Stock Options“
  - „Outsourcing“
  - „Shared Services“
  - „Employee Self Services“
- Personalfreisetzung
  - Outplacement-Beratung
  - „Downsizing“
  - „Rightsizing“
  - „Smartsourcing“
  - „Outplacement“.

Diese Aufzählung dient hier vor allem der Illustration unterschiedlichster Dienstleistungen derHR-Beratung. Sie ist keinesfalls vollständig. Auch sind die Abgrenzungen zwischen vielen dieser Dienstleistungen sehr oft nicht eindeutig. Für die genauere Darstellung dieser Themen sei auf die umfangreiche Literatur zum Thema HR-Management verwiesen.

Betrachtet man die angeführten Dienstleistungen, so kann man erkennen, dass der Großteil der HR-Beratung am Modell der Fachberatung ausgerichtet ist, da hier eindeutig die Inhaltsebene überwiegt. Manche Dienstleistungen (insbesondere in der Personalentwicklung) können aber auch der Prozessberatung zugeurechnet werden, beispielsweise das Coaching, welches man als Prozessberatung auf individueller Ebene sehen kann. Personalentwicklung nutzt oft auch Vorgehensweisen der Organisationsentwicklung, z.B. bei der Teamentwicklung, was ebenfalls der Prozessberatung zuzuordnen wäre.

Darüber hinaus erscheint es vor allem wichtig, aus analytischen Gründen operative und strategische HR-Beratung zu unterscheiden. Die bisher angeführten Dienstleistungen für die einzelnen Funktionen und Phasen des Personalmanagements sind hier der *operativen HR-Beratung* zuzurechnen. Der HR-Berater unterstützt hierbei das Unternehmen bei der operativen, funktional abgegrenzten HR-Arbeit.

Strategische HR-Beratung widmet sich dagegen vor allem den übergreifenden Themen: der strategischen Integration des HRM mit der Unternehmensführung und der Integration der einzelnen HR-Funktionen mit dem Ziel, durch bessere Integration und Zielausrichtung der HR-Arbeit den Beitrag des Human Resource Management zum Unternehmenserfolg zu erhöhen[134]. Dies führt dann allerdings auch wieder zu einer Annäherung zur Strategieberatung. Die zunehmende Bedeutung der strategischen HR-Beratung zeigt sich auch darin, dass in der Prognose für 2015 gemäß dem BDU[135] für die HR-Beratung als Felder mit der höchsten Wachstumsprognose die Beratungsfelder „Talent Management“ (8,1 %) und HR-Strategie (6,7 %) angeführt werden und erst dann Beratungsfelder wie „Vergütungsberatung“ (5,8 %) und „Management Diagnostik und Development“ folgen. Dies verdeutlicht die zunehmende Wichtigkeit einer strategischen und integrierten Betrachtung von HR-Management und den HRM-Funktion in der HR-Beratung.

6. Kompetenzanforderungen an Organisationsberater

Im Folgenden soll nun kurz ausgeführt werden, welche Kompetenzanforderungen an Organisationsberater zu stellen sind. Die bereits im Beitrag von *Hofer* vorgestellten und allgemein gehaltenen Basisqualifikationen nach *Gehringer* und *Pawlik*[136] sind sicherlich auch für alle Arten von Organisationsberatern Basisvoraussetzungen.

Da wir hier unter dem Begriff *Organisationsberatung* auch die beiden Beratungsansätze Strategieberatung und Personalberatung subsumiert sowie bei der Organisationsberatung im engeren Sinne eine Unterscheidung in Fachberatung, Organisationsentwicklung und systemische Organisationsberatung getroffen haben, ist es wichtig zu untersuchen, inwieweit es hier Unterschiede zwischen den Kompetenzanforderungen für die verschiedenen Organisationsberatungsarten gibt.

Dafür werden wir zuerst noch eine Unterscheidung vertiefen, die bereits im Kapitel zur Systemischen Organisationsberatung kurz angeführt wurde: die *drei Sinndimensionen der Kommunikation nach Luhmann*[137]. Aus systemtheoretischer Sicht sind *„alle Formen der Beratung Kommunikation“*[138]. Daher ermöglicht die Systemtheorie auf bessere Weise, unterschiedliche Beratungsarten voneinander abzugrenzen und zu vergleichen, als die übliche Unterscheidung zwischen Fach- und Prozessberatung. *Simon*[139] erläutert diese Sinndimensionen folgendermaßen:

> „Wie bei jeder Kommunikation werden im Beratungsprozess implizit oder explizit drei ‚Sinndimensionen‘ verhandelt[140]: Es geht (1) um sachliche Inhalte – die *‚Sachdimension‘*, (2) um die Beziehung(en) von Teilnehmern an der Kommunikation – die *‚Sozialdimension‘*, und (3) um Fragen der zeitlichen Ordnung von Prozessen – die *‚Zeitdimension‘* (was sowohl Sach- wie Sozialthemen betreffen kann).“

134 Siehe auch *Czerny/Steinkellner*, 2008.
135 2015, S. 9.
136 2005, S. 12 ff.
137 1984, S. 122 ff.
138 *Simon*, 2014, S. 7.
139 2014, S. 7.
140 *Luhmann*, 1984, S. 112 ff.

Versuchen wir die in diesem Beitrag dargestellten Beratungsarten anhand dieser drei Sinndimensionen der Kommunikation näher zu charakterisieren [141] und in Verbindung zum – bereits im Beitrag von *Hofer* vorgestellten – Kompetenzmodell von *Erpenbeck* und *Rosenstiel* (2005) zu bringen:

In der *Fachberatung* geht es vor allem um Sachfragen; hier liegt der Fokus daher auf der Sachebene, wobei aber klar sein muss, dass auch hier zusätzlich die Sozialebene bedeutsam ist. Allerdings wird in der Fachberatung die Beziehung meist nicht explizit thematisiert. Die Kompetenz des Beraters betrifft hier vor allem die Sachdimension, der Fokus liegt daher auf den Fach- und Methodenkompetenzen.

In der *Organisationsentwicklung*, die ja zur Prozessberatung gezählt wird, liegt der Fokus auf der Sozialebene, aber auch hier ist sicher auch zusätzlich die Sachebene von Bedeutung. Auch bei einer Prozessberatung soll die Beratung zu inhaltlich-sachlichen Ergebnissen führen. Dazu sind eben auch Kenntnisse von Organisationsentwicklungsmethoden notwendig. Dennoch betrifft die Kompetenz des Beraters hier vor allem die Sozialdimension; der Fokus liegt daher auf der sozial-kommunikativen Kompetenz und zusätzlich innerhalb der Fach- und Methodenkompetenzen auf den Methodenkompetenzen; hier geht es vor allem um Methoden der Prozessberatung bzw. Organisationsentwicklungsmethoden.

Wie bereits im Kapitel zur Systemischen Organisationsberatung ausgeführt, greift die in der Praxis häufig vorkommende Sichtweise von *systemischer Organisationsberatung* als eine Art Prozessberatung zu kurz, denn eine auf der Systemtheorie basierende Beratung muss immer alle drei Sinndimensionen sozialer Systeme berücksichtigen, womit sich der Gegensatz zwischen Fach- und Prozessberatung aufhebt. Man kann daher schließen, dass für systemische Berater sowohl sozial-kommunikative Kompetenzen als auch Fach- und Methodenkompetenzen besonders wichtig sind, sie aber wohl ausgeprägte Fähigkeiten in allen vier Grundkompetenzarten benötigen.

Für die Strategieberatung gelten obige Ausführungen je nachdem, ob man eher eine klassische Strategieberatung (Fokus: Fach- und Methodenkompetenzen) anbietet oder eine systemische Strategieberatung (Fokus: sozial-kommunikative Kompetenzen sowie Fach-und Methodenkompetenz). Für die Personalberatung gilt Ähnliches.

Für genauere Ausführungen zu diesen Grundkompetenzen sowie insbesondere zu Erkenntnissen zu spezifischen Beraterkompetenzen sei auf den Beitrag von *Hofer* verwiesen. Zusammenfassend kann festgehalten werden, dass ein (systemischer) Organisationsberater wohl ausgeprägte Fähigkeiten in allen vier Grundkompetenzarten des Modells von *Erpenbeck* und *Rosenstiel* benötigen wird, wenn man wie in diesem Beitrag die Systemtheorie nach *Luhmann* als Basistheorie systemischer Organisationsberatung ansieht.

141 Siehe auch *Simon*, 2014, S. 25 ff.

7. Ausblick

Gemäß der Marktstudie der BDU[142] (siehe Abb. 11) sind die Unternehmensberater hinsichtlich der Marktentwicklung sehr optimistisch und gehen von einem kontinuierlichen Wachstum aus. Für alle für diesen Beitrag relevanten Beratungsfelder wird ein prognostiziertes Umsatzwachstum von 6,0 bis 7,9 % für das Jahr 2015 angeführt.

So fasst die BDU[143] die Entwicklung der für diesen Beitrag relevanten Beratungsfelder folgendermaßen zusammen:

> „Bei den Beratungsfeldern erwarten die Befragungsteilnehmer die kräftigsten Wachstumsimpulse in der IT-Beratung mit einem Plus von 7,9 Prozent sowie in der Strategieberatung von 7,0 Prozent. Bei letzterem wird nach Einschätzung der Unternehmensberater die Nachfrage der Klienten nach Projektunterstützung vor allem bei Marketing und Vertriebsthemen (Prognose 2015: + 8,0 %), in der Beschaffung und im Lieferkettenmanagement (Prognose 2015: + 8,7 %) sowie im Changemanagement (Prognose 2015: + 8,5 %) liegen. Die besondere Umsatzerwartung für diese Beratungssegmente unterstreicht die Rolle der Digitalisierung als Wachstumstreiber für das Unternehmensberatergeschäft, da alle Themen eine ganz zentrale Bedeutung für die Transformation der Firmen hin zu Industrie 4.0 besitzen. Viele Unternehmen werden parallel aber auch weiter ihre Wettbewerbsfähigkeit stärken und ihre Prozesse und Strukturen an die Zukunftsanforderungen anpassen. Das wird durch die Wachstumsprognose der befragten Consultants für das Beratungsfeld Organisations- und Prozessberatung (Wachstumsprognose 2015: + 7,4 %) deutlich."

	Prognose 2015
Strategieberatung	**7,0 %**
Marketing- & Vertriebsstrategie	8,0 %
Corporate Strategy	7,6 %
Business Development & Innovation	6,6 %
Corporate (Social) Responsibility (nachhaltiges Wirtschaften)	5,6 %
Organisations- und Prozessberatung	**7,4 %**
Beschaffung und Supply Chain Management	8,7 %
Changemanagement	8,5 %
Projektmanagement	6,8 %
CRM und Vertrieb	6,7 %
Prozessoptimierung und Performance Management	6,5 %
Reorganisation und Post Merger Integration	5,7 %

142 2015.
143 2015, S. 14.

	Prognose 2015
Finanz- und Prozess Controlling	5,4 %
Human Resources Beratung	**6,0 %**
Talent Management	8,1 %
HR-Streategie	6,7 %
Vergütungsberatung	5,8 %
Management Diagnostik und Development	5,2 %
IT-Beratung	**7,9 %**

Abb. 11: Wachstumsprognose für ausgewählte Beratungsfelder für 2015
(Quelle: BDU, 2015, S. 13)

Folgende Top-Trends in der Unternehmensberatungsbranche konnte der BDU[144] erkennen:

- Artikel I. Die kontinuierliche Weiterentwicklung der eigenen Kompetenzen wird zu einem USP für den jeweiligen Berater.
- Artikel II. Verlässliche Ressourcenverfügbarkeit wird insbesondere bei umfangreicheren Projekten unabdingbar.
- Artikel III. Die explizite Nachfrage des Klienten nach erfahrenen Beratern aus seiner Branche wird zunehmen.
- Artikel IV. Die Mitarbeiter der Klienten sind in den Beratungsprojekten immer stärker in die Problemlösung integriert.
- Artikel V. Die Anforderungen an mittelgroße Unternehmensberatungen an eine strategische Anpassung des eigenen Beratungsgeschäfts steigen deutlich.
- Artikel VI. Für Beratungsunternehmen wird es zu einer großen Herausforderung werden, der Generation Y ein attraktives Arbeitsumfeld zu bieten.
- Artikel VII. Der Großteil der Beratungsprojekte beinhaltet heute einen hohen Transformationsanteil.
- Artikel VIII. Neue Wertschöpfungsketten durch Industrie 4.0 Projekte sorgen in den nächsten zehn Jahren für zusätzliche Marktchancen.
- Artikel IX. Der formalisierte und standardisierte Angebotsprozess wird für größere Klientenunternehmen noch wichtiger.
- Artikel X. Der Consultingmarkt befindet sich in der Reifephase.
- Artikel XI. Der Consultingmarkt in Deutschland steht in den kommenden Jahren vor einer weiteren Konsolidierung.

Im Jahr 2015 verdichtete der BDU seine Trends vor allem auf zwei Kernentwicklungen[145]:

1. Die Auswahl und der Einsatz der Unternehmensberater erfolgt durch die Klienten immer professioneller.

---

144 2014, S. 15 ff.
145 BDU, 2015, S. 15.

2. Die Digitalisierung verändert die Projektthemen und die Strukturen der Unternehmensberatungen.

Zwei Trends aus dem Jahr 2015, die für diesen Beitrag von besonderem Interesse sind, da sie sich mit der schwierigen Abgrenzung von Beratungsfeldern befassen, scheinen sich allerdings zu widersprechen[146]:

1. Der Markt für Unternehmensberatungen wird stärker segmentiert. Zwischen Strategie-, Fach- und Organisationsberatung und IT-Dienstleistungen wird wieder deutlicher unterschieden und nach Projektzuschnitt ausgewählt (mit 70 % Zustimmung bei den Befragten).
2. Die vier klassischen Beratungsfelder werden sich in den kommenden Jahren bei den großen Unternehmensberatungen so stark angleichen, dass eine Abgrenzung kaum noch möglich ist (mit 72 % Zustimmung bei den Befragten).

Betrachtet man diese Prognosen, so kann man generell gegenläufige Trends und Widersprüchlichkeiten entdecken. So sollen einerseits Mitarbeiter immer mehr in den Beratungsprojekten in die Problemlösung integriert werden, was stärker für eine prozessbezogene Perspektive der Beratung steht bzw. die Sozialdimension in den Vordergrund rückt, andererseits wird aber von großen Klientenunternehmen die Formalisierung und Standardisierung der Beratungsangebote noch wichtiger, was wiederum die inhaltsbezogene Perspektive und die Sachdimension in den Vordergrund rückt. Daraus kann man möglicherweise schließen, dass in der Organisations- und Managementberatung Beratungsformen, die alle drei Dimensionen der Kommunikation (Sach-, Sozial-, und Zeitdimension) berücksichtigen, für die Zukunft am besten geeignet sein werden, also eine systemtheoretische Organisationsberatung, welche Fachberatung und Prozessberatung nicht mehr als sich gegenseitig ausschließende Pole betrachtet, sondern auf die Dimensionen fokussiert, die für das jeweilige Klientensystem und das jeweilige Beratungsprojekt sinnvoll sind.

Literatur

Andrews, Kenneth R. (1971): The Concept of Corporate Strategy. Homewood, IL: Irwin.

Ansoff, Harry I. (1965): Corporate Strategy. New York: McGraw-Hill.

Bamberger, Ingolf/Wrona, Thomas (2012): Konzeptionen der Strategischen Unternehmensberatung. In *Bamberger, Ingolf/Wrona, Thomas* (Hrsg.), Strategische Unternehmensberatung: Konzeptionen – Prozesse – Methoden (S. 1–44). Wiesbaden: Springer Gabler (6., aktualisierte und erweiterte Auflage).

Bardmann, Theodor M./Groth, Torsten (2001): Die Organisation der Organisation. Eine Einleitung. In *Bardmann, Theodor M./Groth, Torsten.* Zirkuläre Positionen 3: Organisation, Management und Beratung (S. 7–20). Wiesbaden: Westdeutscher Verlag.

Barney, Jay. B. (1986): Types of competition and the theory of strategy: Toward an integrative framework. Academy of Management Review, 1, 791–800.

146 BDU, 2015, S. 16 ff.

Barney, Jay. B. (1991): Firm resources and competitive advantage. Journal of Management, 17(1), 99–120.

Barney, Jay. B./Hesterly, William S. (2010): Strategic Management and Competitive Advantage: Concepts and Cases. Prentice Hall: Pearson (3. Auflage).

Becker, Horst/Langosch, Ingo (2002): Produktivität und Menschlichkeit. Organisationsentwicklung und ihre Anwendung in der Praxis. Stuttgart: Lucius & Lucius.

BDU (2014): Facts & Figures zum Beratungsmarkt 2013/2014. BDU-Studie. Bonn: BDU.

BDU (2015): Facts & Figures zum Beratungsmarkt 2014/2015. BDU-Studie. Bonn: BDU.

Chandler, Alfred D. (1962): Strategy and Structure: Chapters in the History of the Industrial Enterprise. Cambridge, MA: MIT Press.

Czerny, Elfriede/Steinkellner, Peter (2008): Kompetenzmanagement: Weshalb sollte sich HR mit Kompetenzen beschäftigen? Training, 8, 58–61.

Czerny, Elfriede/Steinkellner, Peter (2012a): Entwicklungsorientiertes Methoden des Personalmanagements. In *Heimerl, Peter/Sichler, Ralph* (Hrsg.), Strategie Organisation Personal Führung (S. 373–438). Wien: Facultas.

Czerny, Elfriede/Steinkellner, Peter (2012b): Strategisches Management. In *Heimerl, Peter/Sichler, Ralph* (Hrsg.), Strategie Organisation Personal Führung (S. 71–116). Wien: Facultas.

Drucker, Peter (1994): The theory of business, Harvard Business Review, 72 (5), 95–105.

Erpenbeck, John/Rosenstiel, Lutz von (2005): Kompetenz: Modische Worthülse oder innovatives Konzept? Wirtschaftspsychologie aktuell, 2005 (3), 39–42.

Exner, Alexander/Königswieser, Roswitha/Titscher, Stephan (1987): Unternehmensberatung – systemisch. Theoretische Annahmen und Interventionen im Vergleich zu anderen Ansätzen. Die Betriebswirtschaft, 87, 265–284.

Fink, Dietmar (2009): Strategische Unternehmensberatung. München: Vahlen.

French, Wendell L./Bell, Cecil H. (1990). Organisationsentwicklung. Sozialwissenschaftliche Strategien zur Organisationsveränderung. Bern & Stuttgart: Haupt.

Gausemeier, Jürgen (2010): Undenkbares denken. Harvard Business Manager, 32 (10), 28–32.

Gehringer, Joachim/Pawlik, Henning (2005): Consulting-Handbuch: Veränderungsprozesse in Organisationen erfolgreich gestalten. Regensburg: Walhalla Fachverlag.

Glasl, Friedrich (2005): Die sieben Basisprozesse der Organisationsentwicklung. In *Glasl, Friedrich/Kalcher, Trude/Piber, Hannes* (Hrsg.), Professionelle Prozessberatung. Das Trigonmodell der sieben OE-Basisprozesse. Bern & Stuttgart: Haupt.

Grant, Robert M. (2015): Contemporary Strategy Analysis. Chichester: John Wiley & Sons (8. Auflage).

Grant, Robert M./Nippa, Michael (2006): Strategisches Management: Analyse, Entwicklung und Implementierung von Unternehmensstrategien. München: Pearson.

Groth, Thorsten/Wimmer, Rudolf (2004): Konstruktivismus in der Praxis: Systemische Organisationsberatung. In *Ameln, Falko von* (Hrsg.), Konstruktivismus. Tübingen und Basel: A. Francke.

Hasenzagl, Rupert (2006). Fallbeispiele aus Planung, Organisation und Personalmanagement – Theorieergänzung. Skriptum. Wiener Neustadt: FH Wiener Neustadt.

Hasenzagl, Rupert (2007): Die Wirkung von Beratern. Gruppendynamik & Organisationsberatung, 38, 351–370.

Hasenzagl, Rupert (2009): Corporate Entrepreneurship und Veränderungsmethoden. In *Frank, Hermann* (Hrsg.), Corporate Entrepreneurship (S. 305–336). Wien: Facultas (2., überarbeite und erweiterte Auflage).

Hasenzagl, Rupert/Kainz, Günther (2008): Entwicklungstendenzen in der Unternehmensberatung. In *Egger, Walter/Häfke-Schönthaler, Johanna/Hasenzagl, Rupert/Stocker, Ferry* (Hrsg.), Wirtschaftsberatung in Österreich. Markt und Branche, Struktur und Entwicklungen 2007/2008 (S. 285–336). Wien: Facultas.

Heimerl, Peter (2012): Organisationaler Wandel. In *Heimerl, Peter/Sichler, Ralph* (Hrsg.), Strategie Organisation Personal Führung (S. 159–232). Wien: Facultas.

Hungenberg, Harald (2014): Strategisches Management in Unternehmen. Ziele – Prozesse – Verfahren. Wiesbaden: Gabler (8., überarbeitete Auflage).

Kainz, Günther (2008): Unternehmensberatung in Österreich. In *Egger, Walter/Häfke-Schönthaler, Johanna/Hasenzagl, Rupert/Stocker, Ferry* (Hrsg.), Wirtschaftsberatung in Österreich. Markt und Branche, Struktur und Entwicklungen 2007/2008 (S. 11–43). Wien: Facultas.

Kieser, Alfred (1996): Moden und Mythen des Organisierens. Die Betriebswirtschaft, 56, 21–39.

Klauk, Bruno (2012): HR-Consulting. In *Nissen, Volker/Klauk, Bruno* (Hrsg.), Studienführer Consulting (S. 37–48). Wiesbaden: Springer Gabler.

Königswieser, Roswita/Exner, Alexander (1998): Systemische Intervention. Architekturen und Designs für Berater und Veränderungsmanager. Stuttgart: Klett-Cotta.

Königswieser, Roswita/Exner, Alexander (2002). Systemische Intervention. Architekturen und Designs für Berater und Veränderungsmanager. Stuttgart: Klett-Cotta (7. Auflage).

Königswieser, Roswita/Exner, Alexander/Pelikan, Jürgen (1995). Systemische Intervention in der Beratung. Organisationsentwicklung, 95 (2), 52–65.

Königswieser, Roswita/Hillebrand, Martin (2008). Einführung in die systemische Organisationsberatung. Heidelberg: Carl-Auer.

Lewin, Kurt (1963). Feldtheorie in den Sozialwissenschaften. Bern: Huber.

Luhmann, Niklas (1984): Soziale Systeme. Frankfurt: Suhrkamp.

Luhmann, Niklas (1997): Therapeutische Systeme. Fragen an Niklas Luhmann. In *Simon, Fritz B.* (Hrsg.), Lebende Systeme: Wirklichkeitskonstruktion in der systemischen Therapie (S. 169–189). Frankfurt: Suhrkamp.

McGregor, Douglas (1960): The Human Side of Enterprise. New York: McGraw-Hill.

Mingers, Susanne (2001). Systemische Beratungsunternehmen. In *Willke, Helmut*, Systemisches Wissensmanagement (S. 137–161). Stuttgart: Lucius & Lucius (2., neu bearbeitete Auflage).

Mohe, Michael (2012): Strategieberatung. In *Nissen, Volker/Klauk, Bruno* (Hrsg.), Studienführer Consulting (S. 3–9). Wiesbaden: Springer Gabler.

Nagel, Reinhard (2001): Strategieberatung: Expertenorientiert oder systemisch? Hernsteiner (14) 4, 14–19.

Nicolai, Alexander T. (2000): Die Strategie-Industrie. Systemtheoretische Analyse des Zusammenspiels von Wissenschaft, Praxis und Unternehmensberatung. Wiesbaden: DUV.

Nissen, Volker (2007): Consulting Research. Eine Einführung. In *Nissen, Volker* (Hrsg.), Consulting Research. Unternehmensberatung aus wissenschaftlicher Perspektive. Wiesbaden: DUV.

Peng, Mike. W. (2002): Towards an institution based view of business strategy. Asia Pacific Journal of Management, 19 (2/3), 251–267.

Peng, Mike. W./Sun, Sunny L./Pinkham, Brian/Chen, Hao (2009): The institution-based view as a third leg for a strategy tripod, Academy of Management Perspectives, 23 (3), 63–81.

Piwko, Rudi (2004). Hilfe holen – ganz gezielt. Eine externe Beratung muss intern gut vorbereitet sein. aktiv.um – Impulse für engagierte Umwelt- und Naturschutzarbeit, 12, 2–3.

Pohlmann, Markus (2002): Organisationsberatung in der Krise: Veränderungschancen durch Beratung? Zeitschrift Führung und Organisation, 5, 291–299.

Porter, Michael E. (1980): Competitive Strategy: Techniques for Analyzing Industries and Competitors. New York: Free Press.

Porter, Michael E. (1981): The contribution of industrial organization to strategic management. Academy of Management Review, 6, 609–620.

Porter, Michael E. (1985): Competitive Advantage: Creating and Sustaining Superior Performance. New York: Free Press.

Prahalad, C. K./Hamel, Gary (1990): The core competence of the corporation, Harvard Business Review, 68 (3), 79–91.

Reibnitz, Ute von (1992): Szenario-Technik. Wiesbaden: Gabler.

Schein, Edgar H. (2000): Prozessberatung für die Organisation der Zukunft. Köln: EHP Verlag.

Schober, Herbert (1991): Irritation und Bestätigung – Die Provokation der systemischen Beratung oder: Wer macht die Veränderung? In *Hofmann, Michael* (Hrsg.). Theorie und Praxis der Unternehmensberatung. Bestandsaufnahme und Entwicklungsperspektiven. Heidelberg: Physica.

Schreyögg, Georg/Koch, Jochen (2014): Grundlagen des Managements: Basiswissen für Studium und Praxis. Wiesbaden: Gabler.

Simon, Fritz B. (2014): Einführung in die (System-)Theorie der Beratung. Heidelberg: Carl-Auer.

Sperling, Hans Joachim/Ittermann, Peter (1998): Unternehmensberatung – eine Dienstleistungsbranche im Aufwind. München: Rainer Hampp.

Steinkellner, Peter (2012): Systemische Intervention in der Mitarbeiterführung (3., überarbeitete Auflage). Heidelberg: Carl-Auer.

Steyrer, Johannes (1991): „Unternehmensberatung" – Stand der deutschsprachigen Theoriebildung und empirischen Forschung. In *Hofmann, Michael* (Hrsg.), Theorie und Praxis der Unternehmensberatung. Bestandsaufnahme und Entwicklungsperspektiven (S. 1–44). Heidelberg: Physica.

Teece, David J. (2009): Dynamic Capabilities & Strategic Management: Organizing for Innovation and Growth. New York: Oxford University Press.

Titscher, Stefan (1997): Professionelle Beratung. Was beide Seiten vorher wissen sollten. Frankfurt; Wien: Ueberreuter.

Titscher, Stefan (2001): Professionelle Beratung. Was beide Seiten vorher wissen sollten. Frankfurt; Wien: Ueberreuter (2., aktualisierte und erweiterte Auflage).

Vahs, Dietmar (2007): Organisation. Ein Lehr- und Managementbuch (6., überarbeitete Auflage). Stuttgart: Schäffer-Poeschel.

Vahs, Dietmar (2009): Organisation. Ein Lehr- und Managementbuch (7., überarbeitete Auflage). Stuttgart: Schäffer-Poeschel.

Wagner, Christian (2004): Unternehmensberatung. In *Egger, Walter/Hasenzagl, Rupert/Stocker, Ferry/Wagner, Christian* (Hrsg.), Wirtschaftsberatung in Österreich. Struktur und Entwicklungen (S.11–98). Wien: Neuer Wissenschaftlicher Verlag.

Watzlawick, Paul/Beavin, Janet H./Jackson, Don D. (1969): Menschliche Kommunikation. Formen, Störungen. Paradoxien. Bern: Huber.

Watzlawick, Paul/Weakland, John H./Fisch, Richard (1974): Lösungen. Zur Theorie und Praxis menschlichen Wandels. Bern: Huber.

Willke, Helmut (1999). Systemtheorie 2: Grundzüge einer Theorie der Intervention in komplexe Systeme. Stuttgart: Lucius & Lucius (3., bearbeitete Auflage).

Wimmer, Rudolf (Hrsg.) (1992a): Organisationsberatung. Neue Wege und Konzepte. Wiesbaden: Gabler.

Wimmer, Rudolf (1992b): Der systemische Ansatz – mehr als eine Modeerscheinung? In *Schmitz, Christof/Gester, Peter-W./Heitger, Barbara* (Hrsg.), Managerie 1. Jahrbuch für systemisches Denken und Handeln im Management. Heidelberg: Carl Auer.

Wimmer, Rudolf (2008): Organisationsberatung als Intervention. Theoretische Grundannahmen und neue Herausforderungen. Berlin: OSB.

Wimmer Rudolf/Nagel, Reinhart (2002): Systemische Strategieentwicklung. Modelle und Instrumente für Berater und Entscheider. Stuttgart: Klett.

Wohlgemuth, André C. (1991): Das Beratungskonzept der Organisationsentwicklung. Neue Form der Unternehmensberatung auf Grundlage des sozio-technischen Systemansatzes. Bern & Stuttgart: Haupt.

Wolf, Guido (2000): Die Krisis der Unternehmensberatung. Ein Beitrag zur Beratungsforschung. Wiesbaden: Deutscher Universitäts-Verlag.

Zwingmann, Elke/Schwertl, Walter/Staubach, Maria L./Emlein, Günther (1998). Management von Dissens: Die Kunst systemischer Beratung von Organisationen. Frankfurt: Campus.

Stichwortverzeichnis